Nicholas Vital

AGRADEÇA AOS AGROTÓXICOS POR ESTAR VIVO

5ª edição

EDITORA RECORD
RIO DE JANEIRO • SÃO PAULO
2022

CIP-BRASIL. CATALOGAÇÃO NA PUBLICAÇÃO
SINDICATO NACIONAL DOS EDITORES DE LIVROS, RJ

V82a
Vital, Nicholas
Agradeça aos agrotóxicos por estar vivo / Nicholas Vital. – 5ª ed. –
5ª ed. Rio de Janeiro: Record, 2022.

ISBN: 978-85-01-11020-6

1. Jornalismo/reportagem. 2. Meio ambiente. 3. Alimentação. I. Título.

17-40467

CDD: 344.81046334
CDU: 631:37

Copyright © Nicholas Vital, 2017

Todos os direitos reservados. Proibida a reprodução, armazenamento ou transmissão de partes deste livro, através de quaisquer meios, sem prévia autorização por escrito.

Texto revisado segundo o novo Acordo Ortográfico da Língua Portuguesa.

Direitos exclusivos desta edição reservados pela
EDITORA RECORD LTDA.
Rua Argentina, 171 – Rio de Janeiro, RJ – 20921-380 – Tel.: (21) 2585-2000.

Impresso no Brasil

ISBN 978-85-01-11020-6

Seja um leitor preferencial Record.
Cadastre-se em www.record.com.br e receba informações sobre nossos lançamentos e nossas promoções.

Atendimento e venda direta ao leitor:
sac@record.com.br

Sumário

1. Pulverizando mitos 9
2. Os remédios das plantas 41
3. Desequilíbrio fatal 73
4. O inimigo mora ao lado 95
5. Ideologia, a pior praga 119
6. Estamos todos envenenados? 141
7. O marketing da felicidade 163
8. Agrotóxico mata! 189

Agradecimentos 211
Referências bibliográficas 213
Índice 245

Para a minha mãe, Maria José,
que me ensinou a ser crítico e contestador;

à minha avó Cida, pelas incontáveis orações;

e em especial à minha mulher, Julia, pelo apoio,
ideias e paciência ao longo de todo o processo.

1. Pulverizando mitos

Há mais de dez anos frequento o mesmo supermercado — uma espécie de loja--conceito de uma grande rede varejista — em um bairro nobre de São Paulo. Devo admitir que nunca fui um consumidor ávido por alimentos naturais, mas é impossível não notar que a área reservada aos alimentos orgânicos, aqueles "sem a adição de agrotóxicos", tem crescido substancialmente nos últimos anos. Se até pouco tempo atrás os orgânicos estavam restritos a uma geladeira no canto da seção de hortifruti, hoje eles ocupam lugar de destaque. A oferta de produtos, então, não dá para comparar. São centenas de itens, desde os tradicionais alface, açúcar e café até produtos sofisticados, como sorbet de manga, cookie de quinoa, aceto balsâmico e tofu.

Em uma visita recente à loja, uma conversa me chamou a atenção. Duas mulheres — uma bem novinha, usando roupas de ginástica, e outra mais madura, ao melhor estilo bicho-grilo — falavam com propriedade sobre os benefícios dos alimentos orgânicos enquanto garimpavam suas verduras:

— Nossa, esses produtos orgânicos estão lindos! Vou levar para fazer um suco detox 100% natural — disse a jovem ginasta.

— Bonitos ou feios, há anos eu só como orgânicos. Eles são mais seguros porque são produzidos sem agrotóxicos — respondeu a hippie.

— Só assim para ficarmos livres do veneno!

— Sem dúvida. Eu sinto uma diferença incrível no meu corpo desde que adotei os orgânicos. Além de serem muito mais saborosos.

AGRADEÇA AOS AGROTÓXICOS POR ESTAR VIVO

— Concordo totalmente. Vale a pena pagar um pouco mais caro em nome da saúde.

— Eu sonho com o dia em que todas as frutas, verduras e legumes no mundo serão orgânicos. É possível, eu vi esses dias uma reportagem na televisão...

Olhei para a dupla com cara de reprovação, respirei fundo e... segui para a seção de carnes, indignado com a quantidade de bobagens ouvidas em tão pouco tempo. As moças não entenderam nada, mas para mim ficou evidente que algo estava errado. Não dá para generalizar, é claro, mas vários dos consumidores de orgânicos que conheço são muito mais do que adeptos da alimentação saudável. São, em muitos casos, ativistas contrários aos produtos produzidos de forma convencional, com agrotóxicos. Diversas pessoas têm isso como uma filosofia de vida, quase uma religião. Não se importam em pagar mais caro "em nome da saúde" nem pensam duas vezes antes de compartilhar informações alarmistas sem qualquer embasamento científico.

Você deve conhecer alguém assim. Muito provavelmente já ouviu histórias de horror envolvendo agrotóxicos, mas também nunca parou para refletir sobre o assunto. No fundo, você até sente uma simpatia pelos orgânicos, muito em função das notícias relacionadas aos pesticidas nos jornais e na televisão, que em geral não são nada animadoras. Você não está sozinho. O cenário de medo e desconhecimento, aliados a um tema delicado, como a alimentação, foram alguns dos fatores decisivos para o crescimento dos orgânicos nos últimos anos. Notícias de fontes duvidosas servem de munição para diálogos, como esse que presenciei no supermercado. Os mais radicais pregam como se falassem a verdade absoluta. O problema é que a maioria dos seus argumentos não condizem com a realidade.

Vamos aos fatos:

1. Não há, na história, registro de morte comprovadamente relacionada ao consumo de alimentos convencionais, por ingestão de resíduos. Também não houve aumento nos casos de câncer, apesar do uso intensivo de agrotóxicos nos últimos cinquenta anos. A incidência dos

PULVERIZANDO MITOS

principais tipos da doença se manteve estável entre 1975 e 2009.[1] Por outro lado, os orgânicos foram responsáveis por ao menos 35 mortes e mais de 3 mil casos de intoxicação alimentar pela bactéria *E. coli* na Alemanha, em 2011.[2]

2. Não existe qualquer diferença, seja nutricional ou de sabor, entre os alimentos orgânicos e os convencionais.[3] Isso é cientificamente comprovado. Especialistas afirmam que é difícil diferenciar esses alimentos mesmo em laboratório, como veremos mais adiante. Portanto, na próxima vez que alguém lhe sugerir que há diferença no sabor da salada orgânica, desconfie.

3. Pagar um pouco mais caro, não. Pagar bem mais caro, até 270%.[4] Os preços mais altos são explicados pela combinação de dois fatores característicos da agricultura orgânica: produtividade menor e custos operacionais elevados. A escassez de produtos certificados faz com que os valores cobrados pelos orgânicos no varejo sejam inacessíveis à maioria da população brasileira.

4. O futuro não será orgânico. Em alta no Brasil, a estimativa é que as vendas desses produtos tenham chegado a R$2,5 bilhões em 2016.[5] Pode parecer muito, mas em relação ao agronegócio brasileiro não é nada. O país produz R$ 5 bilhões apenas em batatas convencionais. A produção agropecuária total ultrapassou os R$ 480 bilhões em 2015.[6] Não dá para brigar contra os números. Atualmente, os alimentos orgânicos representam menos de 1% da produção total de alimentos no Brasil. E isso não deve mudar muito nos próximos anos.

Mesmo em países desenvolvidos, a participação dos orgânicos nas vendas totais de alimentos é baixa. Na Dinamarca, país que se autodenomina a "nação mais orgânica do mundo",[7] a participação desses produtos no mercado é de meros 7,6%. O que isso quer dizer? Que 92,4% dos dinamarqueses estão comendo alimentos convencionais todos os dias. E eles não terão qualquer tipo de problema por causa disso, nem agora nem no futuro. Seja no Brasil ou na Dinamarca, os orgânicos são, e continuarão sendo, produtos de nicho, com alto valor agregado e oferta restrita. Algo como alimentos de grife. Desejados, mas totalmente dispensáveis.

Na vida real, as preocupações são outras. A maioria esmagadora da população ainda prioriza o preço no momento da compra. E querem sempre produtos com boa aparência, sem amassados ou buracos causados por ataques de insetos. A relação custo-benefício faz com que 99% dos consumidores no Brasil optem pelos alimentos convencionais.

Mesmo representando uma minoria, existem diversos movimentos favoráveis à extinção dos agroquímicos. Esses grupos são compostos por instituições de pesquisa, algumas com grande reputação, mas que foram aparelhadas nos últimos anos e deixaram a ciência de lado em prol da política; professores, que usam o nome de universidades prestigiosas para disseminar pesquisas enviesadas, muitas delas questionadas pela comunidade científica; além de artistas, ativistas pró-orgânicos e outras instituições regionais menores, responsáveis pela disseminação de informações falsas. Os movimentos sociais, que estão longe de ser referência em eficiência e alta produtividade no campo, também estão sempre presentes nas manifestações contra os praguicidas. Os discursos inflamados dos líderes desses movimentos soam como música para os jovens cheios de ideais, contrários às multinacionais e aos grandes proprietários de terras, mas que não possuem qualquer experiência em produção agrícola e estão menos cientes ainda das consequências que uma proibição do tipo poderia acarretar.

Antes de iniciar qualquer discussão, é preciso lembrar que a atual produção brasileira de alimentos orgânicos não seria suficiente nem para abastecer a cidade de São Paulo por alguns dias. Sem os convencionais no mercado, os preços explodiriam. Frutas, verduras e legumes se tornariam iguarias restritas aos mais abastados. Mesmo assim, em pouco tempo, haveria desabastecimento de vários produtos. Não é preciso ir além para entender que a proibição dos agrotóxicos seria um ato inconsequente. Por esse motivo, na minha opinião, isso nunca vai acontecer, especialmente em países que se destacam como grandes produtores e exportadores de alimentos, como o Brasil.

PULVERIZANDO MITOS

O problema é que vivemos um período de debates altamente polarizados. O Fla x Flu, antes restrito às tardes de domingo, chegou ao dia a dia das pessoas. Intolerância parece ser a palavra de ordem. Na religião, temos o Estado Islâmico em guerra contra os "descrentes ocidentais". Na política, assistimos ao embate entre "petralhas" e "coxinhas". Não existe meio-termo. O mesmo se aplica aos ambientalistas que lutam com unhas e dentes pela proibição dos agrotóxicos. Para esses, é difícil entender que um método de produção não exclui o outro, ou que existe espaço (e mercado) para todos. Se uma pessoa prefere consumir apenas alimentos orgânicos, ótimo. É uma opção e deve ser respeitada. Da mesma forma, é preciso levar em consideração a preferência dos demais consumidores — a maioria esmagadora, é sempre bom lembrar.

Os radicais, porém, não ligam para o que os outros pensam. São os donos da verdade e usam a tática do medo para tentar convencer as pessoas de que estão certos. Saúde e sustentabilidade são dois dos temas que mais sensibilizam a população nos dias de hoje. Não por acaso, são os mais usados pelos extremistas contrários ao uso dos defensivos. O discurso é sempre o mesmo. Segundo eles, os agrotóxicos estão envenenando as pessoas e contaminando o meio ambiente. No entanto, nunca apresentam estudos ou algo concreto que comprove essas teorias. Na maioria dos casos, são acusações baseadas em depoimentos pessoais, suposições e pesquisas que ignoram as metodologias científicas. Mas para alguns profissionais da imprensa, é o suficiente.

Uma das primeiras coisas que aprendemos na faculdade de jornalismo é que notícia ruim vende mais. Na era digital, isso significa mais cliques, compartilhamentos e discussões acaloradas, que no fim das contas é o que interessa na briga pela audiência. Sendo assim, não é difícil encontrar alguém disposto a publicar estudos fajutos. Com redações enxutas e jornalistas cada vez menos preparados, o trabalho de divulgação fica ainda mais fácil. A notícia já chega mastigada, com chamada sensacionalista, números alarmantes e fontes previamente selecionadas à disposição. Não tem como dar errado. Assim que a reportagem é publicada por algum veículo respeitado, essas informações duvidosas passam a ser replicadas nas redes sociais sem qualquer questionamento até se transformarem em verdades absolutas.

AGRADEÇA AOS AGROTÓXICOS POR ESTAR VIVO

Exemplo clássico disso é a lenda da contaminação do leite materno por agrotóxicos na cidade de Lucas do Rio Verde, em Mato Grosso, um dos principais polos produtores de soja do país. Um estudo divulgado em 2011, sob a chancela da Universidade Federal de Mato Grosso (UFMT), dizia ter encontrado substâncias químicas utilizadas na agricultura em 100% das nutrizes do município. De autoria da bióloga Danielly Palma, o documento afirmava que em algumas amostras foram encontrados até seis tipos diferentes de agrotóxicos, alguns de uso proibido no Brasil há mais de uma década, como o DDT e o DDE. Um prato cheio para qualquer jornalista.

O material, que na realidade não era um estudo científico, mas sim uma tese de mestrado,[8] foi amplamente divulgado para a imprensa brasileira. O assunto gerou comoção e logo ganhou as manchetes dos jornais. Poucos dias depois, a pauta chegou ao *Bom Dia Brasil*, da Rede Globo,[9] que fez uma matéria comovente sobre a aflição dessas mães. "Recebi a notícia de que meu bebê estava tomando leite com veneno, foi um choque. Perguntei para o médico o que eu tinha que fazer, e ele não soube me explicar", afirmou Osana Terres, uma das mães, à reportagem. Teria sido uma denúncia grave, uma matéria de grande utilidade pública, não fosse um pequeno detalhe: tratava-se de um trabalho tendencioso, com problemas sérios de metodologia e questionado pela comunidade científica.

Fundador da Sociedade Brasileira de Química e responsável pela criação do Instituto Nacional de Controle de Qualidade em Saúde, órgão vinculado à Fundação Oswaldo Cruz (Fiocruz), Eduardo Peixoto foi convidado a fazer uma análise técnica do trabalho, de forma isenta e com rigor científico, em uma audiência pública realizada na Comissão de Meio Ambiente e Desenvolvimento Sustentável da Câmara dos Deputados, em 3 de julho de 2012. De acordo com o especialista, o material apresentava muitas inconsistências: do número de amostras, apenas 62, à metodologia aplicada pelos pesquisadores.

PULVERIZANDO MITOS

Para o leite materno, a Organização Mundial de Saúde (OMS), desde 1984, já estabeleceu uma dose diária aceitável de DDT e derivados. A soma deles pode ser de até 5 mil a 6 mil partes por bilhão no leite. Essa quantidade é alta, mas foi estabelecida pela OMS considerando que a contaminação em todo mundo era de tal ordem que isso se tornava uma coisa óbvia a ser feita, porque, neste nível, não tem nenhuma influência no ser humano. Aparentemente, não há uma correlação direta entre essa concentração e algum problema de saúde... Este estudo também tem um problema básico: o leite materno tem cerca de 4% de gordura. E uma coisa é determinar o teor de pesticida de qualquer substância em um líquido com 4% de gordura. Outra coisa é separar essa gordura do leite. Aí o material de análise é 100% gordura. Isso muda totalmente os métodos de análise... O número de amostra é um problema sério, porque é justamente a quantidade de amostras que determina a qualidade do resultado. No universo de 62 amostras só foram quantificados três tipos de pesticidas... Em dezoito dessas amostras foram detectadas DDE, que é um produto de decomposição do DDT no organismo. E o DDT, naturalmente, decai no organismo, metabolizado, numa velocidade média de 10 a 15% ao ano. Ou seja, para reduzir à metade o DDT que está no nosso organismo eu levo, aproximadamente, dez anos. E, se isso está ocorrendo, é preciso encontrar no organismo o DDT e o produto de decomposição dele. Se eu encontrar a grande quantidade como sendo DDT, quer dizer que a contaminação foi recente, não teve tempo de degradar. Se eu encontrar somente DDE, é um pouco estranho, ainda mais se a concentração for alta, porque deveria ter DDT junto. Mas, digamos, que eu só encontre DDE, então quer dizer que todo o DDT foi metabolizado, mas isso levou muitos anos. Então, não aconteceu recentemente. Só que, no caso do DDE, foram encontradas dezoito amostras que tinham DDE, e no caso de DDT, três. Isso é estranho porque, em princípio, um método bem definido e muito sensível deveria ter DDT em quase todas, mesmo que em quantidades pequenas... Além do mais, na amostragem, não está claro como foi coletado o leite materno, quem transportou, quem limpou, quem analisou todas essas etapas para mostrar que não houve contaminação... Considerando todos esses fatos, temos uma série de incertezas introduzidas, e uma delas é o DDT. Calibrou-se para ele ser detectado em um intervalo aparente de 107 a 153 partes por bilhão; mas, na realidade, ele foi detectado com valores até 9 mil.

AGRADEÇA AOS AGROTÓXICOS POR ESTAR VIVO

Quer dizer, eu estipulo o intervalo de medida e meço fora do intervalo. Isso, tecnicamente, não é aceitável. Com o DDE, a mesma coisa... Minha conclusão é que o excesso de incertezas introduzidas inviabilizam estimativa, precisão e exatidão dos valores analíticos que foram obtidos. E, apesar dos méritos e objetivos do trabalho, que deve ser perseguido, infelizmente os resultados não podem ser confiáveis nem podemos retirar conclusões práticas dele.

A Associação Nacional de Defesa Vegetal (Andef), entidade que representa as empresas fabricantes de agroquímicos, já havia solicitado à reitoria da UFMT mais informações técnicas relativas ao estudo, "como cromatogramas, validações de metodologia e dos picos obtidos e estatística utilizada com ênfase no tamanho das amostras",[10] logo após a divulgação da tese. Foram três ofícios, registrados em cartório, enviados entre dezembro de 2011 e agosto de 2012, mas até o fechamento deste livro a solicitação ainda não havia sido atendida.

Diante de tantas controvérsias, decidi procurar a reitora da Universidade Federal do Mato Grosso (UFMT), a senhora Maria Lucia Cavalli Neder. Queria saber a posição da universidade em relação à tese da ex-aluna Danielly Palma e se a reitoria tinha conhecimento dos problemas metodológicos contidos no trabalho. Eu também queria entender melhor a situação do professor Wanderlei Pignati, coordenador do trabalho, que é ao mesmo tempo professor da UFMT e notório apoiador da Campanha Permanente Contra os Agrotóxicos e Pela Vida. Não haveria um conflito de interesses? No entanto, por meio de sua assessoria de imprensa, a reitoria disse que "não se pronunciaria a respeito do assunto e que os assuntos científicos são tratados diretamente com os pesquisadores". A recomendação: falar com o próprio Pignati. Foi o que fiz.

Logo no primeiro contato, ao saber que seria questionado sobre as supostas falhas na metodologia do trabalho, Pignati passou a desqualificar os críticos, afirmando que eles trabalhavam para as indústrias de agroquímicos. "Quem deve falar isso é o professor da Unicamp, que trabalha para a Basf, e o outro professor da Esalq-USP, que trabalha para a Basf e outras indústrias de agrotóxicos. Eles sempre vão falar que tem falha. Mas eles não fizeram

PULVERIZANDO MITOS

outra pesquisa para falar se tem ou se não tem", alegou. Perguntado sobre as declarações específicas de Eduardo Peixoto na audiência pública, seguiu na mesma linha: "Ele só é professor da USP? Não. Ele é assessor das indústrias químicas. Assessor de quem fabrica agrotóxico", acusou Pignati, mais uma vez sem responder aos questionamentos sobre as falhas nem apresentar as informações técnicas referentes à pesquisa.

Com erros metodológicos ou não, a mensagem que ficou para a população é a de que o leite materno está contaminado por agrotóxicos. É a notícia ruim que vende. Até por isso, não há o interesse da imprensa em investigar o caso a fundo. O outro lado raramente é ouvido — e quando é, acaba retratado como vilão da história. Como no Brasil a maioria da população acredita em tudo o que vê na televisão, o caso do leite materno se transformou em uma verdade absoluta. Mesmo as pessoas mais bem-informadas, que poderiam questionar a fragilidade dos resultados, ficam com a pulga atrás da orelha em relação aos agrotóxicos devido à falta de informações isentas.

Estudos tendenciosos só servem para gerar desconforto nas pessoas, do contrário não chamariam a atenção nem ganhariam espaço na mídia. Em geral, esses trabalhos não apresentam alternativas viáveis para os problemas apontados. O objetivo é apenas criar um clima de medo. No caso do leite materno, por exemplo, qual seria a opção? Suspender o uso de defensivos químicos em Mato Grosso, estado que se desenvolveu à custa do agronegócio moderno e é hoje um dos principais produtores de grãos do país? Impossível. Isso nunca vai acontecer, mesmo em um cenário pouco provável de proibição total dos agroquímicos no Brasil. O motivo? As pragas, principais inimigas da agricultura desde o antigo Egito.

Nos grandes centros urbanos, onde se concentra a maioria dos críticos aos agrotóxicos, pouca gente sabe como os alimentos são produzidos e que, assim como os humanos, as plantas também ficam doentes e são atacadas por insetos. A presença de moscas e lagartas na lavoura, quando em baixo número, é normal e até saudável para a biodiversidade local. O problema surge quando a população de pragas cresce devido à falta de predadores e passa a causar impacts econômicos aos produtores. Elas são insaciáveis e se multiplicam rapidamente. A falta de um controle rápido e efetivo pode gerar prejuízos gigantescos, especialmente em grandes áreas.

Uma fazenda opera exatamente como uma empresa. Antes de vender qualquer coisa, é preciso contratar funcionários, fazer investimentos para a aquisição de sementes, insumos, máquinas, entre outros custos operacionais. A colheita é feita meses após o início do processo. Imagine que, nesse meio--tempo, a lavoura passe a sofrer com o ataque de pragas. Cada planta devorada significa uma redução na produção total, o que impacta diretamente no lucro ao final da safra. É o "salário" do produtor que está em jogo. Agora me diga: como convencer essa pessoa a deixar de usar os produtos químicos, sabidamente eficientes, diante de uma situação como essa?

Estabelecendo relação com uma atividade urbana, é como se você tivesse uma loja de carros e deixasse toda a sua frota em pátio descoberto. Um belo dia cai uma tempestade e o granizo danifica a lataria de todos os carros. O prejuízo é enorme. Qual a atitude mais lógica neste momento? Comprar um toldo para proteger o seu patrimônio. O toldo é feio e custa caro, mas vai proteger os veículos e evitar novos prejuízos no futuro. A cobertura, neste caso, seria um "defensivo automotivo". Na fazenda é a mesma coisa. Nenhum agricultor usa agrotóxicos porque gosta ou acha bonito. Ele usa porque é necessário para proteger a sua produção. Se fosse possível plantar em larga escala sem o uso de defensivos químicos, os produtores certamente o fariam. Seria uma economia e tanto.

Distantes da realidade no campo, porém, os idealistas pregam uma volta às origens. Eles acreditam que a agricultura orgânica é capaz de alimentar o mundo, assim como era no tempo de nossos avós, e que por isso os agroquímicos seriam dispensáveis. Esquecem que a população mundial atual é imensamente maior — passou de 3 bilhões em 1960 para 7,3 bilhões em 2016 — e seguirá crescendo nas próximas décadas. Em 2050, de acordo com a Organização das Nações Unidas, seremos 9,7 bilhões. Até 2100, a população mundial deve ultrapassar a marca de 11 bilhões de pessoas.[11] Será que dá para alimentar toda essa gente apenas com orgânicos?

PULVERIZANDO MITOS

Ao contrário de outros setores da economia, o meio rural nunca se comunicou de forma adequada com a população urbana. As fazendas não estão na televisão, a não ser para retratar o senhor do engenho, o latifundiário, o rei do gado que explora os trabalhadores, ou, fenômeno recente, o galã da agricultura natural. Já as propagandas deixam a impressão de que frutas e verduras brotam das gôndolas dos supermercados e que as carnes surgem do nada nas bandejinhas de isopor. A realidade, para muitos, é difícil de aceitar. Rodrigo Hilbert que o diga. O apresentador do programa de culinária *Tempero de Família*, do canal GNT, se transformou no maior monstro da televisão brasileira ao mostrar como era feito o abate de um carneiro em um dos capítulos da temporada 2016.[12] "O que ele tem de bonito tem de podre", afirmou uma crítica, via Twitter. "Você é um covarde assassino", disse outro telespectador revoltado.

Esse desconhecimento da população faz com que o agronegócio se torne um alvo fácil das ONGs ambientalistas. O setor coleciona ataques, dos mais diferentes grupos, nas últimas décadas. Uns são contra os agrotóxicos, outros, contra os transgênicos, e há ainda os que culpam a agricultura pelo desmatamento da Amazônia, e a pecuária, pelo aquecimento global. Isso sem falar na reforma agrária e as questões indígenas. Tem para todos os gostos. Mas será que o agronegócio e as novas tecnologias são mesmo os vilões dessa história? Elas seriam mesmo uma ameaça à natureza?

Por mais contraditório que possa parecer num primeiro momento, o aumento no uso de agrotóxicos (assim como dos fertilizantes nitrogenados) foi fundamental para a redução do desmatamento no país. Isso porque grande parte da expansão da agropecuária brasileira nas últimas décadas se deu por meio da adoção de tecnologias e não pela abertura de novas áreas. Os fertilizantes tornaram os solos mais férteis e o controle efetivo de pragas permitiu a intensificação das lavouras. Desde então, o Brasil passou a produzir cada vez mais alimentos no mesmo espaço de terra.

Este livro não tem como missão promover as indústrias fabricantes nem estimular o uso indiscriminado de agroquímicos. O objetivo é apenas demonstrar a importância desses produtos para a sociedade, de forma isenta, sem ideologia, baseado apenas na ciência e em informações econômicas. Os aspectos negativos não serão ignorados. Veremos nos próximos capítulos os motivos que elevaram o Brasil ao posto de campeão mundial no uso de agrotóxicos, os problemas decorrentes da falta de fiscalização por parte do Estado, além dos impactos desses produtos na saúde dos trabalhadores e consumidores. Mas antes de entrar especificamente na questão dos agrotóxicos, é preciso entender como mitos como o da intoxicação do leite materno são criados.

É sabido que a educação (ou a falta dela) é um dos principais problemas do Brasil. Sem conhecimento sobre química elementar, fica difícil questionar qualquer notícia científica, por mais básica que seja. Um país com quase 10% de analfabetos, cuja média de escolaridade é de pouco mais de sete anos, pode ser considerado um paraíso para os propagadores de mentiras científicas. Some-se a isso o desconhecimento do assunto até mesmo entre estudantes universitários e pessoas com boa formação. O resultado não poderia ser diferente: seja qual for a bobagem sensacionalista publicada nos jornais ou compartilhada na internet, ela certamente não será questionada pela grande maioria dos brasileiros.

Os químicos causam medo nas pessoas. Não deveria ser assim, já que nós ingerimos substâncias químicas o tempo todo, seja através da água, do ar ou dos alimentos que consumimos diariamente — mesmo no caso dos orgânicos. É impossível levar uma vida livre de produtos químicos. Você, meu caro leitor, saiba que neste momento o seu corpo possui resíduos de mercúrio, arsênico, alumínio, zinco, chumbo, urânio e várias outras substâncias consideradas altamente tóxicas. Mas, por estarem em níveis muito baixos ou combinadas com outras substâncias, não causam qualquer problema à saúde, mesmo a longo prazo. Isso prova que há, sim, níveis seguros para o consumo de substâncias químicas, mesmo as mais perigosas. O blogueiro Fallacy Man, Ph.D. em biologia e editor do site *The Logic of Science*, usa o exemplo do sal de cozinha para explicar como a combinação de substâncias químicas tóxicas pode gerar produtos inofensivos ao homem.

PULVERIZANDO MITOS

"Compostos químicos são feitos combinando elementos ou moléculas diferentes e o produto final pode não comportar-se da mesma maneira que todas as suas partes individuais. O cloreto de sódio é um exemplo clássico deste conceito. O sódio é extremamente reativo e literalmente explodirá se entrar em contato com a água, enquanto o cloro é muito tóxico, exceto em doses extremamente baixas. Não obstante, quando combinados, temos o cloreto de sódio, também conhecido como sal de cozinha. Veja que o sal não tem as propriedades nem do sódio nem do cloro. Ele não explode quando entra em contato com a água e você não é envenenado por cloro, não importa o quanto você coma dele. A combinação desses dois elementos mudou suas propriedades, portanto seria absurdo dizer que o "sal é perigoso porque contém sódio". O sódio no sal já não se comporta como sódio, pois está ligado ao cloro. Portanto, quando você ouvir uma afirmação de que algo contém uma substância química perigosa, certifique-se de que a substância não esteja ligada a algo que a torna segura.[13]

Explicada a questão dos químicos em nosso dia a dia, vamos ao segundo motivo que leva à criação dos mitos: a pouca informação em relação à ciência e tecnologia como um todo, também fruto do baixo nível de educação do brasileiro. Em 2015, o Centro de Gestão e Estudos Estratégicos, entidade ligada ao Ministério da Ciência, Tecnologia e Inovação, divulgou a pesquisa Percepção Pública da C&T no Brasil,[14] trabalho que buscava medir o grau de interesse e informação da população em relação ao tema por intermédio de quase 2 mil entrevistas em todo o país.

Os resultados mostram que o brasileiro tem muito interesse pelo assunto. Nada menos do que 61% dos entrevistados afirmaram se interessar por ciência e tecnologia, índice superior ao registrado em países desenvolvidos. Na União Europeia, por exemplo, apenas 53% das pessoas dizem ter interesse pelo tema. Ainda de acordo com a pesquisa, o assunto está em quinto lugar entre os favoritos da população brasileira, atrás apenas de medicina e saúde (78%), meio ambiente (78%), religião (75%) e economia (68%). O estudo revela que a ciência superou até mesmo assuntos mais populares, como cultura (57%), esportes (56%) e a política (27%).

AGRADEÇA AOS AGROTÓXICOS POR ESTAR VIVO

"Apesar do elevado interesse declarado dos brasileiros sobre assuntos de ciência e tecnologia, a pesquisa revela que eles continuam tendo baixo acesso a informações científicas e tecnológicas. A maioria declara que nunca ou quase nunca se informa sobre o assunto. A televisão é o meio de comunicação usado por 21% dos entrevistados para adquirir conhecimento sobre as pesquisas. A internet já se aproxima desse patamar, com 18%", conclui o estudo. O relatório final aponta ainda que 94% dos entrevistados não foram capazes de dizer o nome de um cientista brasileiro, enquanto 87% não conhecem nenhuma instituição de pesquisa científica.

Os números anteriores dizem muito. Se as pessoas conhecem tão pouco sobre o assunto, como podem falar com tanta propriedade sobre os males dos agrotóxicos? Se não sabem sequer o nome de uma instituição de pesquisa, como podem afirmar que algo causa câncer? A resposta talvez esteja na forma como essas pessoas recebem esse tipo de informação. A internet, como sabemos, não é o lugar mais confiável para se informar, especialmente sobre temas tão delicados e envoltos em ideologia. Já dizia o filósofo e escritor italiano Umberto Eco: "O drama da internet é que ela promoveu o idiota da aldeia a portador da verdade."[15] Segundo ele, os "idiotas da aldeia" tinham o direito à palavra em um bar após uma taça de vinho, mas sem prejudicar a coletividade. Com o advento das redes sociais, porém, hoje "têm o mesmo direito à palavra de um Prêmio Nobel".

A teoria de Eco é comprovada por um levantamento realizado pelo Grupo de Pesquisa em Políticas Públicas de Acesso à Informação da USP, na semana que antecedeu a votação do impeachment da presidente Dilma Rousseff na Câmara dos Deputados, em abril de 2016. A diligência, que investigou mais de 8 mil reportagens, publicadas em jornais, revistas, sites e blogs no período, concluiu que três das cinco notícias mais compartilhadas no Facebook eram falsas. Juntos, os textos tiveram mais de 200 mil compartilhamentos, o que nos leva a crer que mais de 1 milhão de pessoas tenham sido impactadas em menos de uma semana.

De acordo com o pesquisador Marcio Moretto, um dos coordenadores do trabalho, a popularidade dos boatos tem a ver com a maturidade dos usuários de redes sociais no Brasil. "Parte considerável dos brasileiros entrou na era digital muito recentemente com a popularização dos smartphones. É de se esperar que com o tempo, conforme as pessoas se acostumem com as plataformas e conforme o debate em torno delas amadureça, elas se relacionem com essas ferramentas de maneira mais crítica e menos ingênua",[16] diz.

Infelizmente, a "guerra da desinformação" não está limitada à discussão política. No caso dos agrotóxicos, isso acontece com uma frequência ainda maior. O assunto é um terreno fértil para invenções, situação que é agravada pela escassez de estudos científicos sérios relacionados ao tema. O fato de os fabricantes raramente se defenderem das acusações também contribui para a criação dos mitos. Sem contestação, reportagens ligando os agrotóxicos às mais diversas doenças surgem todos os dias. Algumas, de tão bizarras, mais se parecem notícias do site *Sensacionalista*.

AS MELHORES CHAMADAS

Comer alimentos com agrotóxico diminui quantidade de esperma, diz estudo[17]

UOL, 31 de março de 2015

Grupo protesta contra agrotóxicos, microcefalia e Cunha em Brasília[18]

G1, 3 de dezembro de 2015

Usuários temem maconha transgênica e com agrotóxico nos EUA[19]

BBC Brasil, 25 de janeiro de 2016

Estudo liga o uso do pesticida DDT ao mal de Alzheimer[20]

O Globo, 28 de janeiro de 2014

AGRADEÇA AOS AGROTÓXICOS POR ESTAR VIVO

Conheça o "tempero" mais usado por brasileiros que pode matar a sua família[21]

Hypeness, 2 de abril de 2015

Bela Gil pediu e agrotóxico pode ter venda proibida no país[22]

Exame.com, 26 de fevereiro de 2016

Envenenados: agrotóxicos contaminam cidades, intoxicam pessoas e já chegam às mesas dos brasileiros[23]

Galileu, setembro de 2013

"Coquetel" de agrotóxicos ingerido no consumo de frutas e verduras pode causar Alzheimer e Parkinson[24]

EcoDebate, 10 de agosto de 2012

Ministra da Agricultura diz que há preconceito contra o uso de agrotóxicos — Katia Abreu se refere aos agrotóxicos como "agroquímicos"[25]

Catraca Livre, 5 de novembro de 2015

Agrotóxicos: o veneno que o Brasil ainda te incentiva a consumir[26]

El País, 10 de abril de 2016

A imprensa cria um clima de terror, mas o fato é que centenas de estudos foram realizados nas últimas décadas — tanto por pesquisadores favoráveis à utilização dos agroquímicos quanto por militantes contrários ao uso — sem nenhuma conclusão definitiva, o que prova que ainda existem muitas dúvidas em torno do uso dos agrotóxicos. Justamente por isso o debate deveria ser mais equilibrado. Não é. Ouvi de um dos meus entrevistados que a propor-

PULVERIZANDO MITOS

ção de notícias negativas em relação às positivas seria de quarenta para uma. Como não encontrei a fonte dessa informação, decidi investigar por conta própria, utilizando como base a mais popular das ferramentas de pesquisa da atualidade: o Google.

Uma busca simples pela palavra "agrotóxicos" retornou 457 mil resultados. Diante da impossibilidade de abrir essa infinidade de matérias, decidi analisar apenas os cem primeiros links e ver no que dava. Se a minha metodologia não tinha validade científica, ao menos me daria uma boa noção da realidade. Três horas de leitura atenta e alguns rabiscos depois, meu "estudo" estava pronto, e os resultados, dentro do previsto: 79% dos textos eram negativos, 16% neutros e apenas 5% positivos — em geral, materiais institucionais e educativos produzidos pelo próprio setor.

Já que a coisa está feia no mundo virtual, voltemos então para a vida real. Esqueça o noticiário e responda rápido: você conhece, ou ao menos já ouviu falar, de alguém que tenha ido a um hospital por ingestão de resíduos de agrotóxicos em alimentos convencionais? Mesmo que seja um primo do irmão do amigo do vizinho? Aposto que não. Desde os tempos de nossos avós, produtos produzidos com agroquímicos têm sido consumidos em todo o mundo, sem qualquer sinal de epidemia. Se fossem realmente nocivos, os problemas, mesmo os de longo prazo, estariam aparecendo aos milhares e esses insumos certamente já estariam banidos em todo o mundo. Não é o caso.

Ao longo da história, diversos produtos altamente tóxicos foram usados para o controle de pragas nas lavouras. Os primeiros defensivos agrícolas traziam em suas formulações metais pesados como arsênico, selênio, mercúrio e chumbo, algo inimaginável nos dias de hoje. O primeiro inseticida "moderno" foi também o mais polêmico de todos os tempos. O dicloro-difenil-tricloroetano, popularmente conhecido como DDT, foi descoberto quase que por acaso pelo estudante alemão Othmar Zeidler, em 1874. No entanto, como não tinha interesse em nenhuma de suas propriedades, Zeidler deixou a invenção de lado e seguiu adiante com seus testes em busca de novos compostos químicos.

As pesquisas em torno do DDT foram retomadas apenas nos anos 1930, quando o suíço Paul Hermann Müller, químico da empresa J. R. Geigy, iniciou um trabalho em busca de um produto que resolvesse o problema das traças das roupas. Em uma de suas experiências, ele sintetizou o DDT e passou a testar a substância em insetos que mantinha dentro de caixas em seu laboratório. Ao notar que o produto era altamente eficiente contra os mais variados tipos de moscas, Müller aprofundou a pesquisa e descobriu que o DDT também era eficaz no controle do besouro do Colorado, uma praga que assolava a agricultura suíça na época. Em 1939, o produto foi patenteado e passou a ser amplamente utilizado nas lavouras, com resultados muito satisfatórios.[27]

O DDT se popularizou e passou a ser utilizado para a proteção de cultivos em todo o mundo. O seu uso, no entanto, não ficou restrito à agricultura. Muito provavelmente, sua casa já passou por um processo de dedetização. A substância não é mais utilizada no Brasil, mas já foi fundamental para o controle de pestes nos centros urbanos. Produtos à base de DDT também foram borrifados diretamente nas cabeças de milhões de crianças para combater piolhos até a década de 1970. No Brasil, era comum as mães lavarem os cabelos de seus filhos com o pesticida e deixarem agindo por longos períodos. Hoje sabemos que tal tipo de exposição não é recomendável, mas, ainda assim, esses jovens não se transformaram em monstros mutantes nem desenvolveram doenças crônicas por causa disso.

Se não tivemos problemas no passado, quando os produtos eram muito mais tóxicos, certamente não teremos problemas no futuro. Isso porque os pesticidas evoluíram muito nas últimas décadas. Atualmente, para que um novo defensivo agrícola seja autorizado para uso no Brasil, é preciso que ele seja comprovadamente melhor que os disponíveis no mercado até então. Essa exigência fez com que os produtos fitossanitários se tornassem, além de mais eficientes em campo, muito mais amigáveis ao meio ambiente e seguros para o homem e os animais.

Um estudo realizado pelo engenheiro agrônomo Luiz Carlos Ferreira Lima, profissional com mais de cinquenta anos de experiência no setor de defensivos, mostra uma redução considerável tanto na quantidade utilizada quanto na toxicidade dos agroquímicos vendidos no Brasil entre 1960 e 2010.[28] Ferreira Lima avaliou um total de 387 ingredientes ativos (131 herbicidas,

PULVERIZANDO MITOS

146 inseticidas/acaricidas e 110 fungicidas) que representavam cerca de 90% do volume total de agrotóxicos comercializados no país em 2010 e obteve resultados surpreendentes.

O levantamento mostra que os agrotóxicos eram, em média, 160% mais tóxicos nos anos 1960. Se nos produtos mais antigos a dose letal média, ou DL50 (quantidade necessária para matar 50% dos animais utilizados nos experimentos — quanto maior a DL50, menos tóxica é a substância), era de 939 mg/kg, nos defensivos mais modernos esse número sobe para 2.448 mg/kg. Na prática, isso significa que antes eram precisos 75 g de ingrediente ativo puro para matar um homem de 80 quilos, enquanto hoje em dia é necessário ingerir mais de 195 gramas.

Os resultados mostram também que houve uma redução drástica nas doses de agroquímicos utilizadas nas lavouras, consequência da maior eficiência agronômica dos produtos. No caso dos herbicidas, fundamentais para o controle de ervas daninhas, a redução chegou a 88%. No caso dos fungicidas, a queda foi de 83%, enquanto o uso de inseticidas diminuiu 82% entre 1960 e 2010.

Devo admitir que esse estudo me deixou intrigado. Se os agrotóxicos estão mais eficientes e menos tóxicos, por que só agora se tornaram um problema de saúde pública? O que estaria por trás desses mitos? A quem interessa esse clima de insegurança? Não sejamos ingênuos. Existem fortes interesses comerciais nessa questão. E não são poucos os interessados. Esqueça o pequeno produtor. O setor de orgânicos é dominado por grandes corporações e empresários experientes, que vêm lucrando alto com a recente moda da alimentação saudável.

Nos últimos anos, o Brasil tem passado por uma crise econômica que elevou as taxas de juros, trouxe de volta o fantasma da inflação, aumentou o índice de desemprego e reduziu o poder de compra do consumidor. De acordo com o IBGE, os supermercados registraram queda de 2,5% nas vendas em 2015, a maior baixa desde 2003. Na contramão da crise estão os alimentos orgânicos, com uma alta estimada em 25% no mesmo período.[29] Está claro para as grandes redes varejistas que, se não é possível fazer o consumidor comprar mais, que comprem produtos mais caros. No caso dos orgânicos, porém, isso só é possível se houver uma ameaça real. Eles criaram o problema para vender a solução.

AGRADEÇA AOS AGROTÓXICOS POR ESTAR VIVO

Os números não deixam dúvida em relação ao potencial de crescimento do setor. O Grupo Pão de Açúcar iniciou a venda de produtos orgânicos há cerca de vinte anos. No início, eram apenas frutas e legumes, disponíveis em algumas poucas lojas da rede. "Atualmente todas as lojas têm sortimentos da categoria. Há 650 produtos orgânicos cadastrados, sendo que na linha Taeq (marca própria do grupo) aproximadamente 260 itens são orgânicos", diz Sandra Saboia, gerente comercial do Pão de Açúcar, em entrevista ao jornal *Valor Econômico*.[30] "Hoje temos opções para todas as horas do dia: energéticos, macarrão instantâneo, balas e até óleo de soja." No Pão de Açúcar, o segmento cresce a um ritmo de 30% ao ano. Na concorrência não é diferente. "No nosso caso, o setor de orgânicos cresceu três vezes mais que as demais categorias em 2014", afirma Luciano Nunes, diretor da divisão de hortifruti do Walmart.[31]

Entre os produtores, também existe muita gente ganhando dinheiro com a onda orgânica. Filho do empresário Abílio Diniz, o ex-piloto de Fórmula 1 Pedro Paulo Diniz já percebeu o tamanho do mercado e vem investindo no segmento há cerca de dez anos. Seu objetivo: transformar a Fazenda da Toca, propriedade com 1.500 hectares certificados (outros mil hectares devem ser incorporados em breve) na maior produtora de alimentos orgânicos do Brasil.[32] Entre os sócios, o fundo Península, que gere o patrimônio da família Diniz e tem algo em torno de R$ 12 bilhões em ativos.[33] Entre os clientes, o shopping gastronômico Eataly e as redes varejistas de alto padrão St. Marché, Zaffari e Mambo. Um negócio de gente grande.

O ator global Marcos Palmeira, um dos maiores críticos dos alimentos convencionais, também é produtor de orgânicos. Dono de uma fazenda em Petrópolis, na região serrana do Rio de Janeiro, ele produz verduras, legumes, frutas e queijos com alto valor agregado, vendidos no Armazém Vale dos Palmeiras, também de sua propriedade, no Leblon. Lá, 1 quilo de maçã custa R$ 23,10. Apenas como comparação, o produto convencional era vendido, no mesmo dia, por R$ 6,90 em uma grande rede de supermercados.[34]

Não é preciso ir além para ver que de familiar a agricultura orgânica não tem nada. Trata-se de um negócio como outro qualquer. Com a diferença de que, para se sustentar, precisa de um vilão — no caso, os agrotóxicos. Voltan-

PULVERIZANDO MITOS

do ao início do livro, se não existisse a preocupação com o "veneno" contido nos alimentos convencionais, o que justificaria os altos preços cobrados pelos orgânicos? Pão de Açúcar, Walmart, Pedro Paulo Diniz, Marcos Palmeira e vários outros que lucram com os chamados alimentos saudáveis não têm qualquer interesse em esclarecer a questão. Para eles, quanto pior, melhor.

Paracelso, reconhecido como pai da toxicologia, já dizia há mais de quinhentos anos: "Todas as substâncias são venenosas. Não existe nenhuma que não seja. A dose é o que diferencia um remédio de um veneno." Ou seja, qualquer coisa em excesso é tóxica e faz mal. Até a água. Em 2007, uma americana de 28 anos morreu após participar de um concurso que premiava quem conseguisse beber mais água sem ir ao banheiro. Após ingerir 6 litros em apenas três horas, Jennifer Strange vomitou, teve uma forte dor de cabeça e morreu de intoxicação por água.[35] Esse não foi um caso isolado. Centenas de episódios parecidos já foram registrados. A hiponatremia, como é conhecido o fenômeno, acontece porque a ingestão de uma grande quantidade do líquido em curto período de tempo dilui minerais vitais para o organismo, como o sódio, a níveis extremamente baixos. Jennifer, portanto, sofreu uma intoxicação aguda, quando o organismo recebe doses elevadas de agentes tóxicos em pouquíssimo tempo.

A água também pode matar a longo prazo. Mesmo sendo um elemento indispensável, seu consumo em excesso pode ser prejudicial ao corpo humano. É o caso de uma senhora que descobriu uma doença grave e acreditava que consumindo muita água "diluiria" o problema. A idosa ingeriu grande quantidade de água durante meses e acabou morrendo tempos depois não pela doença original, mas por problemas de desequilíbrio no pH do sangue. No Brasil, o pH da água pode variar entre 5,45 (ácida) até 9,58 (alcalina),[36] enquanto o nível ideal do pH sanguíneo é de 7,4. A água consumida pela mulher muito provavelmente estava em um dos extremos. A morte se deu devido ao esforço realizado pelo organismo, que precisou retirar minerais de outros órgãos para equilibrar o pH do sangue e acabou comprometendo o funcionamento desses órgãos. Essa senhora sofreu uma intoxicação crônica, resultado de uma exposição prolongada a um agente tóxico.

AGRADEÇA AOS AGROTÓXICOS POR ESTAR VIVO

Assim como a água, os agroquímicos, se usados de forma inadequada, também podem matar de forma crônica ou aguda. Quem já plantou um pé de feijão sabe que o excesso de irrigação fatalmente irá afogar as plantas. Por outro lado, quando utilizados de forma correta, água e defensivos são fundamentais para o desenvolvimento das lavouras. E isso nos leva a outra questão: se a água pode ser tão letal quanto os agrotóxicos, por que ela é vista como "fonte de vida" enquanto os defensivos são temidos pela população? Neste caso, trata-se de um problema de percepção do risco, como mostram os pesquisadores Jerry Cooper e Hans Dobson, do Instituto de Pesquisas Naturais da Universidade de Greenwich, no estudo "The benefits of pesticides to mankind and the environment" [Os benefícios dos pesticidas para a humanidade e o meio ambiente].

> Pesando os riscos e os benefícios da utilização de agrotóxicos, observa-se que a análise é prejudicada pela escassez de informações sobre seus benefícios e também pelo fato de que a maioria das pessoas não é capaz de fazer um juízo dos riscos relativos à utilização de agrotóxicos. Com base em dados dos Estados Unidos, foram classificados os trinta maiores riscos no critério do número de mortes por ano, com o número 1 sendo o maior número de mortes, e o número 30, o menor. Os agrotóxicos foram classificados no número 28, atrás de conservantes de alimentos (27), eletrodomésticos (15), natação (7) e fumo e álcool (1 e 2, respectivamente). No entanto, a percepção do público era muito diferente. As mulheres pensavam que os pesticidas eram classificados como número 9 na lista, enquanto os estudantes universitários os colocaram como número 4. Ambos os grupos classificaram erroneamente os riscos relativos apresentados por uma lista dos perigos, talvez devido à publicidade negativa que os agrotóxicos recebem.[37]

No Brasil não é diferente. De acordo com dados do Sistema Nacional de Informações Tóxico-Farmacológicas (Sinitox), do Ministério da Saúde, os agrotóxicos foram responsáveis por apenas 4,53% dos 42.127 casos de intoxicação humana por agentes tóxicos em 2013 (último dado disponível).[38] Dos 1.907 casos envolvendo os defensivos agrícolas, 971 foram tentativas de

PULVERIZANDO MITOS

suicídio, ou seja, mais da metade dos incidentes não está relacionada com o seu uso na agricultura. Os números do Sinitox indicam 621 acidentes individuais e outros 214 casos de intoxicação ocupacional por agroquímicos, com apenas sete óbitos registrados. Entre os 971 que tentaram se matar ingerindo agrotóxicos, somente 64 conseguiram.[39]

O perigo de verdade está em casa e na maioria dos casos é ignorado. Ainda de acordo com as informações do Sinitox, a principal causa de intoxicação no Brasil são os medicamentos. Foram quase 12 mil casos apenas em 2013 (28,45% do total), sendo 4.800 acidentes envolvendo automedicação. Outra ameaça são os saneantes domissanitários, também conhecidos como produtos de limpeza, com 3.601 casos (8,55%). O que fazer diante dessa situação? Proibir a venda de remédios e produtos de limpeza? Se seguirmos a lógica dos que defendem o banimento dos agrotóxicos, a resposta é sim.

O problema da falta de percepção do risco em relação aos agrotóxicos no país fica ainda mais evidente em momentos de crise, como no caso do mosquito *Aedes aegypti*, que espalhou o pânico por todo o Brasil no início de 2016. Diante da ameaça do vírus da zika, associado ao surto de microcefalia em bebês recém-nascidos, milhares de grávidas correram para as farmácias e esgotaram os estoques de repelentes, a maioria à base de piretroides. Os mesmos piretroides estão presentes nos inseticidas utilizados para o combate de mosquitos nas lavouras, os temidos agrotóxicos. Quando essas substâncias são utilizadas no campo, fazem mal aos agricultores e ainda contaminam os alimentos. Mas quando usados diretamente sobre a pele, não causam nenhum problema... É um exemplo clássico do conceito de "dois pesos, duas medidas".

O preconceito em relação aos agrotóxicos, como vimos, é uma questão de conveniência. Se queremos nos livrar das baratas em casa, tudo bem. No caso do fumacê contra a dengue, tudo bem também. Quando instalamos um repelente de tomada para espantar os pernilongos à noite, maravilha! Agora, o uso dessas substâncias nas áreas rurais, a milhares de quilômetros de distância da sua casa, ah, não, isso não pode.

Há décadas os ambientalistas vêm pregando contra o uso dos agrotóxicos. Um marco nessa história foi o lançamento do livro *Silent Spring* [Primavera

AGRADEÇA AOS AGROTÓXICOS POR ESTAR VIVO

silenciosa], de autoria da bióloga Rachel Carson, em 1962. Na obra, ela afirmava que o uso de pesticidas sintéticos, em especial o DDT, estava dizimando a vida selvagem e causando uma epidemia de câncer nos seres humanos. O livro foi um sucesso. Mais de 2 milhões de exemplares foram vendidos nos anos seguintes. Até hoje segue entre os livros de ambientalismo mais vendidos em todo o mundo. Rachel Carson, sem dúvida, influenciou muita gente. No entanto, mais de cinquenta anos após o lançamento do livro, suas teorias não foram comprovadas.

Em sua matéria de capa da edição de setembro de 2012, a revista americana *Wired* relembrou a história.[40] Intitulada "Apocalypse Not", a reportagem investigou as diversas catástrofes anunciadas pelos ambientalistas que nunca se concretizaram. A ameaça propagada por *Primavera silenciosa* estava lá, logo na abertura da matéria sobre os mitos relacionados aos químicos. O texto lembra que uma das principais inspirações de Rachel Carson, e também uma de suas fontes, foi Wilhelm Hueper, primeiro diretor da divisão ambiental do National Cancer Institute. De acordo com a publicação, Hueper tinha convicção de que os pesticidas eram responsáveis pelo aumento nos índices cancerígenos e que as indústrias estavam tentando encobrir o fato.

Em um artigo intitulado "Lung Cancers and Their Causes" ["Câncer pulmonar e suas causas"], publicado em 1955 no *Cancer Journal for Clinicians*, o mesmo Hueper dizia que "os poluentes emitidos pelas indústrias químicas seriam os principais responsáveis pelo câncer de pulmão" e garantia que "o cigarro não era o principal causador desse tipo de câncer". O tempo mostrou que Wilhelm Hueper e Rachel Carson estavam errados. Está mais do que comprovado que o cigarro é, sim, o grande vilão do câncer pulmonar. Por outro lado, não existe até hoje nada conclusivo sobre os malefícios do DDT. Não houve nenhuma catástrofe, e os animais não foram dizimados. Mesmo assim, o cigarro segue liberado, enquanto o DDT foi proibido no mundo todo — uma prova de que o lobby das indústrias fabricantes de agrotóxicos não é tão forte quanto dizem.

Goste ou não deles, o fato é que os defensivos agrícolas são produtos fundamentais para a agricultura moderna. Eles fazem parte de um pacote

PULVERIZANDO MITOS

tecnológico — ao lado dos fertilizantes nitrogenados, das sementes melhoradas e da mecanização — que ajudou a revolucionar a agricultura brasileira. Se antes deles os agricultores se viam de mãos atadas diante de um simples ataque de gafanhotos, recorrendo muitas vezes a produtos caseiros altamente tóxicos e pouco eficazes, após a sua introdução o que se viu foi um aumento significativo na produtividade. A seguir, reproduzo cinco textos, publicados entre 1918 e 2015, que resumem bem a história da agricultura no Brasil, antes e depois dos agrotóxicos.

AS PRAGAS DA LAVOURA — *O ESTADO DE S. PAULO* — 24 DE DEZEMBRO DE 1918[41]

Não há quem veja sem grande tristeza a situação da lavoura no estado, que vem desde algum tempo sendo assaltada por terríveis inimigos. Além da geada, tão espantosa, que tão extraordinário dano causou, fazendo, de um dia para outro, baquear, ou abalando prósperas fortunas, reduziu à miséria a não poucos pequenos agricultores — tem aparecido, como outras tantas calamidades, pragas de difícil extermínio: é o curuquerê, é a lagarta-rosada, é o gafanhoto etc.

É verdadeiramente admirável a luta sem esmorecimentos que o lavrador paulista tem sustentado contra esses elementos destrutivos do seu labor, havendo-se nessa faina incessante quase desajudado pelo governo, quase só com os próprios recursos de que pode dispor.

A lagarta-rósea, recentemente introduzida nos algodoais do estado, é uma praga que, ao que parece, nos ficará permanentemente. Mas isso não é motivo para que não a combatamos. Pelo contrário: por isso mesmo que sua extinção se nos afigura quase impossível, é necessário que se procure reduzir ou delimitar a sua ação, impedir que continue a propagar-se, mantendo contra ela uma campanha incessante, sem tréguas, e quanto possível enérgica, como temos reclamado.

Os gafanhotos constituem a praga talvez mais perigosa e temível que está assolando a lavoura do estado, porque atacam todas as plantações e até mesmo

AGRADEÇA AOS AGROTÓXICOS POR ESTAR VIVO

os cafezais novos. A sua ação destruidora é bem conhecida: onde pousa uma nuvem desses acrídios há uma devastação. Ora, é sabido que os gafanhotos invadiram quase todo o território do estado. Aqui se aclimataram, constituíram novo hábitat, e vão proliferando.

Como todos sabemos, as maiores vítimas dos gafanhotos são os pequenos lavradores. Estes, em geral, não dispõem de recursos para manter empregados que se ocupem do serviço de extinção desses animalejos, e muito menos para a aquisição do aparelhamento necessário, como as vassouras de fogo, para cujo funcionamento é preciso gasolina ou querosene, que atualmente estão por preços elevadíssimos.

A lavoura reclama do governo medidas capazes de extinguir essa grande praga, que tanto a prejudica, comprometendo, conjugada com outras, o engrandecimento do nosso estado. Se a ação que se espera dos poderes públicos for amolentada e frouxa, os gafanhotos se fixarão definitivamente em nosso território.

Logo após a publicação do artigo, o agricultor Dario Vianna Barbosa, de Mogi Mirim, escreveu uma carta ao jornal *O Estado de S. Paulo*.[42] O texto, publicado em 1º de janeiro de 1919, relatava a sua angústia diante de um ataque de gafanhotos e as técnicas utilizadas por ele no combate aos "saltões". Por fim, compartilha uma receita que teria se mostrado altamente eficaz: uma mistura de fubá, arsênico e limão picado.

É ambição utilitária minha que se publique esta, como modesta contribuição a essa luta formidável contra os gafanhotos, na qual, corajosamente, a lavoura paulista vem ultimamente dispensando improficuamente um bom punhado de suas energias. A minha cultura, que é mista de algodão, milho e feijão, foi, há um mês, invadida por um grande número de gafanhotos, que causou, na mesma, um dano relativo. Os gafanhotos desovaram abundantemente e, ao cabo de duas semanas, brotava da terra uma multidão de saltões. Sem perda de tempo, encetei um combate contra eles usando de todos os processos tradicionais e daqueles emergenciais que me sugeriram. Mandei ora socar, ora revolver a terra no local da desova, empregando o pessoal da fazenda, mas o efeito foi contraproducente, mais agravado ainda pela grande perda de pés de

PULVERIZANDO MITOS

algodão, maltratados na refrega. Já desanimara quando li no *Estado* uma receita para extinção desses saltões, publicada pela generosidade de dois moços de São Carlos. Usei da mesma, prevendo, porém, mais uma desilusão. Entretanto, extraordinariamente grato ao senhor redator, dar-lhe a conhecer que obtive um resultado surpreendentemente pasmoso, que julgo, jamais obteria, mesmo em cem dias, na continuação dos primeiros processos. Tendo eu sabido de diversas fazendas de cultura em que têm sido fracos os resultados obtidos com o emprego da mesma receita, chamo a atenção dos interessados para esta consideração: a eficácia do veneno depende da técnica de sua preparação. Muitos preparam-no arbitrariamente, tentando molhar o arsênico ou dissolvê-lo sem atentar à ordem da concorrência dos ingredientes. Daí o fato de quase sempre nada se obter de positivo. Pelas experiências que fiz, posso afiançar que dá os máximos efeitos o veneno preparado do seguinte modo: misturam-se, o melhor possível, dez quilos de fubá grosso com meio quilo de arsênico e depois juntam-se oito limões com casca, picados bem miúdos, para que melhor se conserve o perfume dos mesmos. Essa mistura deve ser molhada por uma solução de meio quilo de açúcar em seis litros de água, até que tome a consistência de uma pasta encaroçada. O modo de aplicação é extremamente simples. Basta só procurar a direção que toma a maioria da leva em seus saltos e dispor adiante dela o veneno em leiras de cinco centímetros de largura e de pequena espessura. Os saltões comem avidamente da mistura e, após o repasto, tornam-se lerdos em seus movimentos, morrendo ao cabo de três horas. Só quem viu, como eu, poderá verificar, com segurança, o valor desse processo.

Olhando para trás, as técnicas de combate utilizadas no início do século XX podem até parecer bizarras, mas eram as únicas disponíveis naquele momento. Em um período em que ainda não existiam produtos desenvolvidos especificamente para o uso agrícola, o agricultor não tinha escolha: ou partia para as experiências com compostos químicos à base de metais pesados, como o arsênico, ou veria a sua lavoura dizimada. Mas nem as caldas altamente tóxicas eram capazes de frear as pragas, que seguiriam causando estragos por mais algumas décadas. De acordo com o Ministério da Agricultura, as perdas chegavam a 30% da produção brasileira no final dos anos 1950.

AGRADEÇA AOS AGROTÓXICOS POR ESTAR VIVO

IMPORTÂNCIA DA SANIDADE VEGETAL — *O ESTADO DE S. PAULO* — 24 DE ABRIL DE 1957[43]

Sabe-se que o lavrador colhe apenas os restos que lhe deixam os parasitos que atacam suas plantações. No sentido de o demonstrar, o Ministério da Agricultura faz, há tempos, uma interessante estatística, na qual procurou determinar os danos causados à economia nacional pelos parasitos das plantas. Para tanto, avaliou em 100 milhões de toneladas a produção vegetal do Brasil, e em 20 bilhões de cruzeiros, seu valor. Calculando em cerca de 30% os prejuízos causados pela saúva e outras formigas cortadeiras, a broca do café, o curuquerê, a lagarta-rosada, o gafanhoto, pragas e doenças do cítrus, da cana-de-açúcar, da videira, das rosáceas, dos cereais, da batata etc., chegou à estarrecedora conclusão, sem receio de contestação, de que essas pragas e doenças prejudicavam anualmente a produção vegetal brasileira em cerca de 6 bilhões de cruzeiros, destruindo ou inutilizando os produtos antes da colheita ou quando armazenados. Recente estatística do Conselho Nacional de Economia estimou em 200 bilhões de cruzeiros a produção agrícola de 1956, o que daria uma perda de 60 bilhões.

Perder 30% da produção agrícola para as pragas não é algo aceitável. Levando-se em consideração o Valor Bruto da produção brasileira em 2015,[44] esta quebra representaria um prejuízo de cerca de R$ 96 bilhões nos dias de hoje. Felizmente, essa situação começou a mudar com a popularização dos agroquímicos no Brasil a partir dos anos 1960. Dali em diante, as soluções caseiras ficaram para trás. Com defensivos mais eficientes, a produtividade em campo aumentou de maneira significativa. O texto a seguir, produzido pela Embrapa no final dos anos 1970, relata uma produtividade até 423% maior em lavouras de trigo tratadas com defensivos. No entanto, mesmo diante dos resultados excepcionais obtidos nos campos de testes, alguns pesquisadores se mantiveram contrários ao uso da tecnologia. Começava aqui a guerra entre a ciência e a ideologia.

PULVERIZANDO MITOS

CONTROVÉRSIAS SOBRE DEFENSIVOS — *O ESTADO DE S. PAULO* — 29 DE NOVEMBRO DE 1978[45]

A controvérsia a propósito dos benefícios e prejuízos decorrentes da utilização de defensivos no controle de pragas continua a preocupar os agrônomos que lidam no setor. Segundo alguns deles, a confusão estabelecida é tamanha que mesmo alguns pesquisadores, apesar dos resultados obtidos na pesquisa, começam a duvidar do acerto em usar ou não tais insumos. O que é certo, lembram eles, é que esta confusão é prejudicial ao desenvolvimento tecnológico da agricultura brasileira.

A questão não está em usar ou não os defensivos, mas em "como usá-los", pois é com esta preocupação que a Embrapa prefere entregar ao produtor um sistema de produção completo em lugar de uma simples variedade melhorada. Para esses pesquisadores, não há a menor dúvida de que os defensivos não só garantem maior produção como também melhor qualidade de grãos.

Tomando como exemplo as variedades (de trigo) IAS-54, Nobre e Jacuí, as mais plantadas na região Sul, observa-se que em 1975, o canteiro-testemunha (sem defensivos) apresentou uma produtividade de 750 kg/ha. Esta produtividade, em 1976, caiu para 460 kg/ha. No canteiro onde foi aplicada uma combinação de inseticida fungicida, em 1975 a produtividade foi de 2.580 kg/ha (280% a mais que o canteiro-testemunha). A variedade Jacuí apresentou, no primeiro ano, uma produtividade de 2.490 kg/ha no canteiro-controlado (54% a mais que no canteiro-testemunha) e 2.580 kg/ha (155% a mais que o canteiro-testemunha) no segundo ano. A variedade Nobre se comportou da seguinte maneira em 1975: o canteiro-controlado produziu 3.550 kg/ha. Ou seja, 274% a mais que o canteiro-testemunha (950 kg/ha) e em 1976, 1.200 kg/ha, contra 285 kg/ha produzidos no canteiro-testemunha (423% a mais).

Comprovadamente eficientes, essas tecnologias logo foram adotadas por milhares de fazendas de norte a sul. Os novos produtos fitossanitários se mostraram eficazes também na vida real, colaborando para o desenvolvimento da agricultura em todo o país. Desde então, o Brasil registrou uma

AGRADEÇA AOS AGROTÓXICOS POR ESTAR VIVO

melhora considerável nos índices de produtividade em todas as culturas. O país, que produzia em média 1,2 mil kg/ha de grãos em 1980, passou a colher, na mesma área, mais de 3,5 mil quilos em 2015 — um crescimento de 282%. O aumento na produção de alimentos como arroz (363% entre 1980 e 2015), feijão (274%), milho (324%), soja (176%) e trigo (257%) fez com que o Brasil deixasse a incômoda posição de importador para se transformar em um dos principais exportadores de grãos, frutas, carnes, fibras e biocombustíveis.

Produtividade das lavouras de grãos no Brasil (kg/ha[46])

	1980	1985	1990	1995	2000	2005	2010	2015	Crescimento 1980-2015
Algodão	413	742	964	1.249	2.291	2.906	3.634	2.406	+582%
Arroz	1.489	1.818	1.906	2.633	3.106	3.378	4.218	5.419	+363%
Feijão	374	469	465	574	719	771	921	1.025	+274
Milho	1.665	1.773	1.841	2.622	2.480	2.867	4.311	5.396	+324%
Soja	1.700	1.808	1.740	2.221	3.395	2.245	2.927	2.998	+176
Trigo	879	1.654	1.006	1.474	1.130	2.121	2.070	2.260	+257%
Brasil	1.267	1.465	1.496	2.103	2.195	2.339	3.148	3.585	+282%

A última reportagem, de 2015, é um retrato do momento atual da agropecuária brasileira. Graças ao avanço obtido nas últimas décadas, o país se tornou protagonista no mercado mundial de alimentos, com o diferencial de ser o único entre os grandes produtores com potencial para expandir ainda mais sua produção. Pelas estimativas da FAO e da OCDE, o Brasil deve desbancar os Estados Unidos como maior produtor mundial de alimentos em até dez anos.

PULVERIZANDO MITOS

BRASIL ESTÁ PREPARADO PARA SER MAIOR PRODUTOR DE ALIMENTOS DO MUNDO — UOL — 15 DE JULHO DE 2015[47]

O Brasil está em condições de superar os Estados Unidos no futuro e se transformar no maior produtor de alimentos e bens agrícolas do mundo — segundo um relatório apresentado pela FAO e pela OCDE. O relatório anual sobre perspectivas agrícolas 2015-2024 elaborado pelas duas organizações tem um capítulo especial para o Brasil. Nele, o documento aponta as oportunidades do país para continuar incrementando sua produtividade e abastecer a demanda crescente de proteínas que haverá no mundo na próxima década, principalmente na Ásia.

"O país está posicionado entre as dez maiores economias em nível mundial e é o segundo fornecedor mundial de alimentos e produtos agrícolas. O Brasil está preparado para se transformar no maior produtor. Nos próximos dez anos, as colheitas do Brasil devem continuar crescendo pelo aumento da produção e da área agrícola", diz o texto da Organização das Nações Unidas para Alimentação e Agricultura (FAO) e da Organização para a Cooperação e Desenvolvimento Econômico (OCDE).

A estimativa é de uma superfície plantada com os principais cultivos de 69,4 milhões de hectares para 2024. Segundo dados oficiais, o Brasil plantará 57,5 milhões de hectares e colherá cerca de 204,3 milhões de toneladas de grãos neste ano. O setor agropecuário lidera as exportações e é a principal fonte de divisas do país. Além disso, tem um papel central para articular políticas públicas, como as que ajudaram o Brasil a sair do mapa da fome.

Aumentar a produção de alimentos, porém, não é uma opção para o Brasil. Trata-se de uma obrigação. Pelas estimativas da FAO, para alimentar um planeta com quase 10 bilhões de habitantes em 2050 será necessário aumentar a produção global de alimentos em 70%. O Brasil deve contribuir com até 40% desse aumento. De acordo com Alan Bojanic, representante da FAO no Brasil, 90% da meta de crescimento deve ser cumprida somente com ganhos de produtividade, por meio do uso mais eficiente da terra. "Caso o índice atual de produtividade seja mantido, serão necessários mais 200 milhões de hectares dedicados à agricultura para dar conta da demanda global", afirma Bojanic.[48]

AGRADEÇA AOS AGROTÓXICOS POR ESTAR VIVO

Mas como aumentar a produtividade sem o uso da tecnologia? Impossível. Como vimos ao longo deste capítulo, o uso dos defensivos agrícolas — ou agrotóxicos, como preferir — é fundamental para a produção de alimentos, especialmente em países tropicais, como o Brasil, onde a incidência de pragas é elevada. Não sou contra os orgânicos. Apenas os considero produtos de nicho, que têm como público-alvo menos de 1% da população brasileira e, portanto, não deveriam ser tratados como prioridade. Sempre existirão pessoas dispostas a pagar mais caro pelos "alimentos de grife", mas esse marketing não vai durar para sempre. No Reino Unido, por exemplo, a tendência já começa a perder força.

Estudos recentes revelam que os alimentos orgânicos não são mais saudáveis que os produzidos de forma convencional nem ajudam a prevenir doenças como o câncer. O trabalho mais completo já realizado sobre o tema, publicado no conceituado *American Journal of Clinical Nutrition* com base em 162 artigos científicos dos últimos cinquenta anos, aponta diferenças mínimas no teor de nutrientes entre os orgânicos e aqueles produzidos com defensivos. "Nossa revisão indica que não existem no momento evidências que fundamentem a escolha de alimentos orgânicos em detrimento dos alimentos convencionalmente produzidos, com base na superioridade nutricional de uns sobre outros", conclui Alan Dangour, um dos autores do estudo.[49]

Se ainda existem dúvidas em torno do uso dos agrotóxicos e de seus possíveis efeitos colaterais, a fome é uma realidade — e esse problema certamente não será resolvido ampliando a produção de alimentos livres de pesticidas. Em um momento em que precisamos de mais comida, não é justo fomentar uma agricultura cuja produtividade é até 34% menor.[50] Ou você é a favor de uma redução na produção de alimentos em nome de uma ideologia? Eu não sou médico toxicologista nem engenheiro agrônomo, por isso procurei ouvir as principais autoridades no assunto durante a produção deste livro. Foi uma apuração rigorosa, com mais de cinquenta entrevistas realizadas e dezenas de livros pesquisados.

Antes de seguir adiante, faço apenas um pedido: esqueça tudo o que já ouviu sobre os agrotóxicos e continue a leitura sem preconceitos.

2. Os remédios das plantas

Os mais radicais chamam de veneno. Os neutros se referem a eles como agroquímicos ou pesticidas. Para a indústria, são defensivos agrícolas. No meio científico, são tratados como praguicidas. Mas no Brasil — e só no Brasil — esses produtos são popularmente conhecidos como agrotóxicos, nome que acabou oficializado no país pela Lei nº 7.802, de 11 de julho de 1989. Sancionada pelo ex-presidente José Sarney, a legislação diz que são considerados agrotóxicos "os produtos e os agentes de processos físicos, químicos ou biológicos, destinados ao uso nos setores de produção, no armazenamento e beneficiamento de produtos agrícolas, nas pastagens, na proteção de florestas, nativas ou implantadas, e de outros ecossistemas e também de ambientes urbanos, hídricos e industriais, cuja finalidade seja alterar a composição da flora ou da fauna, a fim de preservá-las da ação danosa de seres vivos considerados nocivos".[1]

O texto é claro: os agrotóxicos têm como função proteger a fauna e a flora contra os ataques de espécies consideradas nocivas. Ou seja, são usados no tratamento de doenças causadas por fungos e ácaros ou contra o ataque de insetos e lagartas. Sua função, portanto, não é intoxicar os vegetais, mas sim seus predadores. Eles são, na realidade, os remédios das plantas. Fazendo um paralelo com os humanos, fica mais fácil entender essa relação. Imagine que você está passando as suas férias na praia. Ao voltar para casa, já no fim da tarde, constata que o seu filho pegou uma micose nos pés. Já a sua filha

AGRADEÇA AOS AGROTÓXICOS POR ESTAR VIVO

não para de reclamar dos ataques incessantes dos pernilongos. A não ser que você seja adepto da homeopatia, terá de ir a uma farmácia e recorrer aos "humanotóxicos", já que para acabar com a micose — que é uma infecção causada por fungos — será preciso um fungicida, e para resolver o problema dos pernilongos — que são insetos indesejados — só com inseticidas.

É óbvio que se os produtos destinados aos humanos se chamassem humanotóxicos, haveria um grande preconceito em torno deles. Para evitar qualquer tipo de rejeição, são chamados de remédios. Os praguicidas, no entanto, não tiveram a mesma sorte. Mesmo contendo em suas fórmulas princípios ativos semelhantes aos dos remédios, viraram agrotóxicos. O nome, pejorativo, ajuda a explicar o preconceito e o temor dos cidadãos comuns em relação aos produtos fitossanitários.

Mas antes de falar sobre os agroquímicos modernos, precisamos voltar um pouco no tempo para entender o histórico de lutas entre o homem e as pragas. A agricultura foi a principal responsável pela formação da sociedade como conhecemos hoje. Há cerca de 10 mil anos, o homem deixou a vida nômade, a caça e a pesca, para se fixar na terra e extrair dela o seu alimento. No início, era uma agricultura rudimentar, focada exclusivamente na subsistência. Porém, com o passar do tempo e o aprimoramento das técnicas agrícolas, a produção de alimentos aumentou, assim como o número de espécies invasoras em busca de comida. Nas lavouras menores, o controle de pragas podia ser feito manualmente, mas com o crescimento das áreas de cultivo o combate ficava cada vez mais complicado.

O primeiro defensivo agrícola de que se tem notícia é o enxofre. O produto foi utilizado pelos sumérios para o controle de insetos e ácaros nas terras férteis da Mesopotâmia (região onde hoje é o Iraque) cerca de 2.500 anos antes de Cristo. Outros químicos, como o arsênico, eram usados no controle de pestes na Grécia há mais de 3 mil anos. Os chineses também desenvolveram diversas técnicas de combate às pragas. Desde produtos à base de mercúrio e arsênio até compostos orgânicos de origem vegetal foram utilizados na China a partir do ano 400 a.C.

OS REMÉDIOS DAS PLANTAS

Ao longo dos séculos, o homem sempre buscou meios de combater essas adversidades naturais, sendo que, muitas vezes, eram feitos rituais religiosos ou magias para combater as pragas. Os gregos e os romanos tinham deuses específicos para prevenir ou exterminar pragas. Apesar do pouco conhecimento a respeito da natureza e das pragas que atacavam a agricultura, existem relatos sobre métodos de controle de pragas durante o período clássico. Entretanto, na Idade Média, pouca evolução ocorreu em termos de progresso científico. Acreditava-se que Deus havia criado o mundo para o homem, sendo que se este obedecesse a seus superiores e cumprisse as regras estabelecidas, tudo estaria na mais perfeita ordem. A justiça deveria ser feita para garantir a prevalência do bem, e os infratores deveriam ser punidos. Essas ideias estimularam o desenvolvimento das práticas de julgamento de pragas em tribunais eclesiásticos. Cerca de noventa julgamentos de pragas ocorreram entre os séculos XII e XVIII. Muitas vezes, estes pareciam ser eficazes em decorrência do ciclo de vida das pragas.

Os problemas com as pragas se agravaram já na metade do século XIX, surgindo os primeiros estudos científicos sistemáticos sobre o uso de compostos químicos, visando o controle de pragas agrícolas. Compostos inorgânicos e extratos vegetais eram utilizados nessa época. No final do século XIX, foram sintetizados diversos compostos a fim de controlar diferentes pragas, além de misturas tais como enxofre e cal, utilizada no controle da sarna da maçã, causada por um fungo; a mistura entre sulfato de cobre e cal, conhecida hoje como calda bordalesa, usada no combate do míldio, doença causada por fungos na uva; o arsenito de cobre, também conhecido como verde de Paris, para controlar o besouro da batata nos Estados Unidos; o sulfato ferroso como herbicida seletivo; derivados de fluoretos inorgânicos, como o fluoreto de sódio, no controle de insetos como formigas.

Compostos orgânicos de origem vegetal também foram utilizados no combate às pragas. É o caso do piretro ou pó da Pérsia, proveniente de flores secas de *Chrysanthemum cinerariaefolium* e *Chrysanthemum coccineum*, planta encontrada na Iugoslávia e no Cáucaso, que teve seu uso difundido no século XIX. Os constituintes químicos presentes no piretro e que são responsáveis pela atividade inseticida são as piretrinas. Em razão da baixa disponibilidade e fotoinstabilidade, estas não são usadas na agricultura, apenas em ambien-

AGRADEÇA AOS AGROTÓXICOS POR ESTAR VIVO

tes domésticos. Esse fato colaborou para o desenvolvimento de produtos fotoestáveis análogos aos produtos naturais, denominados genericamente de piretroides. Em razão do largo espectro de atividade contra artrópodes, da baixa dosagem requerida, do baixo risco para os aplicadores e do baixo impacto ambiental, os piretroides obtiveram um grande sucesso comercial.[2]

Os inseticidas à base de piretroides são utilizados até hoje em todo o mundo.

Com o surgimento das primeiras indústrias químicas, houve um grande avanço nas pesquisas em torno dos compostos sintéticos. Berço da Revolução Industrial, a Inglaterra liderou a indústria química desde 1740, quando o ácido sulfúrico passou a ser produzido a partir do enxofre, até o final do século XIX. Os principais produtos produzidos pelos ingleses neste período foram, além do ácido sulfúrico, a soda cáustica, o cloreto de cal, o álcali e o sabão. A partir de 1900, como consequência dos grandes investimentos realizados em pesquisas e a descoberta de tecnologias de produção mais avançadas, a Alemanha desbancou a Inglaterra para assumir a liderança mundial no setor químico. Empresas alemãs, como Bayer, Basf, Hoechst e AGFA, chegaram a deter 90% do mercado global de corantes,[3] um dos produtos químicos mais valorizados nesse período. Essas mesmas companhias também eram líderes no segmento de fármacos. Até o início da Primeira Guerra Mundial, em 1914, cerca de 85% da demanda mundial por medicamentos eram supridos pelas indústrias alemãs.

Nos Estados Unidos, apesar do acelerado processo de industrialização observado nos anos 1800, o setor químico se desenvolveu apenas a partir do início do século XX. A DuPont está entre as mais antigas empresas químicas do mundo. Fundada pelo francês Éleuthère Irénée du Pont de Nemours, a companhia nasceu em 1802 como fabricante de pólvora, mas logo passou a produzir também outros explosivos, como nitroglicerina e dinamite. A indústria farmacêutica norte-americana surgiu bem mais tarde, já na década de 1880, com a criação de empresas como Eli Lilly, Abbott Labs e G.D. Searle. Já no início dos anos 1900, Herbert Henry Dow, insatisfeito com a dependência dos produtos alemães, desenvolveu um processo inovador para produzir cloro

OS REMÉDIOS DAS PLANTAS

e bromo a partir da salmoura, o que resultou na criação da Dow Chemical. Monsanto, Merck e Union Carbide entraram em seguida no ramo das especialidades químicas, mas ainda altamente dependentes das importações de matérias-primas alemãs.

A hegemonia da Alemanha no setor químico, porém, duraria apenas até o final da Primeira Guerra Mundial (1918), já que a rendição teve como consequência o acesso, por parte dos Aliados, a boa parte do conhecimento do país na área. Embora ainda estivessem na liderança, as empresas alemãs passaram a enfrentar maior concorrência das companhias americanas, suíças, inglesas, francesas e até de novos *players* que surgiram no pós-guerra, como Rússia, Japão, Itália e Espanha. A partir desse momento, o setor químico deu um salto. Milhares de novas formulações foram testadas, para as mais diversas finalidades, nas décadas seguintes. Muitas dessas pesquisas não deram em nada, enquanto outras acabaram se revelando grandes descobertas — algumas delas sem querer, é verdade. O acaso faz parte dessa indústria desde o princípio. Não foram poucos os casos de cientistas que, ao realizarem pesquisas sobre determinadas substâncias, acabaram encontrando outras muito mais relevantes.

Um dos remédios mais populares da história, por exemplo, foi descoberto por engano. Em busca de uma maneira de usar o fenol, um germicida, para curar infecções, o alemão Felix Hoffman, químico da Bayer, testou um substrato retirado de plantas da espécie *Spiraea*, que continham fenol. A fórmula não se mostrou eficiente no combate às infecções, mas os médicos notaram que a substância ajudava a baixar a febre e aliviar a dor dos pacientes. Hoffman, então, aprofundou os estudos em torno do ácido acetilsalicílico, que comprovou ser muito eficaz também contra as dores causadas pela artrite.[4] Em 6 de março de 1899, a Bayer patenteou a Aspirina.

Outro exemplo interessante foi o descobrimento de um dos polímeros mais versáteis da história, o Teflon, em 1938. Roy Plunkett, funcionário da DuPont, realizava pesquisas sobre fluidos refrigerantes, quando, ao vaporizar um cilindro que continha duas libras de gás, percebeu que o fluxo no cilindro havia parado. Ao abrir o cilindro, encontrou em seu interior uma substância branca, na forma de pó, material que concluiu ser tetrafluoroetileno polimerizado.[5] Nascia assim o politetrafluoroetileno, mundialmente conhecido como Teflon, até hoje um dos materiais menos aderentes já descobertos pelo homem.

Assim como a Aspirina e o Teflon, o glifosato, um dos agroquímicos mais utilizados em todo o mundo, também foi descoberto por acaso. A substância foi sintetizada pela primeira vez em 1950 pelo químico suíço Henri Martin, funcionário da companhia farmacêutica Cilag, mas como não era útil para a fabricação de medicamentos, foi deixada de lado por mais de duas décadas. As propriedades herbicidas do glifosato foram descobertas apenas nos anos 1970, por pesquisadores da Monsanto que buscavam uma solução para o controle de ervas daninhas nas lavouras. O grupo, liderado pelo cientista Phil Hamm, já havia testado mais de cem compostos químicos quando duas moléculas muito parecidas com o glifosato se mostraram eficientes nos testes de campo. Hamm relatou a descoberta a John Franz, químico-chefe da Monsanto,[6] que passou a trabalhar no aperfeiçoamento do novo produto. O primeiro produto à base de glifosato desenvolvido exclusivamente para uso agrícola foi patenteado sob a marca Roundup e chegou ao mercado em 1974.[7]

De descoberta em descoberta, as companhias foram crescendo e diversificando seus negócios. Em pouco tempo, as maiores empresas do setor químico se tornaram fabricantes de gases, plásticos, corantes, fertilizantes, defensivos agrícolas, medicamentos, produtos veterinários, entre outros produtos. Ao longo do século XX, elas se transformaram em grupos industriais colossais, com atuação em vários países e nos mais diversos segmentos da economia. Com o passar do tempo, uma reorganização dos negócios foi inevitável.

A história da indústria de agroquímicos como conhecemos hoje tem início nos anos 1940, após a descoberta do inseticida DDT, pela suíça Geigy, e do herbicida 2,4-D, pela Dow Chemical, nos Estados Unidos. O DDT e o 2,4-D podem ser considerados os agrotóxicos pioneiros da era moderna. O primeiro, inicialmente desenvolvido para combater os vetores da malária, passou a proteger as lavouras contra os insetos predadores. O outro foi precursor entre os herbicidas seletivos, aqueles que matam as ervas daninhas sem comprometer o desenvolvimento da cultura principal. Foi uma verdadeira revolução no campo.

OS REMÉDIOS DAS PLANTAS

A partir desse momento, os agricultores mais preocupados com o avanço tecnológico deixaram suas enxadas de lado e passaram a investir em pulverizadores.

Vários outros compostos químicos importantes, como aldrin, paraquat, BHC, endossulfan e metamidofós, foram descobertos em seguida, dando origem a centenas de defensivos agrícolas comprovadamente eficientes para as mais diversas culturas. Mesmo criticados por uma parcela da população, esses produtos foram fundamentais para o desenvolvimento das lavouras e a redução dos preços dos alimentos em todo o mundo. Sem a concorrência das pragas, as fazendas passaram a produzir mais, o que resultou em uma queda real nos preços. De acordo com dados do governo alemão, as famílias gastavam mais de 40% dos seus rendimentos com alimentação nos anos 1950. Esse número caiu para 10% em 2009.[8] No Brasil não foi diferente. Em janeiro de 1995, uma cesta básica custava em média R$ 86,81, valor maior que o salário mínimo da época, fixado em R$ 70. Em janeiro de 2015, a mesma cesta custava R$ 371,22, o equivalente a pouco mais da metade do salário mínimo no período, R$ 788.[9]

Ao longo dos anos, o setor de agroquímicos acompanhou a expansão da agricultura em todo o mundo. Quanto mais as propriedades cresciam e se profissionalizavam, mais utilizavam defensivos. Foi assim na Europa, nos Estados Unidos, na Ásia e, mais recentemente, no Brasil. Nas últimas décadas, com o aumento da incidência de pragas e doenças nas lavouras, esses produtos tornaram-se indispensáveis no dia a dia de qualquer fazenda, mesmo as que menos investiam em tecnologia. Isso criou um mercado gigantesco e altamente rentável para as indústrias químicas. De acordo com o relatório *Industry Overview*, divulgado pela consultoria Phillips McDougall, as vendas globais de agroquímicos chegaram a US$ 54,2 bilhões em 2013, um aumento de 25% em relação aos US$ 43,1 bilhões de 2008.[10]

O segmento de defensivos agrícolas é liderado por multinacionais do setor químico, como as alemãs Basf e Bayer, as americanas Dow, DuPont e Monsanto, e a suíça Syngenta, empresas que detêm quase 80% do mercado mundial de agroquímicos. Completam o ranking das maiores do setor a israelense Adama (atualmente controlada pela Chen China), a americana FMC, a australiana Nufarm e a japonesa Sumitomo. Juntas, essas dez companhias são responsáveis por 95% das vendas de defensivos em todo o mundo.[11]

A primeira colocada do setor é a mais nova e provavelmente a menos conhecida do público urbano: a Syngenta. Fundada em 2000, a companhia é o resultado da união das divisões agro de algumas gigantes europeias do ramo químico — portanto, já nasceu com um histórico de mais de duzentos anos de pesquisas e um portfólio recheado de patentes. A empresa tem origem na Suíça, em 1758, com a fundação da farmacêutica Geigy. Em 1884, surgiu a Ciba e as empresas passam a concorrer no mercado suíço até 1970, quando os dois grupos decidiram se fundir e criar a Ciba-Geigy. Em 1996, em um novo movimento de fusão, a Ciba-Geigy se uniu à também suíça Sandoz para formar a Novartis.

Paralelamente, outro grande grupo era criado no Reino Unido. Em 1926, quatro indústrias locais — British Dyestuffs Coronation, Brunner Mond, Nobel Industries e United Alkali — se uniram para formar a Imperial Chemical Industries (ICI), empresa que logo se consolidou entre as líderes em pesquisas e vendas do setor de defensivos químicos. Ao longo dos anos, a ICI cresceu ainda mais por meio de aquisições de concorrentes em todo o mundo, até que em 1994 a empresa se viu obrigada a reorganizar seus negócios. A companhia foi dividida em três, uma focada em produtos farmacêuticos, outra em defensivos agrícolas e uma terceira reunindo outras especialidades químicas, e teve seu nome trocado para Zeneca. Cinco anos depois, um novo negócio, dessa vez com a sueca Astra, seria criada a AstraZeneca.

As histórias dos suíços da Novartis e dos britânicos da AstraZeneca se cruzam em 2000, quando os acionistas das duas companhias decidiram fundir suas áreas de defensivos e sementes para criar a Syngenta,[12] atual líder mundial do setor de agroquímicos, com presença em noventa países e vendas de US$ 11,4 bilhões em 2013.[13] No final de 2015, a empresa esteve prestes a ser vendida para a rival Monsanto, líder no segmento de sementes. A venda não evoluiu e, meses depois, a Syngenta acabaria despertando o interesse da ChemChina. O negócio de US$ 43 bilhões, que se confirmado será a maior aquisição já feita por uma empresa chinesa na história, ainda estava em análise pelas autoridades regulatórias até a conclusão deste livro.

OS REMÉDIOS DAS PLANTAS

Seguindo a tendência de consolidação, outro gigante do setor químico deverá ser formado em breve. Em dezembro de 2015, DuPont e Dow, duas das maiores e mais tradicionais companhias americanas, anunciaram a intenção de integrar suas operações, em uma fusão de iguais. Com mais de duzentos anos de história, a DuPont é até hoje uma das empresas mais inovadoras do mundo. Conhecida do público por causa das descobertas de produtos revolucionários, como o Teflon, o Nylon, a Lycra e o Kevlar, a companhia também está entre as maiores em vendas de defensivos. A Dow, por sua vez, tem avançado no segmento de agroquímicos por meio de aquisições importantes realizadas nas últimas décadas. A companhia, que já havia se unido à Elanco (braço agro da farmacêutica Eli Lilly) no final dos anos 1990, se consolidou entre as líderes do setor após a compra de concorrentes como a Union Carbide, em 2001, por US$ 9,3 bilhões, e a Rohm and Haas, em 2009, por US$ 15 bilhões.

Caso a união seja aprovada pelas autoridades de defesa da concorrência, a DowDuPont deixará a Basf para trás e assumirá o posto de maior empresa química do planeta, com valor de mercado estimado em US$ 130 bilhões[14] e US$ 83 bilhões ao ano em vendas.[15] O faturamento da divisão agrícola da nova DowDuPont é estimado em cerca de US$ 16 bilhões ao ano — metade desse valor referente à venda de pesticidas e outra metade ao negócio de sementes —, o que colocaria a companhia na liderança também no segmento hoje conhecido como *agrosciences*. No entanto, levando-se em consideração apenas as vendas de defensivos agrícolas, a ChemChina/Syngenta ainda ficaria bem à frente, com um faturamento anual próximo a US$ 13 bilhões.[16]

O mercado ainda especulava sobre o futuro do setor quando outro movimento surpreendente causou uma nova reviravolta no segmento de agroquímicos. Em setembro de 2016, a Bayer, após duas tentativas frustradas, apresentou uma proposta de US$ 66 bilhões pelo controle da Monsanto, operação que, se aprovada pelas autoridades antitruste, terá um impacto ainda maior do que a criação da DowDuPont para o setor de agricultura — ao incorporar os ativos da Monsanto, a gigante alemã deve roubar não só a liderança da

AGRADEÇA AOS AGROTÓXICOS POR ESTAR VIVO

ChemChina/Syngenta em defensivos como ainda desbancar a DowDuPont em *agrosciences*. A proposta da Bayer, que inclui um prêmio de 44%[17] sobre o valor da ação da Monsanto na data da primeira oferta, em 9 de maio, ainda prevê o pagamento de uma multa de US$ 2 bilhões à empresa americana caso o negócio não seja autorizado.

Para a Bayer, a aquisição da Monsanto é estratégica. Nos últimos anos, a empresa alemã decidiu se desfazer de sua divisão de plásticos especiais, a MaterialScience, cuja rentabilidade foi reduzida, e concentrar todos os seus esforços nas áreas de HealthCare, ligada à saúde humana e animal, e CropScience, focada em sementes e defensivos agrícolas. "Vamos crescer como uma companhia voltada para ciências da vida. Atualmente, 70% das vendas e 90% da lucratividade do grupo estão nessas duas divisões", afirmou Kemal Malik, principal executivo de inovação da Bayer, em entrevista ao jornal *O Estado de S. Paulo*.[18]

A proposta pela Monsanto, portanto, está alinhada às novas estratégias da empresa, já que o negócio deve levar a companhia alemã à liderança global nos dois segmentos ligados ao agronegócio, defensivos e sementes. A Bayer CropScience é atualmente vice-líder em vendas de agroquímicos. Essa posição foi alcançada em grande parte graças à aquisição das divisões agro de algumas empresas importantes do setor químico, como a Schering e a Sanofi-Aventis (antiga Hoechst), que hoje têm atuação restrita ao ramo farmacêutico. Com a Monsanto, a Bayer deverá assumir a liderança global no segmento de defensivos agrícolas, com vendas estimadas em mais de US$ 15 bilhões.

Forte em agroquímicos, a Bayer não figura entre as líderes na área de sementes, hoje principal segmento de atuação da Monsanto, que reina absoluta. Mais conhecida do público pelo glifosato, a companhia sediada em Saint Louis pode ser definida atualmente como uma empresa de biotecnologia, líder mundial em pesquisa e vendas de sementes — transgênicas ou não. A virada ocorreu no final da década de 1990, quando a empresa ainda faturava alto com a venda do herbicida Roundup, mas sua patente já estava próxima de expirar. A companhia, então, passou a desenvolver sementes transgênicas

OS REMÉDIOS DAS PLANTAS

resistentes ao glifosato, batizadas de "Roundup Ready" ou "RR", e investir na venda de um pacote tecnológico completo ao produtor. As sementes geneticamente modificadas se mostraram um sucesso e a Monsanto logo dominou o mercado. Hoje, a venda de agroquímicos representa uma pequena fração do faturamento da empresa.

A Basf fecha o ranking das seis grandes do setor. Maior empresa química do mundo até a criação da DowDuPont, a multinacional alemã emprega mais de 110 mil pessoas em todo o mundo e registrou um faturamento de € 70 bilhões em 2015.[19] No Brasil, a empresa é famosa por fabricar as tintas Suvinil, embora o leitor nascido até a década de 1980 certamente se lembrará das fitas cassete e VHS, que já não são mais produzidas há muitos anos. O que pouca gente sabe é que a empresa também figura entre as líderes globais no mercado de agroquímicos, com vendas de € 5,8 bilhões em 2015 — um valor expressivo, mas que representa pouco mais de 8% das vendas totais do grupo.

Assim como as outras grandes do setor, a centenária Basf também investiu fortemente em pesquisas ao longo de sua história, lançou dezenas de bons produtos e ganhou musculatura através de aquisições, ainda que em um ritmo mais lento do que seus concorrentes. Nos anos 1990, a empresa consolidou-se entre as grandes do setor ao comprar a divisão de agroquímicos da Shell, que havia decidido concentrar seus esforços exclusivamente na distribuição e comercialização de combustíveis. O último grande negócio foi realizado em 2000, ano em que assumiu o controle da Cyanamid, uma das líderes em vendas de herbicidas nos Estados Unidos, por US$ 3,8 bilhões. Acostumada ao papel de protagonista, a companhia alemã vem perdendo espaço após a onda recente de fusões no setor. Em 2013, a empresa era a terceira maior em vendas de defensivos no mundo, atrás apenas da Syngenta e da Bayer. Caso o negócio entre Dow e DuPont seja aprovado, a Basf cairá para a quarta colocação.

AGRADEÇA AOS AGROTÓXICOS POR ESTAR VIVO

As dez maiores empresas do setor de agroquímicos[20]

Empresa	País	Vendas de defensivos em 2013 (em US$ bilhões)
Sygenta	(Suíça)	11,4
Bayer CropScience	(Alemanha)	10,4
Basf	(Alemanha)	6,9
Dow AgroSciences	(EUA)	5,5
Monsanto	(EUA)	4,8
DuPont	(EUA)	3,5
Adama	(Israel)	2,8
Nufarm	(Austrália)	2,2
FMC	(EUA)	2,1
Sumitomo	(Japão)	2

Mercado mundial de defensivos agrícolas em 2013: US$ 54,2 bilhões
Vendas das dez maiores empresas do setor: US$ 51,6 bilhões (95,2% do total)

Assim como as empresas, o agronegócio também mudou muito nas últimas décadas. As fazendas se profissionalizaram e as questões relacionadas à sustentabilidade e as boas práticas agrícolas ganharam importância — nem tanto pelo esforço dos produtores, mas sim pela pressão dos consumidores, ávidos por alimentos mais saudáveis e com garantia de origem. Nas últimas décadas o setor de agroquímicos vem se adequando a essa nova realidade, lançando produtos mais eficientes e cada vez menos tóxicos. Ao contrário do que muitos dizem, os pesticidas atuais não são mais simples adaptações de armas de guerra. Apesar de ainda usarem alguns elementos químicos em comum, os produtos mais modernos trazem muita tecnologia embarcada, já que, além da eficácia contra as pragas, precisam também apresentar baixo impacto ambiental, serem seguros para manuseio e deixarem o mínimo de resíduos possível nos alimentos.

OS REMÉDIOS DAS PLANTAS

Encontrar uma nova formulação, definitivamente, não é uma tarefa simples nem barata. O processo completo de pesquisa e desenvolvimento de um produto fitossanitário leva em média dez anos, período em que milhares de testes em laboratórios, estações experimentais e de campo são realizados por especialistas de diversas áreas, como agrônomos, biólogos, químicos, fitopatologistas, entomologistas, virologistas e toxicologistas. O investimento total necessário para colocar um novo praguicida no mercado chega aos US$ 286 milhões, sendo US$ 107 milhões somente em pesquisas, US$ 146 milhões na fase de desenvolvimento e outros US$ 33 milhões para o registro do produto.[21]

O primeiro passo para a criação de um agroquímico é a "identificação" de novos princípios ativos. Cerca de 160 mil moléculas são analisadas até que se encontre uma que contenha as características desejadas. Na etapa seguinte, conhecida como *"screening"*, as moléculas pré-selecionadas passam por mais testes em laboratório e são provadas pela primeira vez na prática, em campo. A terceira fase, chamada "seleção", é o período em que as moléculas mais promissoras são testadas intensivamente em estações experimentais que permitem simular diferentes condições climáticas, onde são realizadas provas de eficácia e tolerância, além de outros estudos toxicológicos. Os ingredientes aprovados seguem para a fase de "desenvolvimento do perfil biológico", quando são submetidos a novos testes de campo, agora em larga escala. Por fim, a última etapa antes da comercialização é o "registro" do produto, momento em que os resultados de todos os estudos, laboratoriais e práticos, são enviados para a avaliação das autoridades registrantes.

Importante destacar que os agrotóxicos não são todos iguais. Assim como os medicamentos, que combatem os mais diversos males, os defensivos agrícolas também se dividem em várias categorias e agem de formas distintas. Os praguicidas mais utilizados em todo o mundo são os inseticidas (combatem os insetos), herbicidas (controlam as plantas invasoras) e fungicidas (inibem a ação dos fungos), mas existem também acaricidas (previnem contra os ácaros), formicidas (evitam ataques de formigas), larvicidas (exterminam as larvas), nematicidas (matam os nematoides parasitas), fumigantes (reduzem as bactérias do solo), desfoliantes (eliminam as folhas indesejadas), entre outros.

AGRADEÇA AOS AGROTÓXICOS POR ESTAR VIVO

Os agroquímicos são submetidos aos mais rigorosos testes ao longo do seu desenvolvimento. Não são poucos os produtos, alguns até agronomicamente muito eficientes, que ficam pelo caminho por não serem suficientemente seguros para o manuseio ou apresentarem algum risco ao meio ambiente. Os números mostram a dificuldade de se colocar um novo pesticida no mercado. Desde 1960, apenas 384 ingredientes ativos foram registrados em todo o mundo — uma média de menos de sete por ano.[22] Desse total, 96% saíram de laboratórios nos Estados Unidos (146 produtos), Alemanha (80), Suíça (51), Japão (45), Inglaterra (33) e França (12). Além deles, apenas Itália (5), Holanda (4), Bélgica (3), Austrália (1), Áustria (1), Dinamarca (1), Hungria (1) e Suécia (1) já tiveram produtos fitossanitários registrados.

No Brasil, onde historicamente investe-se muito pouco em inovação, o desenvolvimento dos defensivos se deu por meio de adaptações e da produção local de produtos já consagrados no exterior. O primeiro inseticida nacional data de 1846, quando Gabriel Plösquellec criou uma substância à base de cal, argila, água e flor de enxofre, que se mostrava eficiente no combate ao bicho-do-feijão. Pouco depois, em 1861, Guilherme Schüch de Capanema apresentou outra formulação, mais eficiente contra a praga, à base de sulfeto de carbono. No entanto, o novo produto mostrou-se ainda mais eficaz no controle da formiga saúva, uma das espécies invasoras mais temidas pelos agricultores da época.

Comprovada a eficiência de sua invenção, Capanema encaminhou um pedido de privilégio por 15 anos para utilizar no Império "um processo de sua invenção destinado a extinguir a formiga saúva"... Nas argumentações constantes de seu pleito, Capanema explicava que "a principal base do seu processo está na presença de uma substância de difícil importação, pelos prejuízos que pode ocasionar", razão pela qual entendia que a substância deveria ser incluída no privilégio, pois pretendia fabricá-la no Brasil... O parecer da SAIN (Sociedade Auxiliadora da Indústria Nacional), de 15/2/1873, foi francamente favorável ao pleito, pois a descoberta preenchia uma expectativa de décadas em relação ao combate da saúva... Conforme

OS REMÉDIOS DAS PLANTAS

havia se comprometido, Capanema construiu uma fábrica de sulfeto de carbono, a primeira do Brasil, numa chácara entre a praia da Guanabara e o saco da Olaria, na Ilha do Governador, Rio de Janeiro, tendo a produção se iniciado em agosto de 1875.[23]

A francesa Rhodia foi uma das primeiras multinacionais do ramo químico a se instalar no Brasil. A companhia construiu sua primeira fábrica no país em 1920 com o objetivo de fabricar o popular lança-perfume, produto à época permitido e que fazia grande sucesso no carnaval brasileiro. A produção começou em 1921, com as primeiras linhas de cloreto de etila, éter e ácido acético. Em 1922, os foliões já curtiam o carnaval com o lança-perfume *made in Brazil*.[24] Dois anos depois, a Rhodia passou a fabricar medicamentos na mesma fábrica, em Santo André, na região metropolitana de São Paulo, e no final da década de 1940 iniciou a produção dos primeiros inseticidas organofosforados nacionais, com destaque para o Paratihon, em parceria com o Instituto Biológico.

Nessa mesma época, foi criado o Instituto de Malariologia, órgão ligado ao Ministério da Educação e Saúde que tinha como principal missão realizar pesquisas relacionadas à malária e buscar alternativas para a erradicação da doença — mas que logo teve suas atribuições ampliadas para abarcar outras endemias rurais, como a febre amarela e a doença de Chagas. Embora o inseticida considerado mais eficiente em ações contra os vetores dessas doenças fosse o DDT, sua fabricação implicava um grau de complexidade tecnológica além das possibilidades do país naquele momento. A opção pelo hexaclorocicloexano (HCH), inseticida do grupo químico dos organoclorados mais conhecido no Brasil como BHC, deveu-se à disponibilidade de uma tecnologia relativamente simples e de custo reduzido.[25] A primeira fábrica brasileira de BHC foi inaugurada em 1950.

Até 1958, ano em que foi iniciada a produção local do DDT, o país produzia em escala comercial apenas o Parathion e o BHC. O desenvolvimento da indústria de defensivos agrícolas no Brasil ocorreu com maior vigor no

AGRADEÇA AOS AGROTÓXICOS POR ESTAR VIVO

período da ditadura militar. Em 1964, foi criado o Conselho de Desenvolvimento Industrial, que instituiu alguns benefícios à indústria nacional, como incentivos fiscais, financiamentos, benefícios tarifários para a importação de maquinário e equipamentos. A estratégia de nacionalização deu certo, com a produção doméstica aumentando a sua participação de 25,1%, em 1964, para 79,2%, em 1983.[26]

A criação do Programa Nacional de Defensivos Agrícolas (PNDA), em 1975, deu ainda mais fôlego à produção nacional. De acordo com o Instituto de Economia Agrícola do Estado de São Paulo, o período entre 1974 e 1980 concentrou o maior volume de investimento da indústria de agroquímicos em toda a sua história. Mais de US$ 200 milhões foram destinados à construção de novas fábricas (uma fábula para a época). Em pouco tempo, essas indústrias passaram a produzir localmente nove inseticidas, seis herbicidas e quatro fungicidas que até então eram importados pelo Brasil. O investimento resultou em um aumento significativo da produção, que cresceu de 4 mil toneladas, em 1964, para 56 mil toneladas, em 1980.

A utilização desses produtos também foi fortemente estimulada pelos militares. Com o objetivo de aumentar a produção nacional e reduzir a dependência externa por alimentos, o governo brasileiro expandiu o crédito de custeio para a agricultura, mas passou a exigir como contrapartida que parte dos recursos fossem investidos em insumos agrícolas modernos, como máquinas, sementes de melhor qualidade, fertilizantes nitrogenados e pesticidas. A disseminação dessas tecnologias fez com que o agronegócio brasileiro desse um salto de produtividade no campo, mas também gerou grandes lucros às empresas fornecedoras de insumos, que por muitos anos tiveram suas vendas garantidas.

Tais benefícios não foram conquistados por acaso. Desde a tomada do poder pelos militares, as companhias estrangeiras passaram a influenciar a política nacional. Não eram poucos os casos de oficiais que ocupavam cadeiras importantes em multinacionais instaladas no Brasil — e obviamente defendiam seus interesses. Um dos casos mais famosos é o do general Golbery

OS REMÉDIOS DAS PLANTAS

do Couto e Silva, um dos arquitetos do golpe militar de 1964, que ocupou a presidência da Dow Chemical entre 1968 e 1973.[27] Golbery voltou a ocupar um cargo público no governo do presidente Ernesto Geisel, a partir de 1974, sendo considerado um dos responsáveis pelo processo de abertura política do país. Sua forte ligação com a empresa norte-americana lhe rendeu o apelido de "Genedow".

Outro político ligado aos militares, o gaúcho Nestor Jost presidiu o Banco do Brasil entre 1967 e 1974. Ele é tido como o criador da regra que obrigava o investimento de ao menos 20% do valor de custeio agrícola na compra de agroquímicos. Ao deixar o banco, o executivo assumiu a presidência do Conselho de Administração da Bayer,[28] posição que ocupou por uma década, até ser convidado a assumir o Ministério da Agricultura, em 1984. Documentos da época, porém, mostram que Jost continuava como funcionário da companhia alemã quase três meses após tomar posse como ministro.[29]

Além de uma forma eficaz para fazer-se ouvido nos anos de chumbo, o lobby era uma estratégia adotada por inúmeras empresas, dos mais variados setores, no Brasil. O general Edmundo Macedo Soares e Silva, que governou o Rio de Janeiro no final dos anos 1940 e depois foi ministro da Indústria e Comércio no governo Costa e Silva (1967-69), ocupava cadeiras nos Conselhos da Volkswagen, Mercedes-Benz, Banco Mercantil de São Paulo, Light e Mesbla. Já Euclides de Oliveira Figueiredo, pai do ex-presidente João Baptista Figueiredo, integrava o corpo diretivo de outras companhias importantes à época, como a farmacêutica Schering e o Grupo Assis Chateaubriand.[30]

Nas últimas décadas, outros benefícios foram concedidos às indústrias fabricantes de defensivos no Brasil. Entre os mais polêmicos está a isenção de diversos impostos, como o Imposto sobre Produtos Industrializados (IPI), Programa Integração Social (PIS), Contribuição para o Financiamento da Seguridade Social (Cofins), abatimento de até 60% no Imposto sobre Circulação de Mercadorias e Serviços (ICMS), além da liberação de impostos de importação para vários produtos. Tais isenções nada têm a ver com o lobby do setor, como pregam alguns críticos. Na verdade, elas foram concedidas devido à importância dos insumos agrícolas para a produção de alimentos que compõem a cesta básica — além dos pesticidas, fertilizantes e produtos de uso veterinário também recebem os mesmos incentivos.

Existem, no entanto, grupos que lutam pelo fim dessas isenções, sob o argumento de que a medida restringiria o uso de agrotóxicos nas lavouras brasileiras, o que é uma bobagem. O agricultor precisa dos defensivos para produzir e não é por causa do aumento que deixará de utilizá-los. Estima-se que, com a incidência dos impostos, os agroquímicos poderiam ficar até 30% mais caros. Esse aumento no custo de produção certamente seria repassado ao consumidor final por meio da elevação dos preços dos alimentos. Taxar os agrotóxicos, portanto, seria mais prejudicial aos consumidores do que para as indústrias.

Se no passado as multinacionais do setor químico exerciam grande influência política, hoje a realidade é bem diferente. "Sou o primeiro presidente orgânico da história", disse o ex-presidente Lula, em 2008.[31] Ele não estava brincando. Desde a chegada do Partido dos Trabalhadores ao poder, a prioridade sempre foi a agricultura familiar. O lançamento do Plano Nacional de Agroecologia e Produção Orgânica, em 2012, é um exemplo da política agrícola adotada pelo governo petista. Com investimento inicial de R$ 8,8 bilhões, tinha como objetivo "fortalecer as compras governamentais de produtos e ampliar o acesso ao consumidor de alimentos saudáveis, sem uso de agrotóxicos ou transgênicos na produção agrícola, fortalecendo, assim, economicamente as famílias agricultoras".[32]

Nos últimos anos, houve ainda um claro aparelhamento da Anvisa. A ciência foi deixada de lado e a ideologia passou a guiar os processos de avaliação de novos produtos fitossanitários. Nunca antes na história deste país foi tão difícil aprovar um agroquímico. Em 2015, existiam nada menos do que 2.213 processos à espera de análise da Anvisa. Como a agência avalia em média 130 processos por ano, podemos concluir que, no ritmo atual, seriam necessários ao menos dezessete anos de trabalho para zerar a fila — isso se nenhum novo pedido de registro for protocolado no período, o que obviamente não vai acontecer.

OS REMÉDIOS DAS PLANTAS

Diferentemente do que dizem alguns ambientalistas, o Brasil possui uma das legislações mais rígidas do mundo no que diz respeito aos agrotóxicos. Antes de chegarem ao mercado, os praguicidas são avaliados por Anvisa, Ibama e Ministério da Agricultura, que analisam os riscos potenciais para o homem, o meio ambiente e a sua eficiência agronômica. A Anvisa é a responsável pela classificação toxicológica dos produtos, verificando o nível de perigo que o defensivo oferece durante o processo de manuseio e aplicação. São quatro categorias: Classe I, extremamente tóxico; Classe II, altamente tóxico; Classe III, moderadamente tóxico; Classe IV, pouco tóxico. Já o Ibama faz o parecer do ponto de vista ambiental, também dividido em quatro faixas. A saber: Classe I, produto altamente perigoso; Classe II, produto muito perigoso; Classe III, produto perigoso; Classe IV, produto pouco perigoso. Após a conclusão dos processos por parte da Anvisa e do Ibama, cabe ao Ministério da Agricultura a concessão do registro, assim como a aprovação de rótulos e bulas. O crivo dos três órgãos federais garante a segurança desses insumos, desde que utilizados conforme as recomendações dos fabricantes.

Mesmo criticados por uma parcela da população, os agrotóxicos são cada vez mais necessários para a produção de alimentos, fibras e biocombustíveis no país. Isso se deve tanto ao aumento na incidência de pragas e doenças das lavouras (como veremos no capítulo seguinte) quanto à profissionalização da atividade. Assim como a produtividade em campo, a utilização de agroquímicos também cresceu significativamente nos últimos anos. Em 2009, o Brasil desbancou os Estados Unidos e assumiu a liderança mundial em vendas de defensivos agrícolas, posição que ocupa até hoje. De acordo com dados do Sindicato Nacional da Indústria de Produtos para Defesa Vegetal (Sindiveg), o setor fechou o ano de 2015 com um faturamento de US$ 9,6 bilhões. Os inseticidas, com US$ 3,2 bilhões em vendas, são os produtos mais utilizados pelos agricultores brasileiros atualmente, seguidos de perto pelos herbicidas (US$ 3,1 bilhões) e os fungicidas (US$ 2,9 bilhões).

Principal produtor de grãos do país, Mato Grosso é também o maior consumidor de agroquímicos, concentrando 23% das vendas em 2015. Em

AGRADEÇA AOS AGROTÓXICOS POR ESTAR VIVO

seguida aparecem São Paulo e Paraná, empatados na segunda posição com 13,4%, Rio Grande do Sul (12,8%), Goiás (8,7%), Minas Gerais (7,2%), Bahia (5,7%) e Mato Grosso do Sul (5,6%). Os demais estados brasileiros, somados, representam pouco mais de 10% das vendas do setor.

Evolução do Valor Bruto da produção brasileira[33]
Vendas de agroquímicos no Brasil.[34]

Ano	(R$ bilhões)	Mil toneladas
2000	158	313
2001	176	328
2002	210	306
2003	238	375
2004	236	463
2005	200	485
2006	201	480
2007	227	599
2008	261	673
2009	248	725
2010	257	708
2011	298	730
2012	315	823
2013	337	902
2014	344	914
2015	348	887
2016	345	899
2017	365**	

*Somente lavouras.
**Expectativa.

OS REMÉDIOS DAS PLANTAS

País	Vendas em 2013[35] (US$ bilhões)
Brasil	10
Estados Unidos	7,3
China	4,8
Japão	3,3
França	2,8
Alemanha	2,1
Canadá	1,9
Argentina	1,7
Índia	1,7
Itália	1,3

Dizer que o Brasil é campeão mundial no uso de agrotóxicos, porém, é algo muito subjetivo. Se levarmos em consideração apenas as vendas totais, essa é uma verdade inquestionável, mas facilmente explicada. No entanto, do ponto de vista da eficiência no uso, nossa agricultura está muito à frente de países como Japão, França e Estados Unidos. "Não leve muita fé em uma média, um gráfico ou uma tendência quando dados importantes estiverem faltando", já dizia Darrell Huff, autor do clássico *How to Lie with Statistics* [Como mentir com estatísticas], em 1954.

Vamos aos fatos. A liderança brasileira em volume é explicada pelo clima tropical, que se por um lado permite o plantio nas quatro estações e a colheita de até três safras anuais, por outro é muito mais propício ao desenvolvimento das pragas. Com temperaturas elevadas, chuvas e comida disponível o ano todo, os invasores se multiplicam com facilidade. Os agroquímicos são utilizados para frear o crescimento dessas populações e assim evitar danos maiores às lavouras. No hemisfério norte, a neve cobre o solo durante os meses de inverno, fazendo boa parte do controle de pragas. Enquanto no Brasil a utilização de pesticidas é distribuída ao longo dos doze meses, nos Estados Unidos concentra-se apenas nos meses quentes.

AGRADEÇA AOS AGROTÓXICOS POR ESTAR VIVO

No que diz respeito à eficiência no uso de defensivos, o Brasil está à frente de muitos países desenvolvidos. De acordo com estudo realizado pela consultoria alemã Kleffmann,[36] o Brasil produz 142 quilos de alimentos para cada dólar gasto com agroquímicos, contra 116 na Argentina, 94 nos Estados Unidos e 51 na França. Já o Japão, país que possui uma área equivalente ao estado de Goiás e ocupa o quarto lugar em vendas de defensivos agrícolas, colhe apenas 8 quilos de alimentos para cada dólar investido. Dito isso, pergunto ao nobre leitor: quem é mesmo o campeão mundial em uso de agrotóxicos, Brasil ou Japão?

A matemática parece não ser mesmo o forte dos ambientalistas. Nos últimos anos, uma história ainda mais absurda começou a circular na internet — a de que cada brasileiro ingere 5,2 litros de agrotóxicos, por ano. O número é o resultado da divisão do volume de agroquímicos vendidos, estimado pelos autores do texto em 1 bilhão de litros, pela população brasileira, de 192 milhões de habitantes. Trata-se de um cálculo simplista, que nos permitiria dizer também que cada brasileiro fuma vinte maços de cigarro por ano.[37] Você, não fumante, consome quatrocentos cigarros por ano? Certamente, não. Então fique tranquilo, porque você também não "bebe" 5,2 litros de pesticidas — do contrário, já estaria morto há muito tempo.

O primeiro erro desta conta está relacionado às culturas que mais utilizam defensivos. No Brasil, apenas quatro culturas concentram quase 80% das vendas de agroquímicos: soja (52%), cana-de-açúcar (10%), milho (10%) e algodão (7,5%). No caso da soja, quase metade da produção é exportada. O que fica por aqui é processado e vira farelo (que também é exportado ou utilizado como ração animal) ou óleo.[38] Durante o processamento, eventuais resíduos de agrotóxico são eliminados. No total, menos de 1% da soja produzida chega à mesa dos brasileiros. Com o milho acontece a mesma coisa. Aquela espiga que você come na praia ou usa para fazer um creme de milho representa uma fração ínfima da produção.[39] Mesmo assim, qualquer resíduo que porventura tenha sobrado no alimento é destruído após a fervura.

No caso da cana-de-açúcar, a maior parte é transformada em etanol. A parte destinada à produção de açúcar também é livre de resíduos devido ao

OS REMÉDIOS DAS PLANTAS

processo de refinamento. Já o algodão vira tecido, não oferecendo qualquer risco aos consumidores. Existem ainda diversos produtos desenvolvidos para o controle de ervas daninhas nas pastagens, para o cultivo de plantas ornamentais e para o combate às pragas em florestas plantadas, também inofensivos para o homem. Só aqui já excluímos pelo menos 4,2 litros de agrotóxicos do total de 5,2 que teoricamente consumimos todos os anos.

O restante é utilizado em culturas alimentícias, como frutas, verduras e legumes. Mas não se preocupe: você também não ingere esse litro remanescente. Antes de qualquer coisa, é preciso lembrar que nem todo agrotóxico é aplicado sobre a planta comestível. Boa parte é aplicada sobre as ervas daninhas, ou seja, no solo, e em pouco tempo desaparece do meio ambiente. Mesmo no caso dos produtos pulverizados diretamente sobre os alimentos, apenas uma fração atinge de fato o alvo. A planta, por sua vez, possui mecanismos de degradação e dissipação que eliminam gradualmente essas substâncias, da mesma forma como os humanos eliminam os remédios. Quando cumpridos os prazos de carência estipulados pelos fabricantes, os níveis de resíduos de agrotóxicos no momento da colheita são muito baixos — tão baixos que são medidos em partes por milhão (PPM).

Para evitar que produtos com níveis de agroquímicos acima dos aceitáveis cheguem às mesas dos consumidores, foi criado em 1963 o Codex Alimentarius, um organismo intergovernamental que tem como objetivo a normatização de alimentos. O Codex Alimentarius possui vários grupos de assessoramento científico, sendo o Comitê de Especialistas FAO/OMS sobre Resíduos de Pesticidas responsável por realizar as avaliações sobre resíduos em alimentos e no meio ambiente e também por recomendar os Limites Máximos de Resíduos (LMR).[40] Como o próprio nome sugere, o LMR é a quantidade máxima de resíduos de agrotóxicos legalmente permitida em um alimento, definida em níveis bem abaixo dos que poderiam representar algum risco para a saúde humana.

A batata, por exemplo, tem um LMR de 0,1 PPM,[41] o equivalente a 0,1 mg/kg de pesticida, para o fungicida clorotalonil. Em um cálculo grosseiro, isso quer dizer que, para ingerir 5 quilos de agroquímicos por ano, seria preciso

AGRADEÇA AOS AGROTÓXICOS POR ESTAR VIVO

consumir 50 mil toneladas de batatas, ou 137 toneladas por dia, durante os 365 dias do ano. Em outros alimentos, o limite seguro para o uso do clorotalonil é ainda maior. No caso do feijão, o LMR é de 0,5 PPM, no arroz, 2 PPM, enquanto na alface chega a 6 PPM. A matemática é uma ciência exata e os números mostram que esse mito de que os brasileiros ingerem 5,2 litros de agrotóxicos por ano não passa de uma grande falácia dos defensores dos alimentos orgânicos.

Mesmo sem fazer o menor sentido, essas informações se propagam rapidamente — e pior, não sofrem qualquer tipo de questionamento. Muito pelo contrário. São cada vez mais compartilhadas nas redes sociais. Faça você mesmo o teste: digite "5,2 litros de agrotóxicos" no Google e veja o que aparece. São matérias e mais matérias sobre o assunto. Desde veículos respeitados, como o jornal *El País* e a revista *Trip*, até blogs moderninhos, como o *Hypeness*, todos compraram a história e nem ao menos se deram o trabalho de checar a metodologia utilizada. Falar sobre alimentação saudável está na moda. Agrada aos leitores descolados e atrai anunciantes. No fim, é o que importa para eles. Ou você acha que essas publicações estão realmente preocupadas com a sua saúde?

Eles só se esqueceram de dizer que no passado os agroquímicos eram muito mais tóxicos. Até os anos 1960, a dose letal média (também conhecida como DL50) dos principais produtos vendidos no Brasil era de 939 mg/kg de massa corporal. Isso significa que a ingestão de pouco mais de 75 gramas dessas substâncias era o suficiente para levar à morte um homem de 80 quilos. Mesmo nessa época, o uso de agrotóxicos nunca representou um problema de saúde pública. Como já foi dito anteriormente, esses produtos evoluíram muito nas últimas décadas. Os pesticidas modernos têm uma DL50 média de 2.448 mg/kg,[42] um aumento de 160% em relação aos agroquímicos de primeira geração. Hoje em dia, é preciso cerca de 195 g do princípio ativo puro para levar um homem à morte. Isso explica o baixo índice de sucesso nas tentativas de suicídio por ingestão de agrotóxicos.

Caso você ainda considere esses números preocupantes, deveria reavaliar o consumo de alguns produtos presentes em nosso dia a dia, como o sal de

OS REMÉDIOS DAS PLANTAS

cozinha e o café. Isso porque esses alimentos contêm substâncias químicas tão nocivas quanto as encontradas nos agroquímicos (ou seja, são muito pouco nocivas). O sal de cozinha é um dos ingredientes mais tóxicos entre todos os consumidos regularmente pelo homem. Também conhecido como cloreto de sódio, o sal tem uma DL50 de 3 g/kg. Uma porção de 240 gramas pode ser suficiente para levar o corpo humano a um colapso.

O caso da cafeína pode soar ainda mais assustador. Principal ingrediente ativo do café, a cafeína tem DL50 de somente 127 mg/kg, um número extremamente baixo, comparável a substâncias temidas e banidas há anos, como o inseticida DDT, que possui uma DL50 de 113 mg/kg. A ingestão de apenas 10 g de cafeína pura poderia ser letal para muitas pessoas. Ainda bem que ninguém bebe cafeína pura. O café é altamente diluído em água. Um expresso possui, em média, 64 miligrama de cafeína. Sendo assim, seria preciso tomar 179 xícaras para ter algum tipo de complicação.[43]

Tudo é uma questão de percepção do risco. As pessoas sabem que cafeína em excesso faz mal? Na maioria dos casos, sabem. Mas seguem apreciando a bebida de forma moderada, já que em quantidades baixas a substância, além de não fazer mal, ainda traz benefícios. Assim como a cafeína, o DDT também era diluído em água e utilizado em baixíssima concentração. Foi utilizado com sucesso no combate à malária, ajudando a salvar milhões de vidas. Também foi usado para matar piolhos em crianças. Mais tarde, porém, quando passou a ser utilizado em lavouras distantes milhares de quilômetros dos grandes centros urbanos, o DDT se tornou temido pelas pessoas. A pressão foi tanta que ele acabou sendo retirado do mercado — muito mais por preconceito do que pelos efeitos práticos, já que até hoje não existem estudos conclusivos sobre o tema.

Os anos se passaram e o preconceito em torno dos agroquímicos só aumentou. O alvo da vez é o glifosato, ingrediente descoberto pela Monsanto, que ostenta o título de herbicida mais utilizado no mundo em todos os tempos. O Roundup se mostrou um grande sucesso de vendas desde o seu lançamento, em 1974. Além de mais eficaz no controle de ervas daninhas, o novo pesticida era muito mais amigável ao homem e à natureza do que os agroquímicos até então disponíveis. Com uma DL50 de 5,4 g/kg,[44] era preciso ingerir mais de 400 g da substância para sofrer uma intoxicação, algo praticamente impossível em condições normais.

O Roundup faz parte da primeira geração de herbicidas organofosforados, ou seja, derivados do ácido fosfórico, categoria que substituiu os organoclorados (à base de cloro), como o DDT, a partir dos anos 1970. Além de mais eficientes no combate aos invasores, os fosforados são menos persistentes devido à sua rápida degradação. Na prática, isso significa que eles cumprem o seu trabalho rapidamente e logo desaparecem do meio ambiente sem deixar rastros.

O glifosato ajudou a elevar a produtividade nas lavouras em todo o mundo. No Brasil, mudou inclusive a forma como se produzem grãos. Sem ele, não seria possível realizar o plantio direto, técnica atualmente utilizada por grande parte dos produtores brasileiros, tanto grandes como pequenos, considerada mais sustentável por eliminar a etapa de preparação do solo na fase pré-plantio. No plantio direto, a palhada resultante da colheita anterior é mantida sobre a terra, protegendo o solo contra a erosão e evitando o surgimento de plantas daninhas até o plantio seguinte. É bom para a terra e para o produtor, que economiza com maquinário, óleo diesel e mão de obra. A técnica, porém, só é possível com o uso de herbicidas como o Roundup.[45]

Mas isso não significa que o agricultor tenha se tornado refém da Monsanto, como pregam alguns críticos. Isso porque a patente da Monsanto expirou em 2000 e, desde então, milhares de produtos similares foram lançados. Hoje o ingrediente está presente em mais de 2 mil produtos disponíveis no mercado, inclusive para jardinagem amadora, fabricados por cerca de cinquenta empresas. De acordo com o estudo "O mercado de glifosato para culturas transgênicas e convencionais — análise global da indústria, tamanho, participação, crescimento, tendências e previsões 2013-2019", divulgado pela *Transparency Market Research*, o mercado mundial de glifosato era de US$ 5,4 bilhões em 2013. A expectativa é que o faturamento chegue a US$ 8,7 bilhões até 2019.[46]

Produtos à base de glifosato estão atualmente registrados para uso em mais de 160 países.[47] São tão populares entre os agricultores quanto entre os

OS REMÉDIOS DAS PLANTAS

ambientalistas, que volta e meia organizam protestos pedindo o seu banimento em várias partes do mundo. O glifosato, na verdade, paga o preço da fama. Por ser o mais conhecido do público urbano, virou uma espécie de bandeira antiagrotóxicos. Faça você mesmo o teste. Pergunte a um amigo ativista o nome de três agrotóxicos que ele gostaria que fossem retirados do mercado. Existe uma chance enorme de ele não saber responder nada além de "glifosato", "Roundup" ou "Monsanto".

Essa luta contra o glifosato, no entanto, se mostra um contrassenso. Apesar de ser um dos produtos mais eficientes, ele está entre os menos tóxicos hoje disponíveis no mercado. No Brasil, o glifosato é considerado pouco tóxico até mesmo pela Anvisa, que o coloca na classe toxicológica IV, restrita aos agroquímicos que oferecem menor risco ao homem e à natureza. Uma eventual retirada dos produtos à base de glifosato do mercado, como pedem os ambientalistas, não significa que os agricultores deixarão de usar herbicidas. Muito pelo contrário. Essa medida só abriria espaço para a utilização de outras substâncias químicas mais caras e com nível de toxicidade muito maior.

Existem mais de oitocentos estudos científicos que demonstram a segurança do glifosato. Mesmo assim, a pressão popular faz com que o produto seja frequentemente reavaliado pelas principais agências reguladoras do mundo. Quando analisados aos olhos da ciência, porém, os resultados são bem diferentes dos propagados pela imprensa verde. Nos Estados Unidos, a US Environmental Protection Agency (EPA) concluiu em 2013 que o glifosato não causa risco de câncer para humanos.[48] Na Europa, o Instituto Federal de Avaliação de Risco da Alemanha (BfR), em nome da União Europeia, também fez uma reavaliação em 2014. O relatório final afirma que "em estudos epidemiológicos em humanos, não há evidência de efeitos sobre fertilidade, reprodução ou desenvolvimento de neurotoxicidade que possam ser atribuídos ao glifosato".[49]

No Brasil, a substância está em reavaliação pela Anvisa desde agosto de 2015, a pedido do Ministério Público Federal (MPF). O mais curioso é que o MPF já se posicionou de forma favorável ao banimento do glifosato, mesmo antes da conclusão do processo de reavaliação.

AGRADEÇA AOS AGROTÓXICOS POR ESTAR VIVO

> Em um documento enviado à Anvisa, o MPF recomenda que seja concluída com urgência a reavaliação toxicológica do glifosato e que a agência determine o banimento do herbicida no mercado nacional... A medida é defendida pelo MPF como forma de precaução e se baseia em estudos como o desenvolvido pela International Agency for Research on Câncer (IARC), ligada à Organização Mundial da Saúde (OMS), segundo a qual o ingrediente pode ser cancerígeno.... Além da recomendação, o procurador da República Anselmo Henrique Cordeiro Lopes apresentou uma petição à Justiça Federal em que reforça o pedido de liminar para proibir a concessão de novos registros de agrotóxicos que contenham oito ingredientes ativos — entre eles o glifosato.[50]

Perceba que tudo está apenas no campo da possibilidade. Não há nada comprovado. Mesmo assim, o documento do MPF é claro ao pedir a proibição do glifosato e a suspensão dos novos registros. Tudo isso porque o ingrediente "pode" ser cancerígeno. Talvez seja realmente. Talvez não. O único fato concreto, hoje, é que ainda não temos uma resposta conclusiva para essa pergunta. Nem mesmo o documento do IARC crava essa hipótese.

Apesar de ser um órgão ligado à Organização Mundial da Saúde, o IARC, definitivamente, não é uma fonte das mais confiáveis. Suas pesquisas recentes têm servido mais para confundir os consumidores do que para alertá-los sobre eventuais perigos. Em 2015, por exemplo, o bacon e a carne vermelha foram colocados na lista dos alimentos possivelmente carcinogênicos da OMS. O bacon foi classificado no "Grupo 1", ao lado do cigarro, do amianto, do benzeno e até da luz do sol. Já a carne vermelha entrou no "Grupo 2A", em que estão produtos menos nocivos, como os agrotóxicos glifosato e DDT.[51] A boa notícia é que, para o IARC, o café não causa mais câncer. A bebida, que figurava na lista da OMS desde 1991, teve a sua classificação revista e agora não oferece mais nenhum risco aos consumidores.[52]

Mais do que a confusão habitual do IARC, no caso do estudo do glifosato houve um agravante político-ideológico, omitido pela entidade. De acordo com o jornalista e escritor britânico Matt Ridley, o documento teria sido produzido com base em um trabalho de Christopher Portier, um conhecido

OS REMÉDIOS DAS PLANTAS

ativista ligado ao Environmental Defense Fund. Portier não apenas liderou o comitê que pediu o novo estudo sobre o glifosato como também atuou como consultor técnico da OMS ao longo de todo o processo, mesmo não sendo toxicologista, em um caso claro de conflito de interesse. "O relatório final do IARC é o que os especialistas chamam de *pseudoscience*', baseado em um pequeno número de estudos escolhidos a dedo. O trabalho ignorou, por exemplo, dados do US Agricultural Health Study, que vem acompanhando 89 mil agricultores e suas famílias por 23 anos."[53]

Tendencioso ou não, o estudo do IARC foi amplamente divulgado em todo o mundo. No Brasil, a notícia ganhou as manchetes dos principais jornais e ajudou a piorar ainda mais a imagem do principal agroquímico utilizado no país. Na cidade, a impressão que fica é a de que o glifosato é uma substância mortal, que deve ser retirada do mercado com urgência. Agora, pergunte a um agricultor o que ele acha do banimento do produto. Se não for um produtor de orgânicos, certamente será contrário à ideia.

A indefinição em relação ao futuro do glifosato tem preocupado muitos agricultores, tanto grandes quanto pequenos, que já procuram alternativas caso o herbicida seja realmente banido. Entre as opções hoje em dia disponíveis estão produtos caseiros feitos à base de vinagre e ácido cítrico, que, apesar de naturais, não podem ser considerados mais sustentáveis. "Em sua maioria, os herbicidas alternativos requerem aplicações em maior quantidade, consumindo volumes de água significativos e tornando o custo e o tempo do tratamento maiores que os gastos com o glifosato", explica Anizio Faria, professor da Universidade Federal de Uberlândia, em entrevista ao *Globo Rural*.[54]

Desde 2002, dezenove agroquímicos entraram em processo de reavaliação no Brasil. Até a conclusão deste livro, em 2016, treze ingredientes já haviam sido completamente analisados pela Anvisa — desses, dez foram banidos, e três, mantidos no mercado, mas com restrições.[55] A retirada de um produto normalmente tem como consequência o aumento de custos ao produtor, já que os defensivos mais modernos, obviamente, são mais caros. No entanto, em alguns casos, a proibição de um agrotóxico pode até comprometer a produção. É o caso do inseticida Endosulfan.

AGRADEÇA AOS AGROTÓXICOS POR ESTAR VIVO

Proibido desde 2013, o Endosulfan era o único princípio ativo eficaz no combate à broca-do-café disponível no Brasil. Considerado tóxico, foi retirado do mercado antes mesmo da aprovação de um substituto. Os produtores ficaram sem opção para o controle da praga e em pouco tempo os cafezais foram tomados pela broca. Menos de um ano após a proibição do defensivo, Minas Gerais declarou estado de emergência fitossanitária. De acordo com Luís Rangel, Secretário da Defesa da Agropecuária do Ministério da Agricultura, existe uma lista de produtos de menor toxicidade para controle da broca-do-café, que estão na fase final de registro pelo Ministério da Agricultura, Pecuária e Abastecimento (MAPA), aguardando o parecer conclusivo da Anvisa.[56]

Entre os agroquímicos que seguem em reavaliação pela Anvisa, o que tem a situação mais confortável é o ácido 2,4-diclorofenoxiacético, mais conhecido como 2,4-D. Patenteado pelas americanas Dow Chemical e Union Carbide em 1947, é até hoje um dos herbicidas mais vendidos em todo o mundo. No Brasil, o produto é registrado para uso em lavouras de soja, milho, cana-de--açúcar, café, trigo, aveia, centeio, arroz e pastagens, apresentando resultados bastante satisfatórios em todas essas culturas.

Frequentemente associado ao Agente Laranja, desfolhante utilizado pelo exército dos Estados Unidos na Guerra do Vietnã, o 2,4-D se tornou um dos alvos favoritos dos ambientalistas nos últimos anos. As histórias contadas pelos grupos contrários aos agrotóxicos, repletas de meias verdades, impressionam. Mas o fato é que a substância nunca foi usada para a agricultura, nem no Brasil nem em qualquer outro lugar do mundo. O Agente Laranja era uma mistura dos elementos 2,4,5-T Éster e 2,4-D Éster — nenhuma delas comercializada no país — e ganhou esse apelido porque era armazenado em tambores que possuíam uma faixa laranja em sua parte externa. Sua versão "civil", utilizada com sucesso como defensivo agrícola, tem como ingrediente ativo o 2,4-D Amina.

O processo de reavaliação do 2,4-D foi concluído no início de 2016. O relatório técnico da Anvisa afirma que não existem evidências consistentes de que o produto seja prejudicial à saúde.

OS REMÉDIOS DAS PLANTAS

> O herbicida 2,4-D está disponível comercialmente há setenta anos e não é proibido em nenhum país. É o segundo ingrediente ativo de agrotóxico mais vendido no Brasil. A reavaliação do 2,4-D foi finalizada em novembro de 2015 pela Agência Europeia para a Segurança dos Alimentos, que aprovou o registro desse ingrediente ativo nos países-membros da União Europeia até 31 de dezembro de 2030... Com base na avaliação do perigo do 2,4-D realizada pela Anvisa e nas determinações da legislação brasileira, concluiu-se que os dados atualmente disponíveis não fornecem evidências consistentes de que esse ingrediente ativo de agrotóxico causa efeitos graves à saúde humana que impeçam seu registro e utilização no Brasil.[57]

O parecer final ainda não foi publicado, mas ao que tudo indica o registro do 2,4-D deverá ser mantido.

Além do 2,4-D e do glifosato, que por ora também não deve ser retirado do mercado, outros quatro ingredientes — abamectina, carbofurano, paraquate e tiram — seguem com seus futuros indefinidos, ainda aguardando um parecer da Anvisa. Seja qual for a decisão, o fato é que a proibição de um ingrediente não significa necessariamente que ele deixará de ser usado nas lavouras. Se o produto for realmente necessário e não tiver um substituto viável, ele seguirá à disposição dos agricultores, mesmo que no mercado negro. De acordo com estimativas do setor, a venda de agrotóxicos ilegais no Brasil movimentou cerca de US$ 2 bilhões apenas em 2015. Falarei mais sobre esse lucrativo mercado no capítulo "O inimigo mora ao lado".

A utilização de agrotóxicos no Brasil cresceu de forma acelerada nas últimas décadas. Se para alguns isso é motivo de vergonha, para o consumidor brasileiro o fato foi extremamente positivo, já que esse crescimento veio acompanhado de um aumento significativo na produção de alimentos. A cesta básica hoje custa metade do que custava em 1975.[58] Se o país antes era importador de alimentos básicos, hoje é visto como celeiro do mundo.

Apesar de todas as dificuldades, o agronegócio brasileiro deve seguir crescendo nos próximos anos. Para desespero dos ambientalistas, as vendas de agrotóxicos devem acompanhar esse avanço, o que é normal em uma sociedade capitalista. Mais do que isso, o potencial de crescimento do mercado de defensivos agrícolas é gigantesco, já que na média o produtor brasileiro ainda é pouco tecnificado. O Brasil ainda possui 30 milhões de hectares de pastagens degradadas[59] que podem ser convertidas para a agricultura. É muita terra. Para ser mais preciso, uma área do tamanho da Itália. Mas antes de iniciar o plantio é necessário investir em máquinas, fertilizantes, sementes e... pesticidas.

A indústria de agrotóxicos funciona como qualquer outra. Desenvolve bons produtos e precisa encontrar um mercado para eles. O preconceito sofrido por essas empresas só se sustenta devido ao trabalho constante de difamação junto ao público urbano. Os grandes fabricantes de agroquímicos não estão no intervalo da novela explicando o que fazem. Ainda que tenham dinheiro de sobra para pagar pelo espaço, seus anúncios são restritos por lei aos veículos ou programas especializados. Portanto, fique tranquilo: seu filho nunca verá um comercial da Monsanto no intervalo da novela das sete.

Os agrotóxicos ainda são um grande tabu no Brasil e o cenário atual de desinformação só serve aos que vivem de ataques sem fundamentação científica. Em alguns casos, a pressão dos verdes, em geral sem muito embasamento, acaba influenciando as políticas públicas do país. Temos um exemplo recente. Em março de 2016, o senador Álvaro Dias, do Partido Verde, apresentou um projeto de lei com o objetivo de substituir na legislação brasileira a palavra "agrotóxico", utilizada apenas no Brasil, por "produto fitossanitário", termo utilizado nos demais países da América Latina. A proposta, no entanto, não foi bem-recebida.

Indignados, milhares de ativistas orgânicos se mobilizaram e passaram a inundar as redes sociais com textos contrários à medida. O que era para ser apenas uma mudança de nomenclatura se transformou em uma guerrilha virtual. Em poucos dias, um post da chef natureba Bela Gil — com a frase "você não pode substituir a palavra agrotóxico pelo termo 'produto fitossanitário', por exemplo" — já havia sido compartilhado quase 6,7 mil vezes no Facebook. A histeria foi tanta que o projeto acabou arquivado apenas oito dias depois.[60]

3. Desequilíbrio fatal

Você já deve ter notado que as pragas são as grandes vilãs deste livro até aqui. Nas próximas páginas, veremos por que elas são tão ruins e os motivos pelos quais deveríamos nos preocupar muito mais com a possibilidade de novas espécies serem introduzidas. Porém, antes de continuarmos, uma pergunta: você sabe o que é uma praga? Como ela surge? De onde vem? A definição oficial diz que praga é "qualquer forma de vida vegetal ou animal, ou qualquer agente patogênico daninho ou potencialmente daninho para os vegetais ou produtos vegetais".[1] Não existe, portanto, uma lista do que é considerado praga e o que não é. Uma determinada lagarta pode viver por décadas em um local sem causar qualquer dano ao ecossistema. Essa mesma espécie pode causar grandes estragos em outra área com alimento de sobra e sem predadores naturais. O ambiente é decisivo na maioria dos casos.

O exemplo das pragas urbanas nos ajuda a entender melhor o conceito de praga. Quem mora nos grandes centros urbanos sabe que, por mais limpo e organizado que esteja o ambiente, sempre haverá a possibilidade de se deparar com seres indesejados, como baratas, formigas ou aranhas. Trata-se de algo inevitável, já que existem bilhões de criaturas dessas espécies circulando por todas as partes. O fato de encontrar uma barata na sala de casa uma vez por ano poderia ser considerado normal. Por mais que a dedetização esteja em dia, alguns exemplares são mais resistentes aos venenos e outros simplesmente conseguem driblar as iscas tóxicas. O problema é quando você precisa matar

AGRADEÇA AOS AGROTÓXICOS POR ESTAR VIVO

cinco baratas na cozinha todos os dias. Nesse caso, existe uma população muito além do aceitável, algo que precisa ser combatido. A partir desse momento, a barata deixa de ser um invasor indesejado para se transformar em uma praga.

O mesmo ocorre nas lavouras. Espécies invasoras existem desde os primórdios da agricultura. Essas pragas possuem as mais diversas formas, mas têm algo em comum: estão sempre em busca de comida fácil. Quando chegam em grande número, podem dizimar lavouras inteiras. A migração dessas espécies pode ser explicada por inúmeros fatores, como incêndios, secas, desmatamentos, inundações ou qualquer fenômeno que force a saída desses organismos de seus hábitats naturais. Na longa jornada até encontrar um novo lugar para se estabelecer, parte dessas espécies é devorada por predadores nativos e logo desaparecem. Outras conseguem se adaptar ao novo ambiente e podem causar ou não um desequilíbrio no ecossistema original.

Homens e pragas travam um duelo que já dura milhares de anos. No início, quando os primeiros agricultores dominaram o ofício de plantar e colher, a produção de alimentos era feita em pequena escala. As técnicas eram rudimentares, e o plantio, feito em áreas reduzidas, pois o trabalho era todo manual. Apesar de mais trabalhoso, o modelo permitia um melhor manejo dos invasores. Vez ou outra havia uma perda, mas, no geral, humanos, insetos e lagartas conviveram pacificamente por muitos séculos. No entanto, conforme as plantações foram sendo ampliadas, os invasores se tornaram um problema, já que era — e ainda é — praticamente impossível fazer o controle manual de pragas em grandes áreas.

Cada vez maiores, as lavouras ficavam mais vulneráveis. Qualquer mudança climática poderia alterar a população de invasores e, consequentemente, causar danos às culturas. A partir do momento em que a comida se tornou uma mercadoria valiosa, a disputa entre produtores e predadores ficou mais acirrada. Ao longo de toda a história, porém, os agricultores quase sempre perderam essa batalha. O homem só passou a obter alguma vantagem sobre as pragas após a descoberta dos pesticidas químicos, já no século XX.

Caso mais famoso de destruição por invasores em todos os tempos, o relato bíblico das dez pragas do Egito pode não ter sido exatamente uma ação

DESEQUILÍBRIO FATAL

divina. De acordo com Colin Humphreys, historiador da Universidade de Cambridge e autor do livro *The Miracles of Exodus: A Scientist's Discovery of the Extraordinary Natural Causes of the Biblical Stories* ["Os milagres do Êxodo": A descoberta de um cientista sobre as causas naturais das histórias bíblicas"], a sequência de acontecimentos que levou o Egito ao colapso também pode ser explicada através da ciência. Para Humphreys, mudanças climáticas podem ter causado um grande desequilíbrio no ecossistema, o que teria desencadeado a série de eventos.

A passagem bíblica do Êxodo diz que tudo teria começado após o faraó Ramsés II, líder máximo do Estado egípcio, ter se recusado a libertar o povo hebreu. A primeira punição divina teria sido transformar a água do rio Nilo — que era essencial para o abastecimento do povoado — em sangue. Segundo Colin Humphreys, no entanto, o fenômeno pode ser explicado por uma elevação repentina na temperatura, que teria criado um cenário ideal para a proliferação de algas pirrófitas, que são vermelhas e liberam substâncias altamente tóxicas. Atualmente, esse evento é conhecido como maré vermelha.

As demais pragas que se seguiram estão diretamente ligadas ao problema inicial. Com as águas do rio impróprias, as rãs fugiram para terra firme, onde acabaram morrendo devido à fome e à desidratação, dando origem à segunda maldição. A terceira e a quarta pragas estão relacionadas à queda na população de sapos. Sem predadores naturais, os piolhos se reproduziram rapidamente. O mesmo aconteceu com as moscas, que se multiplicavam à medida que novos cadáveres de animais marinhos apareciam à beira do Nilo. Com o passar do tempo, essas mesmas moscas passaram a propagar doenças fatais entre os animais domésticos (quinta maldição) e a atacar os egípcios (sexta).

Ainda de acordo com a teoria de Humphreys, a sétima praga do Egito teria sido um evento independente dos anteriores, mas também relacionado à mudança do clima. A chuva de pedras relatada na Bíblia, na realidade, teria sido uma grande tempestade de granizo. Além de devastar parte das plantações, o temporal também deixou o solo extremamente úmido, propício para o desenvolvimento dos gafanhotos-do-deserto (oitava praga), que acabaram devorando o que havia restado das lavouras. A escuridão, tida como a nona maldição, teria sido causada pelo *khamsin*, uma espécie de tempestade de areia especialmente densa, enquanto a décima, a morte dos primogênitos, teria acontecido devido à ingestão de grãos contaminados por microtoxinas presentes nas fezes dos gafanhotos.[2]

Apesar de ser o episódio mais lembrado pela maioria das pessoas, as dez pragas do Egito não foram nem de longe a pior catástrofe causada por um desequilíbrio ambiental. "A fome matou 10% dos ingleses entre 1315 e 1317, um terço dos russos entre 1601 e 1603, 10% dos franceses e noruegueses no fim do século XVII, quase 20% dos irlandeses entre 1845 e 1849, entre muitas outras crises de alimentação."[3] No casos dos ingleses, a escassez de alimentos foi causada pelo excesso de chuvas, que, além de arrasar a produção, ainda impediu o plantio das safras seguintes. Na Rússia, o problema teria sido causado pela erupção do vulcão Huaynaputina, no sul do Peru, pouco tempo antes — o enxofre lançado na atmosfera pela explosão vulcânica teria contribuído para o resfriamento da Terra. Para os russos, isso significou um inverno escuro, prolongado e ainda mais rigoroso, que impediu o desenvolvimento das lavouras e resultou em mais de 500 mil mortes.

Se até aqui os grandes eventos podem ser atribuídos quase que exclusivamente aos fenômenos naturais, a grande fome das batatas, na Irlanda, foi um dos primeiros casos graves de desequilíbrio causado pela ação humana. A partir do século XIX, iniciou-se um movimento de internacionalização da agricultura. O comércio mundial de insumos e produtos agrícolas crescia rapidamente, e os preços internacionais das commodities passaram a influenciar na decisão dos agricultores. A batata é a principal cultura agrícola na Irlanda há séculos e era cultivada pela maioria esmagadora dos agricultores locais nos anos 1840, uma vez que os preços pagos pelo tubérculo eram muito superiores aos oferecidos pelo trigo.

Tudo corria bem e os irlandeses prosperavam graças à batata. O produto era a base da alimentação e sustentava a economia do país. O pouco trigo produzido passou a ser vendido em Londres, onde a mercadoria era mais valorizada. Foi então que algo muito estranho aconteceu. "A cada verão, a plantação era borrifada contra pragas com uma mistura de vitríolo azul (sulfato de cobre)

DESEQUILÍBRIO FATAL

e carbonato de sódio. Mas, em 1845, nada conseguiu salvar as plantações. A colheita falhou de novo em 1846. Milhares morreram na década de 1840, apesar de uma boa colheita de trigo em 1847, porque este era exportado para a Inglaterra.[4] A destruição total das lavouras de batata provocou a morte de aproximadamente 2 milhões de irlandeses.

Na época, os motivos do colapso não eram bem compreendidos pela sociedade. Parte da população chegou a culpar os próprios agricultores pela tragédia, alegando descuido. Tempos depois, descobriu-se que o problema fora causado pelo fungo *Phytophtora infestans*, um organismo originário da América do Sul, até então inexistente na Europa. O fungo teria sido importado do Peru, levado acidentalmente em meio a carregamentos de guano — um fertilizante natural feito à base de fezes de aves marinhas e morcegos, nativos das ilhas do Pacífico —, até hoje utilizado em lavouras orgânicas.

Com o avanço das navegações, as viagens entre a Europa e o novo mundo ficaram mais rápidas, o que permitiu um intercâmbio maior tanto de mercadorias e pessoas quanto de conhecimento. Para os estudiosos, era um mundo novo que se abria. Em nome da ciência, milhares de espécies foram transportadas propositalmente, em ambos os sentidos. A introdução de pragas exóticas ainda não era vista como uma ameaça, mesmo entre os pesquisadores. Mas à medida que o mundo dava os seus primeiros passos no caminho da globalização, as invasões se tornavam cada vez mais recorrentes — e elas invariavelmente causavam estragos.

No final do século XIX, uma epidemia causada por filoxera destruiu grande parte das plantações de uva vinífera na Europa, particularmente na França. O inseto foi introduzido acidentalmente no continente europeu por intermédio de botânicos ingleses que haviam coletado espécies nativas de uvas norte--americanas em torno de 1850, utilizadas em enxertos. As espécies americanas de *Vitis*, principalmente *Vitis labrusca Linnaeus*, eram parcialmente resistentes à filoxera, enquanto as variedades de *Vitis vinifera Linnaeus*, europeias, eram suscetíveis, de modo que a epidemia progrediu rapidamente no continente a partir da Inglaterra, atingindo a França em 1863. Estima-se que dois terços

AGRADEÇA AOS AGROTÓXICOS POR ESTAR VIVO

de todos os vinhedos europeus tenham sido destruídos pela praga. Muitos especialistas consideram que a praga só causou problemas após a invenção do barco a vapor, que permitiu viagens transoceânicas mais rápidas e, deste modo, a sobrevivência da filoxera no material propagativo.[5]

A França, como sabemos, se recuperou. O país está hoje entre os maiores vinicultores da Europa e é reconhecido mundialmente pela produção de bebidas de altíssima qualidade e grande valor agregado, como o champanhe e os vinhos das regiões de Bordeaux e da Borgonha. São produtos que movimentam bilhões de euros todos os anos e contribuem fortemente para o equilíbrio da balança comercial francesa — portanto, todo cuidado é pouco. Para evitar os problemas do passado e proteger a produção local, o governo francês tem adotado medidas preventivas, muitas vezes mal compreendidas por parte dos produtores.

Em 2014, o agricultor Emmanuel Giboulot foi condenado pela justiça francesa por se recusar a aplicar pesticidas em sua propriedade, localizada no povoado de Beaune, na Borgonha. A medida, que para muitos pode soar absurda, é fundamental para evitar a disseminação da *flavescence dorée*, uma doença que pode ser letal para os parreirais. Nativa da América do Norte, a praga já está estabelecida no sul da França e foi detectada na Borgonha pela primeira vez em 2011. Como não existe cura — as videiras contaminadas precisam ser eliminadas —, a pulverização obrigatória de defensivos tem como objetivo controlar as cigarras transmissoras da doença. Para que a ação seja efetiva, porém, é preciso que todos ao redor colaborem.

Produtor de vinhos orgânicos, Giboulot tinha como opção usar um pesticida natural à base de crisântemos, mas se recusou por considerar o produto ainda mais nocivo que os agroquímicos recomendados, que são seletivos e matam apenas as cigarras. Segundo o agricultor, a solução alternativa seria prejudicial a todos os insetos.[6] A justiça, no entanto, não se comoveu com a história e o agricultor acabou multado em € 500 por não ter obedecido, "por escolha ideológica", a uma ordem do governo, o que é considerado um crime perante o Código Rural francês. A pena para esse tipo de delito pode chegar a seis meses de prisão mais multa de € 30 mil.

DESEQUILÍBRIO FATAL

A preocupação das autoridades francesas pode até parecer exagerada, mas não é. Mesmo com cuidados redobrados nas lavouras e nas fronteiras, os casos de introdução involuntária de pragas ainda são mais comuns do que se imagina. No final de 2013, uma bactéria conhecida como *Xylella fastidiosa*, originária das Américas, foi encontrada na Apulia, região responsável por mais de um terço da produção de azeitonas da Itália. Em poucas semanas, a doença já havia condenado cerca de 8 mil hectares de oliveiras, matando inclusive árvores com mais de 500 anos de idade.[7] No total, mais de meio milhão de plantas foram afetadas em todo o país, um dos principais exportadores de azeite de oliva.

O impacto causado pela praga foi devastador e pôde ser medido logo na safra 2014-15. Em regiões importantes, como a Toscana, a quebra na colheita chegou a 95%. Na Itália como um todo, a produção de azeite de oliva recuou 52% em apenas um ano, o que obviamente causou um desequilíbrio no mercado mundial. A redução na oferta fez com que os preços do produto disparassem. No início de 2015, a cotação do óleo extravirgem italiano chegou a € 5,33 o quilo, uma alta de 103% em doze meses.[8] Como reflexo do aumento internacional dos preços, o azeite também ficou em média 40% mais caro no Brasil.[9] Pois é, a conta sobrou até para você.

Outra má notícia é que situações como essa seguirão acontecendo no futuro, já que é praticamente impossível deter todos os invasores, em todas as lavouras do mundo, o tempo todo. Pragas são organismos vivos que estão há milhões de anos lutando pela sobrevivência em nosso planeta, sempre migrando de um lugar para outro. Elas ignoram fronteiras, cruzam oceanos e podem driblar até mesmo os mais sofisticados mecanismos de defesa agropecuária. Não existe — nem nunca existirá — um método 100% eficiente contra a entrada dessas espécies. O máximo que se pode fazer é mitigar o risco. Assim, só nos resta aguardar o próximo ataque. Onde? Quando? Impossível prever.

Para compreender melhor o problema, é preciso entender como acontece uma invasão — e essa não é uma tarefa simples. Antes de qualquer coisa, é preciso lembrar que a introdução de um organismo invasor é um evento muito difícil de ocorrer, pois depende de uma combinação pouco provável de fatores. Ao chegarem a um novo local, essas criaturas têm o seu primeiro

AGRADEÇA AOS AGROTÓXICOS POR ESTAR VIVO

desafio: estabelecer-se. Geralmente, o número de indivíduos transportados é pequeno e a sobrevivência deles ainda dependerá da disponibilidade de alimentos e de um clima favorável. Estima-se que menos de 5% dos organismos que alcançam uma nova região conseguem se estabelecer.

Uma vez instalados, os invasores precisam superar mais um obstáculo: a adaptação ao novo ambiente. A partir desse momento, inicia-se uma interação com as espécies nativas, que pode ser bem-sucedida ou não. Se houver um predador na área, o forasteiro pode não ter vida longa. Por outro lado, se não houver nenhuma espécie que faça o controle natural desse invasor, as chances de ele se estabelecer de forma definitiva aumentam significativamente. Isso porque, sem predadores, esses seres conseguem se reproduzir com tranquilidade e em pouco tempo podem colonizar grandes áreas.

A última etapa dessa saga é a dispersão, ou a capacidade desse organismo expandir sua área de ação. Por ser uma espécie exótica, ou seja, até então inexistente no local, pode ter a sorte de não encontrar nenhum predador pelo caminho e assim avançar centenas de quilômetros sem ser incomodada. Em algum momento dessa jornada, o grupo vai encontrar uma lavoura farta, e ela fatalmente será palco de um grande banquete. Somente a partir do instante em que passa a causar danos econômicos é que essa espécie invasora ganha o status de praga.

Você deve estar se perguntando: mas como é que essas pragas conseguem viajar distâncias tão longas? A resposta, mais uma vez, é complexa. Os organismos vivos vêm migrando de um lugar para outro na Terra há milênios. Eles podem se dispersar naturalmente, arrastados por furacões, de carona em animais migratórios ou por conta própria, voando longas distâncias, como no caso dos insetos. Quanto menor o organismo, mais fácil é a migração. Existem até relatos de fungos que atravessaram oceanos transportados por massas de ar. Como é impossível prever uma introdução desse tipo, os agricultores quase sempre são pegos desprevenidos.

Outra forma comum de dispersão de seres vivos é a fuga de seus habitats motivada por catâstrofes naturais, como vulcões, incêndios, cheias ou alterações climáticas. Nesses casos, os animais — incluindo aí formigas, moscas e lagartas — são forçados a deixar seus locais de origem em nome da sobrevivência, podendo alcançar lugares até então inimagináveis.

DESEQUILÍBRIO FATAL

O homem, no entanto, é o responsável pela grande maioria das introduções de organismos exóticos de que se tem notícia. A bioinvasão, como é conhecido o fenômeno, é facilitada pelo transporte de sementes, mudas, frutas e resíduos de solo, e ocorre quase sempre de forma não intencional. Até meados do século XIX, quando o comércio internacional de alimentos ainda era incipiente, os problemas relacionados às pragas estavam restritos às perdas nas lavouras e, em último caso, ao desabastecimento. Porém, com o aumento no fluxo de pessoas e cargas observado nas últimas décadas, o número de introduções disparou e os invasores se tornaram uma ameaça global.

Trata-se de uma questão puramente matemática. Qual é a probabilidade de se acolher um novo organismo quando se recebe um navio por mês? E quando o movimento sobe para duzentas embarcações? E se incluirmos nessa conta os aviões cargueiros? Não é preciso dizer que quanto maior o volume, mais difícil é o controle. Segundo a Organização Mundial do Comércio (OMC), o trânsito internacional de mercadorias cresceu em média 6% ao ano entre 1990 e 2008.[10] O contingente de fiscais agropecuários nos portos e aeroportos certamente não aumentou no mesmo ritmo.

O volume de turistas também não para de crescer. De acordo com a Organização Mundial do Turismo (OMT), o total de viajantes internacionais tem crescido de forma constante. Em 1950, eram apenas 25 milhões, número que subiu para 277 milhões em 1980, deu um novo salto para 438 milhões em 1990 e chegou a 682 milhões em 2000. Em 2014, o total de turistas já chegava a 1,3 bilhão. Supondo que 1% desses passageiros leve na bagagem alimentos frescos, flores, sementes ou outros materiais com potencial propagativo, são ao menos 13 milhões de chances de introdução todos os anos. Isso sem contar outras formas menos prováveis — mas também possíveis — de invasão, como o transporte acidental de micro-organismos em roupas, sapatos e mochilas.

As próprias aeronaves podem servir de abrigo e meio de transporte para as pragas. Grandes e cheias de compartimentos, são esconderijos perfeitos para algumas espécies, especialmente insetos. Aviões militares, que costumam frequentar áreas remotas e em muitos casos utilizam pistas improvisadas, oferecem ainda mais riscos. Um dos casos mais famosos de introdução por

AGRADEÇA AOS AGROTÓXICOS POR ESTAR VIVO

aeronaves de guerra é o do besouro *Diabrotica virgifera virgifera LeConte*, nativo da América do Norte, encontrado próximo ao aeroporto de Belgrado, na Sérvia, em 1992. A espécie, que é altamente prejudicial às lavouras de milho, vem se disseminando por toda a Europa desde então. Para muitos especialistas, a praga teria sido trazida por um avião militar dos Estados Unidos em missão durante a Guerra dos Balcãs (1991-95),[11] fato que nunca foi comprovado.

No Brasil, o histórico de invasões não naturais teve início em 1500, com a chegada dos portugueses. Seguindo os conselhos de Pero Vaz de Caminha, que escrevera logo em sua primeira carta enviada ao rei D. Manuel I que "nestas terras, em se plantando tudo dá", os colonizadores passaram a trazer em suas caravelas uma infinidade de espécies animais e vegetais até então inexistentes no novo mundo. Algumas culturas se adaptaram muito bem, outras, nem tanto, mas é certo que, em meio a tantas sementes e mudas importadas, também desembarcaram por aqui inúmeras pestes.

Como a agricultura local ainda era incipiente naquele período, os invasores não causavam danos econômicos, portanto eles não eram vistos como uma ameaça. No entanto, conforme a atividade foi se desenvolvendo, os problemas começaram a aparecer. O primeiro registro de ataque de pragas de que se tem notícia no país aconteceu no Rio Grande do Sul, no início dos anos 1800 — e foi devastador. A região, majoritariamente ocupada por imigrantes açorianos, era a principal produtora de trigo do Brasil quando foi atingida pela ferrugem, uma doença causada por fungos que dizimou a cultura em pouco tempo.

Entre 1804 e 1807 a exportação (gaúcha de trigo) alcançou, em média, mais de 300 mil libras anuais. Em 1808, saíram da Capitania de 230 a 240 barcos carregando 6, 8, 10, 12 mil arrobas. O Rio Grande do Sul remeteu, entre 1793 e 1814, largas sobras de sua produção de trigo também para Lisboa. A partir de 1811, a produção de trigo começou a cair devido ao aparecimento nos trigais gaúchos de uma praga que ficou conhecida como ferrugem. Em 1822, as exportações já haviam caído pela metade, e em 1823 os agricultores não semearam por não terem sementes. O Rio Grande do Sul passa então de exportador a importador de trigo.[12]

DESEQUILÍBRIO FATAL

Desde então, os agricultores brasileiros têm convivido com as mais diferentes pragas e doenças das lavouras. No final do século XIX, foi a vez do café paulista sofrer com o ataque de "borboletas noturnas",[13] enquanto as plantações de algodão passaram a ser atacadas pela lagarta-rósea anos mais tarde. A situação chegou a tal ponto que, em 1910, o Ministério da Agricultura lançou uma série de dezoito cartilhas com instruções para o enfrentamento das principais moléstias das lavouras,[14] entre elas formigas, gafanhotos, cupins, pulgões, moscas e fungos. Os métodos de combate, contudo, eram pouco eficazes e as pragas seguiram se multiplicando rapidamente.

Principal produto da pauta de exportação brasileira até a primeira metade do século XX, o café foi mais uma vez alvo de invasores na década de 1920. Mas dessa vez a coisa foi bem mais séria. Identificada pela primeira vez em Uganda, em 1908, a broca-do-café é uma das pragas mais agressivas para a cafeicultura em todo o mundo. Menosprezado em um primeiro momento, o inseto se espalhou rapidamente por todo o continente africano, infestando as lavouras na Costa do Marfim, no Quênia, na Etiópia e em outros países produtores localizados na África Equatorial, sempre causando grandes perdas.

Acredita-se que a broca tenha sido introduzida no Brasil em 1913, por meio de sementes contaminadas trazidas do Congo por um fazendeiro da região de Campinas — embora o primeiro registro oficial da peste no Brasil date de 1924. Em poucos meses, a praga já havia se espalhado por mais de trinta municípios no estado de São Paulo.[15] No ano seguinte, foi encontrada também em Minas Gerais, Rio de Janeiro, Espírito Santo e Paraná, comprometendo a colheita nas principais regiões produtoras do país.

Preocupados com a situação, os barões do café, à época extremamente poderosos e com grande influência política, se uniram ao governo paulista para fundar, em 1927, o Instituto Biológico de Defesa Agrícola e Animal de São Paulo. A instituição tinha como missão estudar a biologia da broca-do-café, entender o seu comportamento e, principalmente, encontrar formas eficientes de combatê--la. Logo no primeiro ano, mais de 1.300 fazendas participaram dos programas de combate à praga. Cerca de 5 mil câmaras de expurgo foram montadas para o tratamento dos grãos. Cartilhas como *História de um bichinho malvado*, escrita por Rodolpho von Ihering, também foram distribuídas nas fazendas.[16]

AGRADEÇA AOS AGROTÓXICOS POR ESTAR VIVO

Os esforços ajudaram a reduzir os danos, mas a erradicação da broca-do--café era uma tarefa praticamente impossível em um tempo em que ainda não existiam pesticidas químicos. Em 1948, um levantamento realizado pelo Instituto Biológico identificou cerca de 580 milhões de pés de café infectados pela praga, número que representava pouco mais de um quarto dos cafezais existentes no país. Ainda de acordo com o instituto, a quebra média nessas áreas chegava a 50%.

O trecho a seguir, extraído da reportagem "O problema da broca-do-café", publicada pelo jornal O *Estado de S. Paulo*, em 14 de agosto de 1948, dá uma ideia do tamanho do prejuízo. "Tomando-se uma produção média de 30 arrobas por mil cafeeiros, a conclusão é que a broca reduziu a 4.350.000 sacas a safra em curso nos cafezais infestados. Se estimarmos um preço médio de 370 cruzeiros por saca, verificamos que a economia do país sofreu um prejuízo real de 1 bilhão, 609 milhões e 500 mil cruzeiros."[17] Em valores atualizados, o montante seria equivalente a pouco mais de R$ 8 bilhões.

A broca foi finalmente controlada na década de 1950 graças à utilização de agroquímicos à base de BHC, mas segue até hoje como uma das principais pragas do café, presente em todas as regiões produtoras do Brasil. Desde os anos 1970, o controle era feito com o inseticida Endosulfan, um ingrediente ativo altamente eficaz e de baixo custo, retirado do mercado brasileiro em 2013 por ser considerado muito tóxico — mesmo sem um substituto. O banimento do produto deixou os produtores sem opção para o combate à broca. Como consequência, a população da peste cresceu rapidamente e levou os estados de Minas Gerais, Espírito Santo e São Paulo a declararem emergência fitossanitária em 2014 e 2015. Em 2016, dois novos defensivos para a broca-do-café foram registrados pelo Ministério da Agricultura, mas a utilização desses produtos ainda é limitada devido aos altos preços cobrados pelas novas formulações.

O bicudo-do-algodoeiro é outro problema que vem assombrando os agricultores brasileiros há décadas. Considerada a praga mais temida da cotonicultura em todo o mundo, foi identificada pela primeira vez no México, em 1830, mas ficou restrita às plantações da América do Norte até o início dos anos 1980. A espécie foi encontrada pela primeira vez no Brasil em fevereiro

DESEQUILÍBRIO FATAL

de 1983, na região de Piracicaba (município distante 150 quilômetros de São Paulo), proveniente, muito provavelmente, dos Estados Unidos.

Assim que os primeiros estudos acerca do novo invasor foram concluídos, menos de duas semanas após a detecção, a praga já havia chegado às cidades de Sorocaba, Americana e Campinas — responsáveis por mais de um terço da produção paulista — e estava espalhada por uma área estimada em 36 mil hectares no interior de São Paulo. Diante da velocidade com que o inseto avançava, o entomologista Sebastião Barbosa, atualmente chefe-geral da Embrapa Algodão, fez o alerta: "Se não for erradicado já, o bicudo irá se espalhar por todo o país, provocando danos econômicos que poderão tornar a cultura inviável."[18]

Mais do que perdas em campo, a chegada do bicudo-do-algodoeiro ao Brasil marcou o início da politização dos assuntos fitossanitários no país. Os especialistas não chegavam a um consenso sobre os métodos de combate à praga, questionando, entre outras coisas, os impactos ecológicos decorrentes do controle da peste. A Embrapa havia recomendado a pulverização imediata das áreas infestadas com azinphos etílico, um inseticida organofosforado relativamente tóxico, mas comprovadamente eficiente. Para eliminar todos os focos do bicudo, seriam necessárias três aplicações, de dez em dez dias, até o final da colheita, quando todo o residual deveria ser incinerado.

As orientações, no entanto, não foram seguidas. O Ministério da Agricultura, responsável pelas ações de defesa agropecuária, optou pela utilização do Malathion, um agroquímico considerado menos agressivo, mas também menos eficiente. As aplicações aéreas também não foram realizadas devido às liminares concedidas pela Justiça Federal aos prefeitos contrários à pulverização — casos de Itu, Mogi Guaçu e Mogi Mirim. Optou-se, então, por distribuir o inseticida aos cotonicultores para que eles aplicassem por conta própria, de forma descoordenada e sem fiscalização, uma estratégia obviamente ineficiente.

Passados três meses desde a identificação do bicudo no Brasil, nada havia sido feito. A inércia custou caro — em maio, a infestação já alcançava 93 mil hectares em todo o estado de São Paulo. Naquele momento, o presidente da

AGRADEÇA AOS AGROTÓXICOS POR ESTAR VIVO

Embrapa, Eliseu Alves, fez um relato na Comissão de Agricultura do Senado sobre as dificuldades que vinha encontrando para desenvolver o combate, uma vez que as entidades ecológicas se opunham à utilização de inseticidas nas plantações, enquanto a Justiça Federal concedia liminares impedindo a pulverização dos algodoais paulistas.[19]

A campanha dos ambientalistas, como acontece até hoje, era feita sem qualquer base científica. Um dos maiores críticos ao uso de defensivos químicos era Mohamed Habib, da área de Controle Biológico e Entomologia Econômica da Universidade Estadual de Campinas, que acusava o Ministério da Agricultura de ter criado o "fantasma do bicudo". "Para Habib, as condições ecológicas de São Paulo favorecem o controle biológico. Na região de Campinas, ele constatou parasitas como o braconídeo, que ataca a larva dentro da maçã, 'um controle gratuito e espontâneo'. Ele acredita até que, devido a fatores como esse e o clima, a população do bicudo sofrerá naturalmente um decréscimo nas próximas safras",[20] dizia a reportagem do jornal *O Estado de S. Paulo*, publicada em 18 de maio de 1983. Sua previsão, como sabemos, se mostrou totalmente equivocada.

Conforme o tempo passava, a coisa só piorava. No início da safra de 1984-85, todas as lavouras de algodão de 83 municípios paulistas estavam infestadas pelo bicudo.[21] Dez anos depois, a praga já estava amplamente disseminada por todo o Brasil, situação em que se encontra até hoje. A área plantada, que superava os 3,5 milhões de hectares no início dos anos 1980, foi reduzida para cerca de 1 milhão de hectares em 2015. As plantações de algodão deixaram de ser economicamente viáveis em São Paulo. Atualmente, a produção brasileira está concentrada em Mato Grosso e na Bahia, estados que gastam milhões de dólares todos os anos no combate ao inseto.

De acordo com o Instituto Mato-grossense do Algodão (IMAmt), o bicudo custa aos produtores brasileiros até US$ 360 milhões ao ano entre perdas e gastos com a aquisição de defensivos. Somente em Mato Grosso, responsável por 65% da produção nacional, são US$ 270 milhões. Na Bahia, a Associação Baiana dos Produtores de Algodão (Abapa) estima em pouco mais de R$ 1.600 por hectare o custo médio para o controle da praga. Para cobrir uma

DESEQUILÍBRIO FATAL

área plantada de aproximadamente 250 mil hectares no oeste do estado, o valor chega a R$ 400 milhões. Na safra 2014-15, os cotonicultores realizaram uma média de doze aplicações contra o bicudo, exatamente como previa o relatório da Embrapa, em 1983. "A convivência com a praga nos algodoais do Brasil implicará gastos anuais da ordem de Cr$ 360 bilhões, com aplicação de doze doses de inseticidas a cada safra."[22]

Em alguns casos, porém, não há dinheiro que salve a lavoura. É o caso da vassoura-de-bruxa, praga que dizimou as plantações de cacau na Bahia no fim da década 1980. Descoberta no final do século XIX, no Suriname, a doença é causada por um fungo facilmente dispersado pelo vento. Isso significa que uma planta contaminada pode transmitir o mal a outras centenas à sua volta — o que facilitou sua dispersão por toda a América do Sul. Letal, a vassoura-de--bruxa pode reduzir em até 90% a produtividade do cacaueiro, condição que inviabilizou por muito tempo a cultura em países como Colômbia, Equador e Venezuela.[23]

No Brasil, a doença ficou por anos circunscrita à região Norte. A floresta amazônica servia como barreira natural, protegendo as principais áreas produtoras do país, situadas na Bahia e no Espírito Santo. Este cenário durou até maio de 1989, quando foi descoberto o primeiro foco de vassoura-de-bruxa no município baiano de Uruçuca — episódio que mudou para sempre a história do cacau brasileiro. Inicialmente, a praga foi identificada em uma área de apenas 15 hectares, ou aproximadamente 15 mil pés,[24] mas se espalhou rapidamente. Em pouco mais de um ano, cerca de 85% dos 600 mil hectares de cacau existentes no sul da Bahia, região responsável por 95% da produção brasileira à época, estavam contaminados.

Os anos seguintes foram dramáticos. Se na década de 1970, período em que o Brasil vivia o auge da atividade cacaueira, as exportações da amêndoa chegaram a render mais de US$ 1 bilhão por ano à Bahia — o equivalente a dois terços de todas as vendas externas do Nordeste —, em 1997 esse montante caiu para módicos US$ 122 milhões.[25] No ano seguinte, o país, que fora o maior produtor e referência mundial em cacau, já não exportava mais nada. A queda nas receitas trouxe sérios problemas sociais

AGRADEÇA AOS AGROTÓXICOS POR ESTAR VIVO

aos antigos polos produtores, como o desemprego em massa, decorrente do fechamento de pelo menos 250 mil postos de trabalho nas lavouras.

Até hoje não está claro como a vassoura-de-bruxa chegou à Bahia, mas existe uma forte suspeita de que tenha sido um ato de bioterrorismo — ou seja, a praga teria sido introduzida propositalmente para enfraquecer os barões do cacau, que detinham grande influência política no sul da Bahia naquele período.

> O administrador de empresas Luiz Henrique Franco Timóteo afirmou ontem, em depoimento à CPI do Cacau, as denúncias de que a praga da vassoura-de--bruxa foi disseminada no sul da Bahia de forma criminosa por militantes do PT... Ele contou que, em 1987, participou de uma reunião no antigo bar Caçuá, localizado em Itabuna, onde a cúpula do PT teria planejado a introdução e disseminação na região cacaueira da Bahia da vassoura-de-bruxa. O objetivo, afirmou, "era enfraquecer economicamente os produtores de cacau para tomar o poder na região cacaueira". Segundo Timoteo, participaram da reunião entre oito e dez pessoas, entre as quais estavam presentes: Geraldo Simões (ex-prefeito de Itabuna), Wellington Duarte (atual coordenador-geral de apoio operacional da Ceplac), Elieser Corrêa (chefe do Centro de Extensão e Educação da Ceplac), Everaldo Anunciação (ex-coordenador geral de apoio operacional da Ceplac) e Jonas Nascimento, conhecido como Jonas Babão (atualmente encarregado de assuntos pedagógicos da Ceplac). O administrador de empresas contou que ele mesmo ficou encarregado de trazer o material infectado de vassoura-de-bruxa da região Norte. Timóteo disse ainda que trouxe pessoalmente ramos infectados com a praga dos municípios de Ouro Preto do Oeste, Jaru, Cacoal e Ariquemes — todos localizados em Rondônia.[26]

Verdade ou não, o fato é que a atividade cacaueira no Brasil nunca foi normalizada. A produção brasileira, que atingiu a marca de 7 milhões de sacas em 1986, antes do surto da vassoura-de-bruxa, atualmente não chega a 2,3 milhões de sacas. Apesar de seguir entre os líderes mundiais no cultivo da amêndoa, o país hoje é importador do produto. Na safra 2015-16, desembarcaram no Brasil 209 mil toneladas de cacau.[27]

DESEQUILÍBRIO FATAL

De acordo com dados do observatório "Pragas Sem Fronteiras", ao menos 203 espécies invasoras de importância agrícola foram detectadas e se estabeleceram no Brasil entre 1890 e 2014. Os números também revelam um aumento expressivo de incidências nos últimos cinquenta anos — período que coincide com a expansão do agronegócio brasileiro. Segundo o observatório, até 1960, a média de novas pragas detectadas era inferior a uma por ano. Na década de 1990, ultrapassou pela primeira vez a marca de duas por ano. Nos últimos dez anos, chegou a preocupantes 3,75 novas detecções anuais.[28] Tudo isso sem contar as espécies que falharam nas etapas iniciais do processo de invasão.

Introduções de espécies exóticas no Brasil[29]

Década	Média por ano
1890	0,1
1900	0,3
1910	0,2
1920	0,3
1930	0,5
1940	0,2
1950	0,3
1960	0,6
1970	1,5
1980	1,7
1990	2,3
2000	3,6
2010	3,75

AGRADEÇA AOS AGROTÓXICOS POR ESTAR VIVO

Somente na última década, ao menos 35 novas espécies foram detectadas no Brasil. De acordo com a Associação dos Produtores de Soja de Mato Grosso (Aprosoja), apenas duas delas, a mosca-branca e a ferrugem asiática, causaram um prejuízo estimado em US$ 25 bilhões aos produtores de soja brasileiros nesse período,[30] entre perdas e gastos extras com defensivos. Combater essas pragas dá trabalho e custa caro, mas é fundamental para o bom andamento das lavouras. E não se trata de uso indiscriminado de agrotóxicos, como pregam os ambientalistas. É pura necessidade. Ou você acha que os agricultores gostam de jogar dinheiro fora?

O caso mais recente de invasão em terras tupiniquins é o da lagarta *Helicoverpa armigera*, encontrada pela primeira vez em território nacional em 2012, mas que segue até hoje fora de controle graças à burocracia brasileira. Originária da Oceania, a *Helicoverpa* é um exemplo clássico de como seres da mesma espécie podem se desenvolver de formas totalmente diferentes, de acordo com o meio onde vivem. A *armigera* possui a mesma origem da *Helicoverpa zea*, mas seguiram por caminhos diferentes há cerca de 1,5 milhão de anos — um movimento recente do ponto de vista evolucionário. Enquanto a *Helicoverpa armigera* partiu da Oceania rumo à Ásia, África e Europa, a *zea* de alguma forma alcançou as Américas, onde se estabeleceu.

Na Austrália, a *Helicoverpa armigera* é responsável atualmente por 80% das aplicações de defensivos agrícolas nas lavouras. A espécie também causa grandes prejuízos na China, Índia e na Espanha, onde é considerada uma das piores pragas do tomate, apesar de estar relativamente controlada há anos. Já a *Helicoverpa zea*, conhecida no Brasil como lagarta-da-espiga, está espalhada desde a Argentina até o Canadá e ataca principalmente o milho, mas também pode ser encontrada em plantações de feijão e soja. Velha conhecida dos agricultores brasileiros, a *zea* vem sendo controlada há décadas por meio do uso de inseticidas. Apesar de serem parentes distantes, as duas se transformaram em espécies completamente diferentes e com hábitos alimentares distintos.

Quando a *Helicoverpa armigera* chegou ao Brasil, possivelmente no início dos anos 2010, não encontrou inimigos naturais, o que facilitou seu estabelecimento e permitiu que sua população crescesse rapidamente. Comida também

DESEQUILÍBRIO FATAL

não era um problema, já que a *armigera* é polífaga, ou seja, pode se alimentar de praticamente qualquer coisa. A lagarta ataca de preferência as culturas do algodão, soja, milho e tomate, mas na ausência dessas também pode sobreviver em roças de feijão, alho-poró, abobrinha, limão, girassol, alcachofra, sorgo, amendoim, grão-de-bico, pimenta, fumo, entre outras. No total, a peste pode atacar mais de duzentos tipos de vegetais — mas não para por aí. Funcionários da Cooperativa Agrícola dos Produtores Rurais da Região Sul de Mato Grosso (Cooaleste) descobriram que a *armigera* é capaz de comer até mesmo plástico. A constatação foi feita quando um pesquisador da cooperativa guardou um exemplar em um copo descartável para que fosse analisado posteriormente. No dia seguinte, porém, a lagarta havia desaparecido, deixando um buraco no recipiente.[31]

A *Helicoverpa armigera* foi identificada pela primeira vez no Brasil durante a safra 2012-13, na Bahia, embora acredita-se que naquela época a praga já estivesse disseminada por outras regiões do país. Por ser muito parecida fisicamente com a *zea*, a *armigera* só chamou a atenção dos agricultores quando a infestação saiu do controle e passou a causar grandes perdas nas lavouras de algodão e soja da região. Inicialmente, acreditava-se que a *Helicoverpa zea* havia criado resistência aos inseticidas normalmente utilizados. No entanto, após inúmeros testes com diferentes tipos de agroquímicos, sempre com resultados insatisfatórios, os produtores decidiram procurar a Embrapa, que confirmou tratar-se de uma espécie exótica. Estima-se que, no primeiro ano, a *Helicoverpa armigera* tenha causado um prejuízo de mais de US$ 2 bilhões somente no oeste baiano.

Mesmo após a identificação do novo inimigo, o combate à praga se manteve pouco eficaz. Isso porque, diferentemente da "prima" *Helicoverpa zea*, a *armigera* possui grande capacidade de sobrevivência, mesmo em condições extremas, e é resistente à maioria dos produtos fitossanitários atualmente à venda no Brasil. Sem um controle adequado, a população de invasores crescia a uma velocidade espantosa. Para se ter uma ideia, cada fêmea tem a capacidade de ovipositar de quinhentos a 1.500 ovos, dependendo das condições, que levam entre quatro a seis semanas para chegar à fase adulta. São oito gerações

AGRADEÇA AOS AGROTÓXICOS POR ESTAR VIVO

em apenas um ano, o que significa que uma única lagarta pode dar origem a bilhões de exemplares a cada safra. Para complicar ainda mais a situação, as mariposas do gênero *Helicoverpa* são migrantes naturais, acostumadas a voar grandes distâncias — especialistas garantem que elas podem percorrer até mil quilômetros em poucos dias.

Mas nada é tão ruim que não possa piorar. Além do desafio de lutar contra uma peste com alto poder reprodutivo e grande capacidade de deslocamento, os produtores ainda tiveram que enfrentar outro inimigo mortal: a burocracia brasileira. A *Helicoverpa armigera* existe há séculos na Oceania e hoje está presente em vários países asiáticos e europeus. Nesses lugares, entretanto, a praga está totalmente controlada graças ao uso do inseticida benzoato de emamectina, um produto registrado em 77 países, como Estados Unidos, Austrália, Japão e em toda a União Europeia, mas proibido no Brasil.

Em 2014, diante do risco iminente de disseminação da praga por todo o Brasil, o Ministério da Agricultura chegou a liberar em caráter excepcional a importação do benzoato, mas a utilização do produto foi barrada pelo Ministério Público Federal, sob a alegação de que a substância seria tóxica ao organismo humano e sua utilização não era recomendada pela Anvisa. Para os profissionais da saúde, no entanto, os argumentos não fazem muito sentido. De acordo com o médico toxicologista Angelo Zanaga Trapé, professor da Universidade Estadual de Campinas (Unicamp), a proibição, na realidade, teria um cunho muito mais ideológico do que científico.

> Não há registros de impacto na saúde humana. Isso é uma falácia, não tem embasamento científico nenhum. Esses grupos têm causado prejuízos importantes na produtividade agrícola por ações ideológicas. Existe um grande número de agricultores, na Bahia e em outros estados brasileiros, que foram consumidos de forma voraz pela praga, enquanto a gente tinha um produto disponível, com segurança, com estudos feitos no mundo inteiro, que poderia ter sido usado previamente, evitando assim prejuízos maiores para a agricultura brasileira.[32]

DESEQUILÍBRIO FATAL

O impasse em torno da aprovação do benzoato de emamectina mostrou-se benéfico apenas para as lagartas, já que, sem produtos eficazes para o combate, elas seguiram avançando sobre novos polos de produção. Desde sua chegada ao Brasil, a *Helicoverpa armigera* encontrou caminho livre para se disseminar por todo o país, fazendo, inclusive, com que vários estados com forte tradição agrícola — como Bahia, Goiás, Mato Grosso, Minas Gerais e Maranhão — decretassem situação de emergência fitossanitária para a lagarta.

O drama dos produtores, porém, parece estar finalmente próximo ao fim. Em agosto de 2016, o governo federal anunciou que trataria como prioridade o registro de novos defensivos agrícolas para oito das pragas que ofereçam o maior risco fitossanitário hoje em dia. Além da *Helicoverpa armigera*, a maior inimiga da agricultura brasileira, estão na lista outras pestes bem conhecidas dos produtores, como a broca-do-café, o bicudo-do-algodoeiro, a ferrugem-da-soja, o mofo-branco, a mosca-branca, além de nematoides e ervas daninhas resistentes.[33] Já o benzoato de emamectina, maior sonho de consumo dos agricultores no Brasil, ainda não havia sido registrado no Brasil até a conclusão deste livro.

4. O inimigo mora ao lado

Nas últimas décadas, o Brasil transformou-se em uma verdadeira potência agrícola. O país é tido hoje como celeiro do mundo e considerado o único entre os grandes exportadores de alimentos com potencial para aumentar substancialmente sua produção nos próximos anos. Mas se por um lado o clima tropical, com temperaturas elevadas e chuvas abundantes ao longo das quatro estações, é um aliado do agricultor brasileiro, por outro é um verdadeiro paraíso para as pragas. Assim como a helicoverpa, a vassoura-de-bruxa, o bicudo-do-algodoeiro e tantos outros invasores que se estabeleceram por aqui, existem mais de seiscentas espécies com status de pestes em diversas partes do mundo, mas que ainda não estão presentes no Brasil.

São insetos, fungos, ácaros, bactérias, nematoides e outros micro-organismos que, uma vez introduzidos, podem comprometer a produção brasileira e até colocar em risco as exportações nacionais. Com o objetivo de impedir a disseminação de pragas e definir estratégias apropriadas para controlá-las, foi criada, em 1929, a Convenção Internacional para Proteção de Vegetais — um tratado assinado por 182 nações, entre elas o Brasil —, responsável tanto pela harmonização de medidas fitossanitárias quanto pela listagem das pragas presentes em cada um de seus membros. Sempre que uma nova espécie é detectada em algum lugar, a ocorrência é comunicada à Convenção, e o banco de dados é atualizado. As informações são utilizadas como medida de segurança para o comércio de cargas e também para evitar barreiras comerciais indevidas.

AGRADEÇA AOS AGROTÓXICOS POR ESTAR VIVO

Mas para que o mecanismo funcione, é preciso que cada país faça uma classificação precisa tanto das espécies já presentes em seus territórios quanto das que ainda não entraram, mas que representam algum tipo de ameaça às suas lavouras. Dessa forma, as pragas são divididas em três categorias: as quarentenárias ausentes, consideradas as mais perigosas, já que oferecem riscos reais à economia em caso de introdução; as quarentenárias presentes, que são as pestes que já conseguiram se estabelecer em uma determinada região, mas que ainda estão confinadas e sob controle oficial; e as não quarentenárias regulamentadas, organismos já estabelecidos e amplamente disseminados, que causam impactos econômicos em seu local de origem e podem inviabilizar as exportações de determinados produtos para países onde são considerados pragas quarentenárias ausentes.

As ameaças estão, literalmente, por todas as partes. De acordo com um levantamento realizado pela consultoria Oxya, ao menos 198 países abrigam algum tipo de praga quarentenária para o Brasil. Entre os que oferecem maior risco à agricultura brasileira estão alguns de nossos principais parceiros comerciais, como os Estados Unidos — que registram nada menos que 289 espécies ainda inexistentes por aqui —, Itália (205), Índia (188), China (180), França (180), Japão (175), Austrália (171), Canadá (171), Alemanha (169) e Reino Unido (164). O número de predadores que podem entrar no país, no entanto, é certamente muito maior. Segundo dados do Observatório Pragas Sem Fronteiras, cerca de dois terços das pragas exóticas já detectadas em solo brasileiro não eram regulamentadas como quarentenárias.

O cenário se torna ainda mais dramático se levarmos em conta que o turismo no Brasil tem crescido de forma considerável nos últimos anos, impulsionado principalmente pelos grandes eventos esportivos, como a Copa do Mundo e os Jogos Olímpicos, além de outros encontros internacionais importantes, como a visita do papa Francisco e o Rock in Rio, só para citar alguns. Se em 2002 o Brasil recebia uma média de 3,8 milhões de estrangeiros por ano,[1] hoje esse número ultrapassa os 6,3 milhões, conforme dados do Ministério do Turismo.[2] Como já vimos, um fluxo maior de pessoas aumenta de forma considerável as chances de uma introdução.

O INIMIGO MORA AO LADO

O exemplo da Copa do Mundo mostra bem o quão exposto ficou o Brasil entre junho e julho de 2014, período em que mais de 1 milhão de turistas tiveram a oportunidade de circular por algumas das principais regiões agrícolas do país — como os estados do Paraná, Mato Grosso, Bahia, Minas Gerais, São Paulo e Rio Grande do Sul. Um estudo encomendado pela Associação Nacional de Defesa Vegetal (Andef) na época mostra que os 31 países que vieram ao Mundial abrigavam, juntos, pelo menos 350 pragas quarentenárias.

A situação mais preocupante talvez tenha sido vivida por Porto Alegre, sede que recebeu as seleções da França, Holanda, Austrália, Coreia do Sul, Argentina, Nigéria, de Argélia e Honduras, nações que possuíam 246 espécies exóticas para o Brasil. O Rio Grande do Sul é reconhecido como o principal polo vinícola nacional e responsável por mais da metade da produção de uvas no Brasil.[3] Argentina, França e Austrália também são grandes produtores de vinho, e todos eles têm pragas das videiras ausentes no Brasil. No total, quase 150 mil ingressos foram vendidos para cidadãos residentes nesses três países.[4] Em suma: são muitas pessoas, vindo de lugares que oferecem riscos elevados, em direção a uma região altamente suscetível ao estabelecimento de invasores. Se normalmente a probabilidade de introdução de uma nova peste é muito pequena, nesse caso ela foi aumentada de maneira significativa.

Para se ter uma ideia do perigo, em 2012, o Ministério da Agricultura chegou a suspender as importações de uva da Argentina e do Chile devido à presença de uma praga conhecida como *Brevipalpus chilensis*, um ácaro ainda inexistente no Brasil, que pode causar perdas de até 30% na produção das videiras. A medida foi tomada em caráter preventivo, já que não existiam — e ainda não existem — defensivos registrados no país para controle em caso de uma eventual infestação nas plantações brasileiras. A doença já está controlada no Chile, mas segue atormentando os argentinos até hoje. Estima-se que mais de 100 mil torcedores deixaram a Argentina rumo ao Brasil durante a Copa do Mundo, muitos deles de carro, sem ingressos (oficialmente, nossos *hermanos* adquiriram apenas 61 mil entradas) e dispostos

AGRADEÇA AOS AGROTÓXICOS POR ESTAR VIVO

a acampar onde quer que fosse para acompanhar a seleção de Lionel Messi. É bem provável que alguns desses turistas tenham trazido frutas frescas para consumo próprio em suas mochilas.

A Austrália, por sua vez, abriga onze pragas das videiras inexistentes nas lavouras brasileiras. Ao contrário dos argentinos, os australianos sabem muito bem que o transporte de alimentos *in natura* é perigoso. Por lá, tentar embarcar em um avião com frutas, flores ou qualquer vegetal com potencial de propagação de pestes é considerado um delito grave. Ainda assim, a vinda de mais de 50 mil torcedores *aussies* não deixou de ser uma ameaça, pois existem outros meios de introdução menos convencionais. Um viticultor australiano, por exemplo, poderia trazer de casa uma infinidade de micro-organismos grudados nas solas de suas botas. Depois, ao visitar uma vinícola gaúcha, poderia disseminar involuntariamente esses corpos estranhos nos parreirais locais. Introduções desse tipo são raras, mas acontecem.

Já a França, que trouxe 35 mil torcedores ao Mundial, é lar de outras quinze espécies que podem comprometer a produção de uvas no Brasil. Vamos imaginar que um tradicional produtor francês estivesse perdendo, ano após ano, mercado para os vinhos brasileiros, tão bons quanto os seus, mas vendidos ao consumidor final pela metade do valor. Ele, então, é obrigado a baixar seus preços, reduzindo de forma considerável sua margem de lucro. Furioso, ele decide se vingar. Compra alguns ingressos para os jogos da França na Copa e parte rumo ao Rio Grande do Sul trazendo na bagagem um punhado de pulgões extremamente agressivos. Ao chegar, aluga um carro, dirige até Bento Gonçalves e solta os invasores em meio às principais áreas de cultivo — um caso clássico de bioterrorismo. Missão cumprida: o cidadão retorna a Porto Alegre, assiste ao jogo da França e embarca de volta para casa. Ninguém desconfia de nada, já que o problema vai demorar a aparecer. É muito pouco provável que algo do tipo tenha ocorrido, mas ainda é cedo para afirmar isso com 100% de certeza.

Em 2016, o Brasil voltou a sediar um megaevento internacional: os Jogos Olímpicos. Dessa vez, porém, não seriam apenas 32 seleções, mas

O INIMIGO MORA AO LADO

sim 207 nações, que juntas trouxeram mais de 11.500 atletas. Embora a competição tivesse como sede o Rio de Janeiro, um estado com pouca representatividade agrícola, algumas provas foram realizadas em outras cidades, como São Paulo, Salvador, Belo Horizonte, Brasília e Manaus, o que obrigou muitos dos 410 mil torcedores estrangeiros a se deslocar pelo país.[5] Muito mais do que o legado esportivo, as Olimpíadas costumam deixar heranças indesejadas aos anfitriões. A China que o diga. Após os Jogos de Pequim, em 2008, foram identificadas 44 novas pragas agrícolas no país.[6] Dois anos depois, os chineses ainda sediaram os Jogos Asiáticos de Guangdong, evento responsável pela introdução de outras 32 espécies invasoras.[7]

De acordo com especialistas, no entanto, os responsáveis pela defesa agropecuária brasileira precisam se manter em estado de alerta constante mesmo após a Copa do Mundo e as Olimpíadas, período em que a fiscalização aduaneira foi redobrada. Isso porque, segundo eles, as principais ameaças não vêm das regiões mais distantes, mas sim dos nossos vizinhos. Estudos recentes indicam que os países da América do Sul abrigam ao menos 221 pragas quarentenárias para o Brasil[8] — um número preocupante, especialmente se lembrarmos que o país possui quase 16 mil quilômetros de fronteiras terrestres e faz divisa com dez nações de norte a sul do continente.

Um levantamento feito pelo Ministério do Turismo, com base em dados da Polícia Federal, mostra que 54% dos turistas estrangeiros em 2015 (um ano considerado normal, sem a distorção causada pelos megaeventos internacionais) vinham de países sul-americanos. Entre os cinco principais visitantes estão a Argentina, que ocupa o primeiro lugar com mais de 2 milhões de entradas; o Chile, em terceiro, com 306 mil; Paraguai, com 302 mil; e o Uruguai, com 267 mil.[9] Coincidentemente, Argentina e Chile são também os países que possuem o maior número de pragas exóticas para o Brasil na região: 88 e 90, respectivamente.

AGRADEÇA AOS AGROTÓXICOS POR ESTAR VIVO

Os países sul-americanos abrigam ao menos 221 pragas quarentenárias para o Brasil[10]

Argentina	88
Chile	90
Uruguai	28
Paraguai	12
Bolívia	45
Peru	59
Equador	34
Colômbia	59
Venezuela	53
Guiana	14
Suriname	6
Guiana Francesa	6
Trinidad e Tobago*	16

*Pertence à América Central, mas entra na conta por manter relações estreitas com os países sul-americanos.

Existe ainda um outro grupo de risco formado por Peru, Colômbia, Venezuela e Bolívia, países que concentram um número expressivo de pestes inexistentes no Brasil e que até pouco tempo estavam isolados por barreiras naturais, como o cerrado e a floresta amazônica. Nos últimos anos, porém, a construção de estradas ligando essas áreas aos estados do Acre, Rondônia, Amazonas e Roraima tem criado novas rotas de entrada para esses invasores. O mesmo vale para a Guiana Francesa e o Suriname, que, apesar de abrigarem poucas espécies quarentenárias — apenas seis —, contam com algumas das pragas mais temidas pelos agricultores brasileiros.

A principal ameaça à fruticultura nacional na atualidade responde pelo nome de *Bactrocera carambolae*, também conhecida como mosca-da-carambola, uma praga de origem asiática que assombra os produtores de frutas em todo o mundo. Na América do Sul, já está amplamente disseminada no Suriname e na Guiana Francesa. No Brasil, a mosca foi identificada pela primeira vez em 1996, na cidade de Oiapoque, no extremo norte do país. A peste chegou a ser encontrada também no Pará e em Roraima, mas hoje está restrita ao Amapá, sendo oficialmente classificada como uma praga quarentenária presente. O trabalho, agora, é para que a mosca-da-carambola não avance para as principais regiões produtoras de frutas no Brasil, especialmente no Nordeste, o que poderia gerar enormes prejuízos econômicos e sociais.

O Brasil é o terceiro maior produtor mundial de frutas, atrás apenas da China e da Índia. Na safra 2015-16, foram colhidas mais de 40 milhões de toneladas, volume que gerou uma receita bruta de aproximadamente R$ 20 bilhões aos fruticultores brasileiros. Apenas 3% da produção é exportada — um percentual baixo, mas suficiente para colocar o Brasil em uma posição de destaque no mercado global de frutas. O país detém hoje 8,5% do mercado mundial de melões. Também produz mais de 7% das goiabas e mangas consumidas em todo o mundo. O faturamento com as vendas externas chegou a US$ 675 milhões em 2015, com a expectativa de atingir US$ 1 bilhão até 2018. Um mercado próspero e rentável, mas que está em perigo.

Apesar do nome, a mosca-da-carambola não ataca apenas a carambola. Só no Brasil já foram identificadas pelo menos catorze espécies hospedeiras para a praga, entre elas algumas culturas importantes, como a manga e o melão. O problema surge quando as moscas depositam seus ovos nos frutos em desenvolvimento. As larvas rompem as cascas das frutas e se alimentam da polpa, inviabilizando a sua comercialização. Não existe risco à saúde humana, mas sim ameaças fitossanitárias para os países importadores, na maioria dos casos livres da peste. A disseminação da mosca no país certamente levaria ao fechamento dos principais mercados compradores de frutas do Brasil.

"É um risco real", afirma Luiz Barcelos, presidente da Associação Brasileira dos Produtores e Exportadores de Frutas e Derivados (Abrafrutas). "A mosca-da-carambola é atualmente a principal ameaça à fruticultura brasileira. A introdução dessa praga nas áreas de produção comercial traria um prejuízo

AGRADEÇA AOS AGROTÓXICOS POR ESTAR VIVO

gigantesco aos produtores", diz o executivo. Cerca de 80% das exportações brasileiras têm como destino a União Europeia, um mercado altamente exigente em termos fitossanitários. Segundo Barcelos, as vendas de frutas brasileiras para a Europa poderiam cair a zero em caso de identificação da mosca no Ceará ou no Rio Grande do Norte, por exemplo. Outros países importadores poderiam seguir o mesmo caminho, agravando ainda mais a situação.

Mais cruel que a queda nas exportações, porém, seria o impacto social provocado pela introdução da mosca-da-carambola no Nordeste. A fruticultura é um dos segmentos do agronegócio que mais demandam mão de obra. Mesmo ocupando uma área relativamente pequena — cerca de 2,8 milhões de hectares (a soja ocupa quase 33 milhões de hectares) —, a atividade emprega 27% da mão de obra agrícola nacional, ou algo em torno de 5 milhões de pessoas. A queda na produção fatalmente reduziria o número de postos de trabalho na região. Um corte de 20% no pessoal, portanto, significaria 1 milhão de empregos a menos em algumas das regiões mais carentes do Brasil.

As autoridades conhecem o problema e vêm trabalhando no combate à praga há pelo menos vinte anos. Em 1996, o Ministério da Agricultura criou o Programa Nacional de Erradicação da Mosca-da-Carambola e, desde então, diversas ações foram realizadas no Amapá, como o monitoramento permanente das áreas de risco, o combate aos focos da praga com a utilização de iscas de captura, coleta de frutos do solo, além de ações de educação e conscientização da população sobre os riscos associados à mosca. No entanto, a falta de continuidade nas ações do projeto e os parcos recursos financeiros disponíveis têm complicado a vida dos fiscais agropecuários que atuam na fronteira.

"As principais dificuldades são decorrentes das condições naturais e geográficas da região, a proximidade de áreas onde a praga está amplamente disseminada e a limitação de infraestrutura de muitos órgãos estaduais de sanidade vegetal", afirma Maria Julia Signoretti Godoy, coordenadora do Programa Nacional de Erradicação da Mosca-da-Carambola. "A meta perseguida pelo Ministério da Agricultura é a erradicação desse organismo até o ano de 2019. No entanto, existem critérios internacionais de reconhecimento de erradicação que precisam ser considerados, como a ausência de registro de insetos numa área por 378 dias, o que torna o seu alcance um grande desafio."

O INIMIGO MORA AO LADO

A mosca-da-carambola é uma espécie nativa do sudeste asiático, onde investe contra mais de cem culturas. A praga está presente em países como Indonésia, Malásia e Tailândia desde o início do século XX e é uma das principais ameaças à fruticultura tropical em todo o mundo. Na América do Sul, foi identificada pela primeira vez em 1975, na capital do Suriname, Paramaribo. Mas como ela chegou até lá? Essa é uma pergunta que desafiou os pesquisadores por muitos anos. Normalmente, as introduções ocorrem em áreas com grande fluxo de pessoas, cargas ou mercadorias — o que definitivamente não é o caso do Suriname, uma ex-colônia holandesa com pouco mais de 500 mil habitantes e que tem como principal atividade econômica a mineração.

O enigma só seria desvendado no final dos anos 1990, quando o pesquisador brasileiro Aldo Malavasi passou a fazer relações populacionais entre o Suriname e a Indonésia. "Cerca de 15% da população do Suriname é formada por descendentes de javaneses, trazidos da Indonésia pelos colonizadores holandeses no século XIX como força de trabalho, em substituição aos escravos. O Suriname tornou-se independente apenas em 1975, mas ainda mantém fortes relações econômicas e culturais com a Holanda. Mais de 90% do comércio e das viagens internacionais acontecem com esse país. Até pouco tempo atrás, a companhia aérea KLM era a única empresa a operar voos no Suriname", afirma Malavasi, que trabalhou como diretor do programa de erradicação da mosca-da-carambola no Suriname entre 1999 e 2002.

A longa distância entre o sudeste asiático e o norte da América do Sul, porém, não permitiria uma introdução por linhas marítimas regulares — uma viagem de até 40 dias. Nesse cenário, as larvas não resistiriam. Para Malavasi, estava claro que a introdução da mosca-da-carambola na América do Sul se deu por meio de um viajante da Indonésia, que partiu de avião da capital, Jacarta, rumo a Amsterdã e de lá para Paramaribo. "A mosca, muito provavelmente, foi introduzida por poucos frutos, talvez dois ou três exemplares com larvas", diz o pesquisador. "Como encontrou condições climáticas favoráveis e por ter uma capacidade de reprodução muito elevada, logo se estabeleceu."

AGRADEÇA AOS AGROTÓXICOS POR ESTAR VIVO

Devido à falta de especialistas na região, nada foi feito para combater a praga na década de 1970. Novos exemplares foram coletados em 1981. Desta vez, foram enviados ao Departamento de Agricultura dos Estados Unidos, que identificou o inseto como uma variação da mosca-do-oriente, já reconhecida como uma das pragas mais perigosas para a fruticultura em todo o mundo. Novamente, nenhuma providência foi tomada. Apenas em 1986, mais de dez anos após a primeira detecção, a comunidade científica se deu conta dos riscos da presença da mosca-da-carambola no Suriname, uma vez que ela representava uma séria ameaça à produção de frutas nas Américas tropical e subtropical, além do Caribe. Mas era tarde demais. Àquela altura, a mosca estava amplamente disseminada pela região.

Sem predadores naturais, a praga logo alcançou a Guiana Francesa e, em seguida, o Brasil. As autoridades brasileiras agiram rapidamente e em poucos meses conseguiram erradicar a praga do Amapá, mas a proximidade com a Guiana Francesa, que a essa altura já abrigava uma grande população da mosca, facilitou o seu retorno ao país, dessa vez em definitivo. Oiapoque, no extremo norte do Brasil, fica a apenas 6 quilômetros de distância da vila de Saint-Georges, na Guiana. As cidades são separadas somente pelo rio Oiapoque, o que permite o trânsito constante dos insetos entre os países.

"A introdução da mosca-da-carambola via Guiana Francesa é constante. O país não faz nenhum tipo de controle. Eles dizem que a praga não é um problema para eles, já que não existe produção de frutas por lá", afirma Cristiane de Jesus Barros, pesquisadora da Embrapa Amapá. A Guiana é até hoje um território ultramarino da França, utilizado basicamente para o lançamento de foguetes e satélites. A agricultura é praticamente inexistente. De acordo com os dados oficiais, a produção total de frutas do país não chega a 100 toneladas, o que tornaria o combate às moscas mais caro do que o valor de toda a sua produção. Isso explica a falta de interesse do governo francês em erradicar a praga.

No Brasil, a mosca-da-carambola avançou ao longo da BR-156, estrada que liga Oiapoque à capital, Macapá, um trajeto de 500 quilômetros, sempre atacando pequenas propriedades. O modelo de produção agrícola no Amapá é altamente favorável à proliferação da praga. As áreas de cultivo, por não serem

O INIMIGO MORA AO LADO

comerciais, não são organizadas por culturas. Os frutos estão nos quintais das casas e também nas áreas urbanas. "Existe uma disponibilidade constante de alimentos", afirma a pesquisadora da Embrapa. "A mosca vai na manga, em seguida passa para a goiaba, depois para a acerola, e assim por diante. Sempre tem um hospedeiro para colocar seus ovos", diz.

Por sorte, a mosca-da-carambola não ataca frutos nativos do Brasil. Assim, a floresta amazônica tem agido como um obstáculo natural para conter o seu avanço. O maior perigo, segundo os especialistas, é a presença da mosca na capital Macapá, de onde partem diariamente barcos para Belém e Santarém. É normal as pessoas da região carregarem frutos para presentear amigos ou parentes em outras áreas, o que aumenta o risco de disseminação das larvas.

Apesar de manter a mosca-da-carambola sob controle, o Brasil abriga outros tipos de moscas que causam prejuízos aos produtores e limitam as exportações brasileiras de frutas. A mais importante delas, a *Ceratitis capitata*, também conhecida como mosca-do-mediterrâneo, foi identificada pela primeira vez no país há mais de cem anos, em São Paulo. Até o início dos anos 1980, estava restrita às regiões Sudeste e Sul, mas hoje está presente em praticamente todo o território nacional, atacando mais de cinquenta espécies frutíferas — entre elas as culturas de cítrus, uva e acerola. De acordo com o Fundo de Defesa da Citricultura (Fundecitrus), estima-se que haja uma perda de 30 a 50% em áreas infestadas pela peste.

Outras moscas de importância econômica presentes no Brasil são a *Anastrepha grandis* (que ataca principalmente o melão, a melancia e a abóbora) e a *Anastrepha fraterculus* (maçã, pêssego e mamão). Dados do Ministério da Agricultura mostram que essas pragas causam um prejuízo anual de até US$ 120 milhões aos produtores brasileiros, entre perdas de produção e custos de controle. A presença das moscas também inviabiliza a exportação de frutas frescas para mercados mais exigentes — e rentáveis —, como Japão, Estados Unidos e Chile. Em setembro de 2015, a ex-ministra da Agricultura Kátia Abreu anunciou um investimento de R$ 128 milhões até 2018 para o combate às moscas-das-frutas no Brasil. O objetivo do governo é aumentar as áreas livres da praga e expandir o número de propriedades aptas a exportar.

AGRADEÇA AOS AGROTÓXICOS POR ESTAR VIVO

O crescimento do trânsito de cargas e pessoas, observado principalmente a partir da década de 1960, tem favorecido a disseminação de diversas espécies invasoras ao redor do mundo. Desde então, os países produtores precisam garantir a sanidade das mercadorias exportadas, sob pena de sanções comerciais. Desde 2003, o Brasil possui uma área de pouco mais de 14 mil quilômetros quadrados reconhecida internacionalmente como livre da *Anastrepha grandis*. A região, que abrange vinte municípios no Rio Grande do Norte e Ceará, é a única no país habilitada a exportar frutas para países como Estados Unidos, Chile e Argentina. A produção nesta área, porém, é limitada e impede o aumento das vendas externas brasileiras.

"Estamos buscando o reconhecimento de uma área geográfica maior, o que permitiria que outros municípios produzissem frutas para exportação", afirma o fruticultor Tom Prado, sócio da Agropecuária Itaueira, que possui fazendas no Ceará, na Bahia e no Piauí. "Hoje, eu só posso exportar das fazendas dentro das áreas livres. Com o reconhecimento de novas áreas, poderei exportar também a produção das outras propriedades. Países como os Estados Unidos, que são livres da *Anastrepha grandis*, exigem que você tenha a certificação para não correrem o risco de uma eventual entrada da mosca", explica.

O Brasil exportou em 2015 cerca de 3% de sua produção total de frutas, o equivalente a pouco mais de 790 mil toneladas. Apenas como comparação, as exportações de açúcar chegam a 68% do total produzido, as de café, a 53%, e as de milho, a 28%. Tudo isso sem causar qualquer tipo de desabastecimento no mercado interno. O potencial de crescimento das exportações de frutas, portanto, é gigantesco, mas as barreiras fitossanitárias ainda são um grande problema para o país.

Uma missão do Ministério da Agricultura da China esteve no Brasil em janeiro de 2016 com o objetivo de conhecer as principais áreas produtoras de melão e melancia do Nordeste. Os técnicos visitaram a região da Serra do Apodi, no Ceará, uma área já considerada livre da *Anastrepha grandis*, com o objetivo de retirar as barreiras fitossanitárias atualmente existentes para as frutas produzidas no território nacional. De acordo com a Abrafrutas, a abertura do mercado chinês para o melão e a melancia poderia significar um incremento de até US$ 230 milhões ao ano às exportações brasileiras.

O INIMIGO MORA AO LADO

As moscas, como vimos, têm tirado o sono dos fruticultores e dificultado as vendas externas, mas é a quantidade cada vez menor de produtos para o combate a essas pragas o que mais assusta neste momento. Existe no Brasil hoje um movimento de proibição de defensivos químicos comprovadamente eficientes, mesmo sem substitutos aprovados para uso no país — fato que tem gerado uma sensação de insegurança no campo. Para os especialistas, a questão é muito mais ideológica do que científica e pode até colocar em risco a produção brasileira de frutas. O movimento foi "importado" da Europa, meca dos ambientalistas, onde o agronegócio sobrevive graças aos polpudos subsídios concedidos por governos para que os produtores rurais se mantenham na atividade.

Por lá, muitos defensivos já foram retirados do mercado sob o argumento de serem nocivos aos humanos e ao meio ambiente. Há alguns anos, os europeus baniram o uso dos inseticidas organofosforados, amplamente utilizados desde os anos 1960 e até hoje um dos mais eficazes no combate às moscas-das-frutas em todo o mundo. No Brasil, são usados inclusive no controle de pragas urbanas, como o *Aedes aegypti*. Os fosforados têm uma característica que os torna necessários em alguns casos: eles são os únicos pesticidas que combatem as larvas dentro dos frutos — caso da mosca-da-carambola. Mesmo assim, influenciadas pelos países europeus, as autoridades brasileiras decidiram proibir a utilização de diversos produtos fosforados na fruticultura.

"Em países como Dinamarca, Finlândia e Suécia, a utilização desse grupo químico muitas vezes é desnecessária, pois a área cultivada é reduzida, o inverno é rigoroso e as lavouras estão livres de pragas importantes como as moscas-das-frutas", afirma Marcos Botton, pesquisador da Embrapa Uva e Vinho. "Eles são usados no restante do mundo com sucesso e são fundamentais em estratégias de manejo da resistência", explica. As regras para o uso desses produtos também são confusas no Brasil. Existem hoje substâncias proibidas na agricultura, como triclorfom e fenthion, mas que são autorizadas para uso animal, dificultando a compreensão dos critérios que levam ao banimento de determinados produtos.

AGRADEÇA AOS AGROTÓXICOS POR ESTAR VIVO

Outra dificuldade é a falta de registro de agroquímicos para algumas culturas de menor escala, conhecidas como "*minor crops*", o que torna o combate às pragas muitas vezes uma atividade ilegal. Em muitos países, os registros dos agrotóxicos são feitos por pragas. Assim, um determinado inseticida pode combater uma espécie invasora onde quer que ela esteja. No Brasil, no entanto, o registro precisa ser feito por cultura, ou seja, o agricultor só poderá combater o inseto se ele estiver em uma cultura registrada para o produto. Se o inseto migra para uma lavoura vizinha, a 50 metros de distância, e passa a atacar uma outra cultura não registrada, o combate torna-se irregular.

Um exemplo prático vem da região Sul do Brasil, onde existem milhares de agricultores que cultivam frutas como ameixa, cítrus, maçã e pêssegos, muitas vezes numa mesma propriedade ou próximas entre si. O dimetoato e o methidathion são inseticidas do grupo químico dos organofosforados, autorizados para o controle de pragas em cítrus e maçãs. "Mas se um desses inseticidas for empregado para o controle de uma praga em ameixa ou no pessegueiro, o produtor estará na ilegalidade, mesmo que a quantidade de resíduo detectada nos frutos não apresente risco à saúde. É um problema estritamente regulatório que precisa ser resolvido", afirma Botton.

O aumento da incidência de moscas-das-frutas no país pode estar relacionado à retirada dos inseticidas organofosforados, comprovadamente eficientes, do mercado — os novos defensivos, além de mais caros, não apresentam a mesma eficácia. "A retirada é preocupante em termos de erradicação, pois esses são atualmente os produtos com maior potencial contra os insetos", afirma Cristiane de Jesus Barros, da Embrapa Amapá. De acordo com a pesquisadora, outras formulações têm sido testadas, porém sem a mesma eficácia demonstrada pelos fosforados. A guerra do Brasil contra as moscas continua. O problema é que, a partir de agora, teremos cada vez menos armas para nos defender.

A proibição de defensivos agrícolas motivada por questões ambientais é uma tendência observada em todo o mundo. Desta forma, melhor do que depender dos agroquímicos é evitar a entrada de novos predadores. Em economias altamente dependentes do agronegócio, como a brasileira, a defesa agropecuária é encarada como uma questão de soberania nacional, já que, além dos danos econômicos já vistos, as espécies exóticas podem levar a problemas ainda mais graves, como a dependência externa de produtos básicos. "Quando o país propõe-se a defender suas fronteiras da entrada de novas pragas e a combater as espécies aqui existentes e que estejam causando danos expressivos, ele está, na verdade, protegendo um patrimônio intangível, que é a sanidade da nossa agricultura, sem a qual estaríamos fadados a consumir alimentos mais caros e de menor qualidade."[11]

No Brasil, o serviço de defesa agropecuária é de responsabilidade do Ministério da Agricultura, que atua por meio do Sistema de Vigilância Agropecuária Internacional (Vigiagro) na inspeção de animais, vegetais e subprodutos importados nos aeroportos internacionais, portos, postos de fronteira e aduanas especiais. Todos os anos, várias toneladas de mercadorias proibidas são apreendidas pela Vigiagro, desde itens considerados menos perigosos, como queijos não industrializados, até materiais com alto potencial de propagação de micro-organismos, como frutas frescas com resíduos de terra. Trata-se de um trabalho importante e realizado com extrema competência pelos fiscais agropecuários. O principal problema, contudo, é o número insuficiente de postos de fiscalização no Brasil, apenas 106[12] — muito pouco diante do tamanho das fronteiras do país.

É preciso lembrar ainda que, além do controle fitossanitário, as autoridades aduaneiras também são responsáveis por verificar documentações e coibir a entrada de armas de fogo, drogas, animais, cigarros e outros tipos de contrabando em território brasileiro. Com tantas coisas com que se preocupar, o combate às pragas nem sempre é visto como uma prioridade. Para piorar, no Brasil, a sensação que se tem é a de que o transporte irregular de alimentos *in natura* e plantas é considerado pelas autoridades um delito menor, que muitas vezes passa despercebido.

O que mais chama a atenção, no entanto, é o nível de desinformação da população em relação ao assunto, independentemente de idade, grau de escolaridade ou classe social. Prova disso é que a maioria esmagadora das pessoas que transportam organismos invasores não são bioterroristas — elas o fazem

AGRADEÇA AOS AGROTÓXICOS POR ESTAR VIVO

por pura ingenuidade. Pense no mochileiro, que encarou mais de cinco dias de viagem de ônibus do Peru até o Brasil e levou na bolsa meia dúzia de frutas pensando em economizar no lanche. Ou naquela sua tia-avó, que trouxe flores lindas da Europa com a intenção de plantá-las no sítio da família. Certamente, nenhum deles teve a intenção de cometer algum tipo de infração. Mas ambos colocaram em perigo a agricultura nacional.

No caso do mochileiro, um risco pequeno, decorrente do descarte dos resíduos das frutas e suas sementes ao longo do caminho. Já a tia-avó poderia ser considerada uma criminosa, caso desembarcasse em países como a Austrália ou a Nova Zelândia, onde a defesa agropecuária é levada realmente a sério. Isso porque as mudas, estacas e bulbos têm uma probabilidade vinte vezes maior de estarem infestados por pragas do que as sementes.[13] De acordo com os especialistas, espécies como oliveiras, videiras e as plantas ornamentais são as que oferecem maiores chances de infestação quando importadas.

Mas não pense que o trabalho dos fiscais agropecuários se limita a abordar vovozinhas em busca de arranjos de flores. A rotina nos aeroportos é bem agitada. Diariamente são apreendidos inúmeros produtos suspeitos, provenientes dos quatro cantos do planeta — e que em muitos casos beiram o bizarro. O cardápio é variado. Entre uma galinha-d'angola (crua) vinda da Etiópia e um cuy — uma espécie de porquinho-da-índia — trazido ainda sangrando da Bolívia, é comum aparecerem vegetais com alto potencial contaminante, como raízes da China, bananas do Haiti, mangas da Nigéria e bulbos da Itália, apenas para citar alguns. Não raro também são encontrados produtos desconhecidos até mesmo pelas autoridades brasileiras, muitos com larvas. As fotos (disponíveis no blog Mala Ilegal,[14] mantido por um grupo de funcionários da Vigiagro) impressionam.

Se por um lado o Brasil reforça sua defesa agropecuária e passa a apreender cada vez mais materiais com potencial de propagação de pragas, a má notícia é que muita coisa ainda consegue entrar. Tecnicamente, é impossível deter 100% dos produtos ilegais que chegam ao país, uma vez que a checagem das bagagens é feita por amostragem. Também não existe qualquer tipo de punição aos passageiros flagrados com produtos de origem vegetal ou animal não

O INIMIGO MORA AO LADO

declarados. Nesses casos, os fiscais são instruídos a apreender e destruir todo o material irregular e depois liberar o viajante. Isso quer dizer que o único risco que a sua tia-avó correu ao desembarcar em território nacional foi o de ficar sem as suas flores.

É muito difícil fazer uma defesa agropecuária eficiente quando não há sequer uma advertência formal aos passageiros desinformados nem multas para os reincidentes, que poderiam variar conforme a gravidade da situação. Não estou aqui querendo criar leis ou burocratizar ainda mais o processo de imigração, mas algo precisa ser feito para conscientizar a população sobre os perigos da importação ilegal de vegetais. O Brasil poderia se espelhar nos exemplos da Austrália, Nova Zelândia, Chile e Argentina — países que também têm o setor agropecuário como motor da economia, mas que não medem esforços para proteger suas lavouras. Tente entrar em um desses territórios portando materiais vegetais ou sementes escondidos na mala. Você certamente vai arrumar uma grande encrenca.

A Austrália é hoje uma referência mundial em prevenção de riscos fitossanitários. Por lá, o combate às pragas é tratado como assunto de segurança nacional, o que faz com que a fiscalização nos portos, aeroportos e estradas interestaduais seja extremamente rígida. O primeiro aviso aos turistas está logo na área de desembarque, onde existem placas alertando sobre a proibição da entrada de vegetais, mensagem que é reforçada pela presença de cães farejadores nas filas da imigração. Tanta preocupação tem um motivo: isolados ao sul dos oceanos Índico e Pacífico, os australianos, que já sofrem com a escassez de recursos naturais, como a água, não podem se dar ao luxo de colocar em risco também a produção agrícola.

Buscando garantir a sanidade de suas plantações e o status fitossanitário do país, a Austrália possui desde o início do século XX uma política bem definida de mitigação do risco da entrada de pragas e doenças, assim como de erradicação de pestes já existentes. A defesa agropecuária australiana é sustentada por legislações federais, estaduais e dos territórios. A principal lei que rege o tema na Austrália é o Ato da Quarentena, de 1908, que estabelece a base legal para a prevenção e controle de entrada de pessoas, embarcações,

111

AGRADEÇA AOS AGROTÓXICOS POR ESTAR VIVO

bens, animais e plantas no país, além do manejo de riscos associados.[15] Na prática funciona assim: enquanto os federais fazem a primeira inspeção nos postos de imigração, as autoridades estaduais atuam como uma barreira adicional de segurança, realizando um trabalho de averiguação das cargas em trânsito dentro do país.

O estado de South Australia, por exemplo, é um grande produtor de frutas cítricas, uvas e amêndoas, com o diferencial de ser o único entre os seis territórios australianos integralmente livre das moscas-das-frutas. O status fitossanitário diferenciado permite que os agricultores da região exportem para mercados mais rentáveis, como os Estados Unidos, o Japão e a Tailândia — atualmente inacessíveis aos outros estados devido à presença dos insetos. Como forma de proteger a produção local, existe uma lei em South Australia que proíbe a entrada de frutas, vegetais e plantas provenientes de outros estados — exceção feita às companhias previamente registradas, mediante certificações que garantam a sanidade dos produtos.[16] Os viajantes comuns são terminantemente proibidos de transportar qualquer tipo de alimento *in natura*, sob pena de multas que podem chegar a A$ 100 mil.

Na região de Riverland, onde fica de fato a área livre de moscas-das-frutas, o acesso é ainda mais restrito. Nem mesmo os frutos produzidos no estado de South Australia são permitidos nessa zona de exclusão. Vegetais cultivados em hortas caseiras são considerados artigos ainda mais perigosos, já que não passam por qualquer tipo de fiscalização prévia. Ao longo da rodovia que dá acesso às nove cidades que formam a região de Riverland, existem tanto placas que avisam sobre a proibição quanto postos de coleta para os produtos vetados que eventualmente estejam sendo transportados. A polícia, por sua vez, faz o patrulhamento em todas as rodovias que dão acesso à área, realizando blitz regulares em busca de frutas e vegetais em geral.[17]

Uma vez em Riverland, é permitido carregar frutas adquiridas localmente na mochila, desde que se tenha em mãos também os recibos de compra dos produtos. Por que isso? Porque os cupons fiscais servem como garantia da proveniência dos alimentos. Eles levam até o estabelecimento de venda, de onde é possível rastrear a origem exata de cada um dos vegetais vendidos na loja

O INIMIGO MORA AO LADO

por meio de códigos exclusivos dos fornecedores. Se alguma inconformidade for detectada, é possível contatar o produtor e ajudar a resolver o problema.

Mesmo com tantos mecanismos de defesa, a região não está totalmente livre da ameaça das moscas. Em abril de 2016, alguns insetos suspeitos foram identificados em um subúrbio de Adelaide, a principal cidade do estado, distante cerca de 100 km da área de exclusão de Riverland. As autoridades agiram com rapidez, isolando a área, espalhando armadilhas e promovendo uma grande campanha de conscientização entre os moradores da região.[18] O foco foi erradicado em poucas semanas e o estado de South Australia manteve o status de livre das moscas-da-frutas.

Mais próxima da realidade brasileira, a Argentina também sofre há décadas com a presença de moscas na maior parte do seu território. Nem mesmo o Programa Nacional de Control y Erradicación de Mosca de los Frutos, implementado na província de Mendoza no início dos anos 1990, foi capaz de garantir a sanidade na região, conhecida internacionalmente pela qualidade de suas uvas. Em julho de 2016, após a detecção de insetos em seus parreirais, a província de Mendoza perdeu temporariamente seu status fitossanitário.[19] A única região argentina reconhecida hoje como livre das moscas-das-frutas é a Patagônia e essa condição é mantida graças a um dos mais eficientes modelos de combate às pragas em operação na América Latina.

Esqueça a organização australiana. O sistema de defesa agropecuária da Patagônia foi completamente reestruturado há alguns anos, após a região quase perder o status fitossanitário devido às seguidas detecções de moscas-das-frutas em suas lavouras. Em ao menos três oportunidades (2006, 2009 e 2011), as autoridades reportaram de forma oficial a presença de insetos — por sorte, em todos os casos os focos foram considerados erradicados e a região se manteve com status inalterado. O susto, porém, fez com que novos métodos de controle fossem adotados no sul da Argentina.

Assim como em Riverland, também não é permitido entrar com alimentos frescos na Patagônia.[20] A fiscalização fitossanitária nas estradas da região, de responsabilidade da Fundación Barrera Zoofitosanitaria Patagónica, é extremamente rigorosa. Todos os carros que chegam à região passam por um

AGRADEÇA AOS AGROTÓXICOS POR ESTAR VIVO

pente fino. Já os caminhões, além de inspecionados, ainda são submetidos a um processo de fumigação com inseticidas antes de serem liberados para entrar nas áreas de carga e descarga. Todo o custo da operação é bancado pela iniciativa privada, através do pagamento de uma taxa sobre as cargas escoadas. São apenas alguns dólares por tonelada que garantem a segurança da produção e o acesso aos principais mercados compradores de frutas em todo o mundo. É o tipo de seguro que vale a pena.

Por fim, mas não menos importante, é preciso falar sobre outra ameaça que também tem cruzado com facilidade as fronteiras brasileiras: os agrotóxicos ilegais. De acordo com o Sindicato Nacional da Indústria de Produtos para Defesa Vegetal (Sindiveg), cerca de 20% dos defensivos agrícolas utilizados no país podem ser considerados ilegais, entre produtos falsificados e contrabandeados — um mercado estimado em US$ 2 bilhões ao ano. Apesar de pouco conhecido nos centros urbanos, o tráfico de pesticidas teve início na década de 1990, quando inúmeros agricultores do oeste do Paraná passaram a comprar herbicidas para soja no Paraguai, onde os preços são até 50% menores do que os praticados no Brasil.

A técnica utilizada na época era conhecida como "contrabando-formiga", ou seja, o produtor comprava agroquímicos para uso próprio e um excedente para um vizinho ou um grupo de amigos, quase sempre em pequenas quantidades. Com o passar do tempo, os contrabandistas profissionais entraram no negócio e a atividade expandiu-se para outros estados do Brasil. Hoje, o volume de vendas no país é tão alto que os contraventores passaram a concorrer de forma indireta (e desleal) até mesmo com as indústrias fabricantes.

Os produtos são trazidos do Paraguai com extrema facilidade. Por serem superconcentrados, os defensivos são vendidos em embalagens leves e compactas, que podem ser facilmente escondidas na bagagem. Para se ter uma ideia do volume, existem praguicidas cujo uso recomendado é de apenas 4 g/ha — o equivalente a quatro pacotinhos de sal que, diluídos em água, podem pulverizar uma área pouco maior do que um campo de futebol. Com 1 quilo desse princípio ativo, é possível tratar até 250 hectares de lavouras. Em uma mochila, é possível trazer o suficiente para suprir as necessidades de uma propriedade rural de porte médio durante um ano.

O INIMIGO MORA AO LADO

Outro atrativo desse mercado paralelo é a disponibilidade de produtos não registrados no Brasil, como o inseticida benzoato de emamectina, citado no capítulo anterior — um exemplo clássico de como a burocracia brasileira pode abrir espaços para ilegalidades. Em 2014, enquanto as lavouras de norte a sul do país eram devoradas pela *Helicoverpa armigera*, o Ministério Público trabalhava pela proibição do benzoato, até então o único pesticida eficaz no combate às lagartas, devido à falta de registro no Brasil. Veja bem, não estamos falando de algo novo e completamente desconhecido. O benzoato é um produto aprovado para uso em mais de setenta países, o que seria mais do que suficiente para sua liberação, em caráter de emergência, conforme recomendado pelo Ministério da Agricultura na época. Não foi o que aconteceu.

Diante de um impasse que parecia não ter fim, os agricultores, obviamente, não ficaram de braços cruzados esperando por uma definição. Suas plantações estavam sob ataque e eles precisavam de uma solução rápida. As multinacionais, que já possuíam o benzoato em estoque em outros países e tinham condições de fazer um trabalho educativo junto aos aplicadores em campo, estavam impedidas de vender o produto por aqui. Abriu-se, então, uma brecha para os vendedores clandestinos, já que o princípio ativo estava disponível no Paraguai — e em quantidade suficiente para abastecer até mesmo parte do mercado brasileiro. O que fazer nessa situação? Muitos produtores optaram por desafiar a lei e garantir a própria colheita.

"Somente em 2014, o Paraguai importou US$ 110 milhões excedentes à sua necessidade interna de benzoato de emamectina. Esses produtos muito provavelmente foram trazidos para o Brasil informalmente, sem registros de agrotóxicos nem regularização das importações", afirma Silvia Fagnani, vice-presidente executiva do Sindiveg. Segundo informações extraoficiais repassadas por revendedores de defensivos de Mato Grosso, estima-se que pelo menos uma das aplicações realizadas no estado na safra 2015-16, tenha sido feita com benzoato contrabandeado. Não é pouca coisa. Trata-se de uma área de quase 9,5 milhões de hectares pulverizada com inseticidas irregulares.

Os especialistas na área costumam dizer que o contrabando nada mais é do que uma empresa de logística. Ela atende sob demanda. O mesmo con-

AGRADEÇA AOS AGROTÓXICOS POR ESTAR VIVO

traventor que entra em território nacional com um iPhone ou uma máquina fotográfica de forma ilegal pode perfeitamente trazer defensivos agrícolas em sua bagagem. Basta encontrar alguém disposto a comprar a mercadoria no momento em que ele cruzar a fronteira de volta. Interessados não faltam, uma vez que os agrotóxicos trazidos do Paraguai são produtos de boa qualidade, muitas vezes iguais aos oferecidos no Brasil. A única diferença está na embalagem. De acordo com a legislação brasileira, é necessário que o rótulo e a bula estejam escritos em português. Nos lotes contrabandeados, todas as instruções estão em espanhol. Na grande maioria dos casos, o produtor rural sabe quando está adquirindo um agroquímico importado.

Do ponto de vista dos criminosos, a venda de praguicidas também é um negócio extremamente interessante. Afinal, não é toda hora que se encontra um produto de alto valor agregado, fácil de carregar, com muita liquidez no mercado e que ainda ofereça uma margem de lucro generosa. Neste caso, até o risco é baixo. Isso porque a legislação brasileira considera a importação irregular de agrotóxicos um crime de sonegação fiscal, que prevê penas leves — no máximo quatro anos de prisão. Se o infrator for réu primário, as chances de ir para a cadeia são mínimas. Para muita gente, o custo-benefício desse tipo de operação vale a pena.

Hoje em dia, porém, o contrabando de agroquímicos via Paraguai não é mais novidade para ninguém — muito menos para as autoridades brasileiras. As principais rotas utilizadas pelos bandidos são conhecidas pela polícia há tempos.[21] A fiscalização nas áreas de fronteira também está bem mais reforçada hoje em dia, o que inibiu, em parte, a ação dos marginais. No entanto, conforme o cerco sobre os contrabandistas foi se fechando, o crime organizado decidiu migrar para uma nova modalidade, ainda mais rentável: a falsificação de defensivos agrícolas no Brasil. A produção local teve início em 2008 e desde então cresceu de forma assustadora. Em 2016, os falsificados já respondiam por metade dos pesticidas ilegais apreendidos no país, um mercado que movimenta cerca de US$ 1 bilhão ao ano.

Os agrotóxicos piratas, esses sim oferecem grandes riscos aos agricultores. Diferentemente dos artigos contrabandeados, quem compra um pesticida fal-

O INIMIGO MORA AO LADO

sificado não sabe que está levando gato por lebre, visto que eles são vendidos com nota fiscal, em embalagens novas, possuem rótulos e bulas em português e até lacres de segurança. Os criminosos ainda utilizam elementos químicos como o enxofre para dar "cheiro de veneno", corantes e até gelatina em pó para engrossar a calda e dar um aspecto mais realista ao conteúdo. O grande problema é que não há qualquer tipo de ingrediente ativo nessas misturas, o que torna esses defensivos totalmente ineficazes no combate às pragas.

O sucesso dos produtos falsificados pode ser atribuído exclusivamente à diferença de preços em relação aos originais, que podem chegar a 20%. Como os agroquímicos estão entre os insumos que mais pesam no bolso do empresário rural, uma boa negociação pode fazer a diferença no resultado final da safra. Tomando como exemplo um produtor que precise tratar uma área de 5 mil hectares, um desconto de R$ 10 por hectare significa uma economia total de R$ 50 mil. É o suficiente para trocar de caminhonete no final do ano. Sem dúvida, um negócio tentador. O que muitos esquecem é que esse tipo de transação é feito geralmente via internet, por meio de sites de classificados como OLX e Mercado Livre, que fazem apenas a intermediação da venda. Dessa forma, é impossível saber se o vendedor é idôneo ou não.

Em dezembro de 2014, o Grupo de Atuação Especial de Combate ao Crime Organizado (Gaeco) de São Paulo conseguiu desmantelar uma das principais quadrilhas especializadas em falsificação de agrotóxicos no Brasil. Fruto de cinco meses de investigação, a operação Lavoura Limpa apreendeu na região de Franca cerca de R$ 5 milhões em praguicidas ilegais que seriam vendidos no Rio Grande do Sul, Goiás, Minas Gerais e Bahia. No total, trinta pessoas foram presas e condenadas por formação de quadrilha, venda de matéria--prima ou mercadoria em condições impróprias ao consumo, estelionato, falsificação de documentos e lavagem de dinheiro.[22] Segundo o Ministério Público, a quadrilha lucrou mais de R$ 20 milhões com a venda de agrotóxicos piratas nos últimos anos.

Mas não são só os bandidos que podem se dar mal. O agricultor flagrado com agroquímicos ilegais também pode ter problemas sérios com o Ibama, a justiça e até com os próprios criminosos. Isso porque, de acordo com a legisla-

AGRADEÇA AOS AGROTÓXICOS POR ESTAR VIVO

ção brasileira, quem é flagrado utilizando produtos falsos ou contrabandeados pode ter a plantação destruída ou a produção apreendida pelas autoridades. Em 2016, duas lavouras de soja em Mato Grosso do Sul foram autuadas pelo Ibama pelo uso de pesticidas não registrados no Brasil contrabandeados do Paraguai. Em um dos casos, o produtor foi multado em R$ 1,2 milhão e teve toda a produção de 1.680 ha confiscada. No outro, multa de R$ 500 mil, além da destruição total da lavoura. Desde 2001, porém, apenas mais uma ocorrência do tipo foi registrada: no Paraná, em 2014.

Até mesmo quem não é pego em flagrante está sujeito a punições judiciais, já que a compra de produtos piratas é considerada crime de receptação e sonegação fiscal. Se ficar comprovado que as transações são recorrentes, a situação fica ainda mais complicada, uma vez que o produtor ainda pode ser enquadrado como integrante da quadrilha. A relação com os bandidos também não costuma ser das mais amistosas. Assim como um traficante de drogas, o contrabandista entrega a encomenda de forma adiantada e volta para receber seu pagamento tempos depois. E se por algum motivo o agricultor não tiver o dinheiro na data combinada, ele certamente sofrerá as consequências — tal qual o usuário de drogas que deixa de pagar seu fornecedor.

5. Ideologia, a pior praga

Um homem chega à delegacia para prestar queixa contra sua esposa. O delegado pergunta: "Por que o senhor desconfia que a sua mulher está tentando matá-lo?" O cidadão, com cara de assustado, responde: "Ela me serviu pimentão, alface e tomate no jantar. E de sobremesa morango e uva!" A charge, criada pelo cartunista Amarildo e publicada originalmente no jornal capixaba *A Gazeta* em dezembro de 2011,[1] poderia ser apenas mais um exemplo da parcialidade de alguns veículos de comunicação quando o assunto são os agrotóxicos. Mas dessa vez a coisa foi ainda mais grave, já que essa verdade foi imposta aos quase 6 milhões de estudantes que prestaram o Exame Nacional do Ensino Médio (Enem) em 2015.[2] O Brasil, como sabemos, é uma nação com vocação agrícola. O agronegócio responde por quase um terço do Produto Interno Bruto do país e há muito tempo é responsável pelo equilíbrio de nossa balança comercial. O tema, portanto, deveria ser tratado de forma menos passional e mais científica. A ilustração, que relaciona o uso de pesticidas a uma tentativa de assassinato, vinha seguida da pergunta: "Na charge há uma crítica ao processo produtivo agrícola brasileiro relacionada ao...

A — elevado preço das mercadorias no comércio.

B — aumento da demanda por produtos naturais.

C — crescimento da produção de alimentos.

D — hábito de adquirir derivados industriais.

E — uso de agrotóxicos nas plantações."

AGRADEÇA AOS AGROTÓXICOS POR ESTAR VIVO

A história mostra que o personagem correria mais riscos de morrer em decorrência do consumo de um alimento orgânico contaminado pela bactéria *E. coli* do que pelos resíduos de agroquímicos eventualmente encontrados nos produtos convencionais, o que nos leva a crer que a alternativa correta seria a "B". Não era. Por estarmos no Brasil, onde a ciência não é levada a sério e a ideologia está enraizada até mesmo nos órgãos responsáveis pela educação, só pontuou o candidato que assinalou a opção "E". Ou seja, um aluno mais bem-informado fatalmente acabaria punido com uma nota mais baixa e sairia atrás na disputa por uma vaga em uma universidade pública. Não é possível saber qual foi o índice de acerto nessa questão, uma vez que o Instituto Nacional de Estudos e Pesquisas Educacionais Anísio Teixeira (Inep), responsável pela elaboração da prova, não respondeu à solicitação de entrevista até a conclusão deste livro.

O que os técnicos do Inep parecem desconhecer é o fato de que se hoje o Brasil é referência mundial na produção de alimentos, fibras e biocombustíveis, isso só foi possível graças à adoção de novas tecnologias no campo — entre elas o uso de defensivos agrícolas. Uma reportagem publicada pelo jornal *O Estado de S. Paulo*, em março de 1948, dá uma ideia da revolução causada pela chegada ao país dos primeiros inseticidas químicos descobertos no pós--guerra. O texto destaca os resultados "impressionantes" obtidos nos testes iniciais, o amplo espectro de ação desses produtos e a possibilidade de, pela primeira vez, controlar de forma eficaz as pragas.

> Os efeitos impressionantes dos inseticidas descobertos no pós-guerra sobre a broca-do-café fizeram esquecidas em parte as experiências que estão sendo desenvolvidas em relação a outras pragas da lavoura e dos animais. Entretanto, cada dia que passa, tanto dos Estados Unidos quanto de vários países europeus chegam conclusões favoráveis ao emprego não só do Hexacloreto de Benzeno mas também de outros inseticidas orgânicos. Alguns deles foram de início empregados no combate ao gafanhoto, na Argentina, no Uruguai e no nosso país, ficando imediatamente comprovadas suas excelentes qualidades, tanto no extermínio do inseto adulto como no dos saltões. Há mesmo um inseti-

IDEOLOGIA, A PIOR PRAGA

cida fabricado no Brasil que em concentrações baixas se mostrou eficiente contra pragas, como o curuquerê-do-algodoeiro, o gafanhoto, a mosca-do--mediterrâneo, a vaquinha-da-batatinha, a broca-do-algodoeiro, os pulgões de diferentes plantas, as lagartas e outras. A ideia da fabricação desse novo inseticida partiu do descobrimento, no pós-guerra, de um poderoso inseticida que vinha sendo empregado na Alemanha, o Bladan, ou Hexaetiltetrafosfato, que imediatamente passou a ser fabricado também em diferentes países, inclusive no Brasil. Tudo indica que daqui por diante, se as experiências de campo comprovarem os ótimos resultados dos ensaios de laboratório, será possível reunir dois ou três inseticidas e com apenas uma pulverização, ou duas, dominar perfeitamente as pragas que atacam o algodoeiro.[3]

No entanto, conforme os pesticidas se popularizavam entre os agricultores, também ganhavam seus primeiros críticos nas áreas urbanas. Em 1962, o lançamento do livro *Primavera silenciosa*, da bióloga Rachel Carson, marcou o início do ecologismo nos Estados Unidos e da cruzada contra os agroquímicos em todo o mundo. Considerado uma evolução dos movimentos hippie e pacifista, o ambientalismo logo se espalhou pela Europa Ocidental, Japão e Austrália, até chegar ao Brasil, já no início dos anos 1970.

Curiosamente, os capítulos iniciais da luta contra os agrotóxicos no país têm como personagem principal um ex-executivo da indústria química: o engenheiro agrônomo José Lutzenberger. Filho de imigrantes alemães, Lutzenberger trabalhou durante muitos anos para algumas das principais empresas do setor, como a Ciba-Geigy e a Basf, sendo responsável inclusive pela introdução dos defensivos agrícolas em alguns países africanos. Influenciado pelas ideias de Rachel Carson, porém, ele decidiu mudar de lado em 1970. No ano seguinte, fundou a Associação Gaúcha de Proteção ao Ambiente Natural (Agapan), uma das primeiras entidades ambientalistas do Brasil, e passou a combater o uso de praguicidas.

Na década de 1980, a campanha contra os agrotóxicos partiu do Rio Grande do Sul rumo aos estados de Santa Catarina, Paraná, São Paulo e Rio de Janeiro. Mesmo assim, até meados dos anos 1990 praticamente não se ouvia

AGRADEÇA AOS AGROTÓXICOS POR ESTAR VIVO

falar em alimentos orgânicos no Brasil. A preocupação do brasileiro naquela época era com a inflação, que corroía a renda do consumidor e reduzia, dia após dia, o poder de compra da população. Mesmo sendo um mercado que já crescia 20% ao ano nos Estados Unidos, ainda não havia espaço para luxos desse tipo por aqui.

Foi somente a partir de 1994, com a implementação do Plano Real e a estabilização da economia, que o segmento de orgânicos começou a se estabelecer no país. Nesse momento, os agricultores alternativos começaram a se organizar em associações e a vender frutas e legumes diretamente aos consumidores em feiras especializadas, como a do Parque da Água Branca, em São Paulo. A produção, porém, ainda era limitada. Em alguns casos, era necessário fazer os pedidos com antecedência. Por outro lado, a diferença de preços em relação aos convencionais não era tão grande, já que não existiam atravessadores no negócio. Durante muito tempo, o consumo de alimentos orgânicos era muito mais uma filosofia do que uma questão de status.

A histeria em torno da alimentação "natural" teve início há cerca de quinze anos — e coincide com a chegada desses produtos às grandes redes de supermercados. De uma hora para outra, os agrotóxicos se tornaram os maiores inimigos da sociedade. O assunto ganhou espaço nos programas de televisão, da Ana Maria Braga ao *Jornal Nacional*, sempre com matérias sensacionalistas e apoiadas em informações distorcidas. A solução para o problema surgia nos intervalos comerciais, quando os anunciantes ofereciam orgânicos lindos, livres de todo o mal da humanidade, pelo triplo do preço regular. Repetida à exaustão, a história colou. Hoje em dia temos um vilão incontestável (e indefensável), enquanto os orgânicos batem recordes de vendas, mesmo em tempos de crise. Ponto para os varejistas.

Como já vimos, menos de 1% dos vegetais vendidos no Brasil possuem algum tipo de certificação, o que os torna inacessíveis a uma parcela significativa da população brasileira. Ainda assim, existem pessoas que insistem em criticar os pesticidas e tratar os alimentos produzidos de forma convencional como contaminantes em potencial. Não são poucos os artistas que fazem campanha pelo banimento dos agrotóxicos, como se isso fosse benéfico à maioria das

IDEOLOGIA, A PIOR PRAGA

pessoas. Mesmo sem o conhecimento dos médicos ou dos agrônomos, falam bobagens com convicção e acabam por influenciar milhões de pessoas.

A chef Bela Gil talvez seja atualmente o maior expoente dessa nova geração de adeptos da culinária natural/orgânica. Filha do cantor Gilberto Gil, ela era uma ilustre desconhecida até voltar dos Estados Unidos e ganhar um programa na TV a cabo em que ensina receitas saudáveis, mas que parecem não convencer nem mesmo os seus convidados,[4] como o célebre churrasco de melancia. Fora das telas, também ganhou destaque pelos hábitos pouco ortodoxos, como escovar os dentes com cúrcuma (o que de acordo com especialistas pode até trazer riscos à saúde)[5] ou comer a placenta do filho recém-nascido misturada em uma vitamina de banana.[6]

Bela Gil também é conhecida pelo seu ativismo contra os agrotóxicos. Em fevereiro de 2016, a apresentadora convocou seus quase 700 mil seguidores no Facebook para mudar o resultado de uma consulta pública promovida pela Anvisa referente ao banimento do carbofurano, um inseticida amplamente utilizado nas lavouras de milho. No momento da postagem, o grupo que defendia a permanência do produto no mercado tinha cerca de mil votos de vantagem. Em poucas horas, porém, mais de 10 mil opiniões foram computadas e o pleito terminou com 81% dos votos favoráveis ao banimento do pesticida.[7]

A mobilização seria louvável não fosse o fato de a grande maioria dessas pessoas não ter a menor ideia das consequências do banimento do carbofurano em suas vidas. Para elas, foi como uma votação do *Big Brother*. O objetivo era eliminar um agrotóxico do jogo. O que Bela Gil não contou para os seus seguidores é que, se o produto for retirado do mercado, ele certamente será substituído por outro agroquímico, mais caro, o que fatalmente causará um aumento no preço do milho. Para a chef, de família abastada e que nunca precisou se preocupar em pesquisar os preços dos alimentos, não fará muita diferença. Para os 10 mil fãs que votaram sob sua influência, isso talvez seja um problema.

Nos últimos tempos, Bela Gil também tem aproveitado sua popularidade nas redes sociais para fazer propaganda de estabelecimentos especializados na venda de produtos orgânicos, segundo ela, "comida boa e sem veneno, culti-

AGRADEÇA AOS AGROTÓXICOS POR ESTAR VIVO

vada por gente do bem"[8] — como se os agricultores que produzem de forma convencional os outros 99% dos alimentos vendidos no país fossem do mal. Não resisti e fui dar uma olhada no site de um dos fornecedores indicados por ela. A primeira impressão foi ótima. Tudo muito bonito, com uma narrativa comovente e um ar de rusticidade típico da fazenda. Até me senti mais feliz. Mas essa alegria toda passou quando comecei a ver os valores exorbitantes cobrados pelas frutas, verduras e legumes, todos vendidos via e-commerce e pagos com cartão de crédito.

A diferença de preços em relação aos alimentos vendidos nos supermercados é absurda. No sítio A Boa Terra,[9] 1 quilo de maçã gala orgânica custa R$ 33,90. No varejo,[10] o produto convencional é vendido por R$ 6,90, ou quase cinco vezes menos. Já 1 quilo de cebola sai por extorsivos R$ 17,40, o suficiente para comprar mais de 13 quilos de cebola convencional, vendida a R$ 1,33 o kg. Existem ainda outras aberrações, como a cenoura (R$ 9,90 a versão orgânica, contra R$ 1,35 da convencional), o pepino (R$ 19,90 contra R$ 3,35) e o alho (R$ 98 contra R$ 16,90). Ser saudável, do ponto de vista da Bela Gil, é para poucos.

A também chef Paola Carosella é outro exemplo de personalidade que usa o ativismo para turbinar os seus ganhos. Desconhecida até pouco tempo, ela se tornou uma celebridade após entrar para o time de jurados do *MasterChef*, um dos programas de maior audiência da TV brasileira. A apresentadora conta com mais de 500 mil seguidores no Facebook, em que faz uma campanha permanente contra os defensivos agrícolas. "Existe uma ilusão de que precisamos da agricultura convencional, com agrotóxicos, para alimentar o mundo", afirmou, em um de seus textos. Pode até ser que ela acredite nisso. Talvez fosse melhor mesmo proibir todos os agroquímicos e fazer com que as pessoas gastem até treze vezes mais com os alimentos "naturais", não é mesmo?

Enquanto isso não acontece, Paola, dona do restaurante Arturito, segue vendendo suas saladas orgânicas por módicos R$ 35.[11] Se não tivesse esse toque gourmetizador, seria muito difícil convencer alguém a pagar tanto por um punhado de folhas. A chef, obviamente, não tem entre seus fornecedores o sítio dos amigos da Bela Gil. Para reduzir custos, ela compra seus insumos

IDEOLOGIA, A PIOR PRAGA

diretamente de uma cooperativa de produtores orgânicos localizada em Parelheiros, no extremo sul de São Paulo, evitando, assim, intermediários. A parceria é destacada até no cardápio do seu restaurante. Como não se sensibilizar diante de tamanha generosidade?

Em agosto de 2016, Paola Carosella posou mais uma vez de defensora do meio ambiente nas redes sociais. Mesmo sem saber muito bem sobre o que estava falando, publicou um vídeo em sua página no Facebook convocando seus seguidores para uma audiência pública em que seria discutido um projeto de lei, "o PL alguma coisa", que tinha como objetivo desburocratizar a aprovação de novos agroquímicos no país. Nas palavras dela, o "que hoje demora entre cinco e dez anos iria para cem dias, dois meses". Contada pela metade, essa proposta realmente parece absurda. Ela só se esqueceu de dizer (ou fez questão de omitir) que a avaliação que demora entre cinco e dez anos no Brasil é feita em até 24 meses nos Estados Unidos, enquanto a proposta de redução de prazo para dois meses seria aplicada apenas a produtos já registrados em outros países. Isso muda tudo, não?

O vídeo tendencioso teve mais de 3,2 milhões de visualizações, cerca de 55 mil curtidas e foi compartilhado ao menos 32 mil vezes. Os números superlativos, no entanto, não se traduziram em um sucesso de público. Menos de duzentas pessoas se deram ao trabalho de ir até a Faculdade de Saúde Pública da USP acompanhar o debate e expor suas ideias. Nem mesmo a chef Paola Carosella apareceu por lá — uma prova de que as pessoas movidas pela ideologia adoram fazer barulho nas redes sociais, mas fazem muito pouco na vida real. No fim das contas, o encontro serviu apenas para oficializar a criação de mais um fórum de combate aos agrotóxicos, o vigésimo do tipo no Brasil.

Às vésperas das eleições municipais de 2016, Paola, que é nascida na Argentina, ainda fez campanha pelos candidatos comprometidos com a agricultura familiar (sem citar nomes, é preciso dizer), sugerindo que as prefeituras priorizassem as compras de alimentos orgânicos para a merenda escolar, medida que pressionaria ainda mais as contas dos municípios. "O Brasil pode ser um país agroecológico. Podemos alimentar os nossos bebês, as nossas crianças e adolescentes com comida limpa, saudável, amorosa, orgânica e local. A tran-

AGRADEÇA AOS AGROTÓXICOS POR ESTAR VIVO

sição não será da noite para o dia, mas é possível. Se informe sobre o que a sua candidata ou candidato vão fazer pelo fomento à agricultura orgânica e quais as suas iniciativas na merenda escolar", escreveu a chef no dia 1º de outubro.

Em São Paulo, isso já é uma realidade. Sob o argumento de melhorar a qualidade das refeições servidas às crianças matriculadas na rede municipal de ensino, o ex-prefeito Fernando Haddad (PT) sancionou em março de 2015 a Lei 16.140, que torna obrigatória a inclusão de alimentos orgânicos ou de base agroecológica na alimentação escolar. A nova lei permite que a prefeitura pague até 30% a mais por esses produtos, uma verdadeira afronta aos contribuintes paulistanos. "É óbvio que não conseguiremos comprar orgânicos no mesmo preço que o alimento produzido em latifúndios. Por isso, é preciso uma autorização legal para, pagando um pouco mais, ir introduzindo o alimento orgânico nas escolas e fazer com que as crianças fiquem mais saudáveis",[12] afirmou o ex-prefeito.

"É muito importante esse diálogo da saúde com a educação. Essa preocupação que nós temos de que a alimentação escolar possa de fato desenvolver hábitos corretos na vida de uma criança. O significado disso é essencial na vida de uma pessoa. A nossa grande preocupação é que as crianças tenham uma alimentação saudável. Que elas aprendam a comer coisas que possam fazer bem para a vida dela, para a saúde dela, para sua história. O que investimos em uma alimentação saudável a gente economiza em medicamentos, em problemas com saúde",[13] justificou, de forma comovente, o então secretário municipal de Educação, Gabriel Chalita (PDT), investigado por crimes de formação de quadrilha, lavagem de dinheiro, fraude a licitação, peculato, além de corrupção ativa e passiva no período em que foi chefe da pasta estadual, entre 2002 e 2006.[14]

Até 2012, apenas 1% dos recursos do Programa Nacional de Alimentação Escolar repassados ao município de São Paulo eram investidos em alimentos provenientes da agricultura familiar. Em 2016, último ano da gestão Haddad, o montante já respondia por 27% do total.[15] Outro achego dado aos pequenos produtores foi a criação de uma zona rural especial na região de Parelheiros (coincidentemente onde estão instalados os parceiros

IDEOLOGIA, A PIOR PRAGA

da chef Paola Carosella), que prevê o financiamento e diversos incentivos fiscais para a produção agroecológica na cidade de São Paulo.

Ações como essas rendem manchetes positivas nos jornais, mas na prática beneficiam um grupo pequeno de pessoas e contribuem para um aumento significativo dos gastos públicos. Mais grave: ainda abrem espaço para a corrupção. De acordo com o artigo 4º da Lei 16.140 de 2015, a aquisição de alimentos orgânicos ou de base agroecológica pelo município de São Paulo deve ser realizada prioritariamente por meio de chamada pública de compra, uma modalidade de concorrência menos rígida e que já se mostrou problemática em outras oportunidades.

Um exemplo recente é o caso que ficou conhecido como Máfia da Merenda, um esquema de superfaturamento de alimentos que envolveu o governo de São Paulo e pelo menos 37 prefeituras do interior paulista, descoberto em 2015. A quadrilha, que agia sob o nome de Cooperativa Orgânica Agrícola Familiar (Coaf), se aproveitava da Lei Federal nº 11.325/2006, que prevê incentivos para a compra de alimentos para merenda escolar junto a pequenos produtores rurais, sempre via chamada pública, para corromper políticos e obter contratos milionários com os órgãos públicos.

Na prática, funcionava assim: a cooperativa firmava contratos para a venda de suco de laranja integral produzidos por pequenos produtores da região de Bebedouro (SP), cobrando um valor bem mais alto, justamente por ser oriundo da agricultura familiar. De acordo com as investigações da Polícia Civil de São Paulo, porém, a Coaf entregava um suco processado por grandes indústrias da região — um produto exatamente igual, mas que não teria direito ao bônus. Um litro de suco de laranja, que para a entidade custava R$ 3,70, era revendido aos entes públicos por R$ 6,80. Os contratos da cooperativa somente com o governo estadual somavam um total de R$ 11,4 milhões. Tudo em nome da saúde das nossas crianças.

A impressão que se tem ao analisar a fundo a questão dos agrotóxicos no Brasil é a de que não existe muito interesse em explicar a realidade à população. Se os pesticidas químicos fossem realmente um perigo para a sociedade, todos eles, sem exceção, já teriam sido banidos no mundo todo. Mas, ao que parece,

AGRADEÇA AOS AGROTÓXICOS POR ESTAR VIVO

é melhor tê-los por perto e, com isso, valorizar seus concorrentes. Imagine se os alimentos convencionais deixassem de existir. Qual seria o argumento de vendas dos orgânicos? Nenhum. Da noite para o dia, eles cairiam numa vala comum, deixando de lado o rótulo de produtos premium para se tornar simples commodities. Isso, evidentemente, não vai acontecer — pelo menos enquanto tiver gente faturando alto com essa diferenciação.

Mesmo os veículos de comunicação, que têm o dever de informar o público de forma isenta, acabam pressionados pelos anunciantes, direta ou indiretamente. É óbvio que, se perguntados, nenhum deles nunca irá admitir essa influência do comercial sobre o editorial, mas os números do mercado anunciante nos dão uma ideia do que acontece nos bastidores. De acordo com dados da consultoria Euromonitor, as empresas ligadas ao comércio varejista (leia-se supermercados) são os maiores anunciantes do Brasil, com um investimento estimado em R$ 21,7 bilhões em 2014. O ramo de alimentos também aparece entre os grandes anunciantes, contribuindo com mais de R$ 6 bilhões em propagandas nos jornais, revistas, rádio, televisão e na internet. Já o setor agropecuário, considerado o motor da economia nacional, contribui com apenas R$ 267 milhões para o bolo publicitário brasileiro.

Dados os números, me responda: na sua opinião, quem tem maior prestígio e simpatia entre os diretores, comerciais ou editoriais, dos veículos de comunicação: a turma que lucra com a "alimentação saudável" ou as multinacionais fabricantes de agroquímicos, altamente reguladas e que respondem por apenas uma fração do investimento total feito pelo setor agropecuário? Pois é. Esse é um detalhe que passa despercebido da maioria da pessoas, mas que ajuda a explicar o fato de, nas novelas, o fazendeiro quase sempre ser o vilão — seja na pele do senhor do engenho, do rei do gado ou do produtor de frutas que quer "envenenar" a população, como em *Velho Chico*, folhetim exibido pela Rede Globo em 2016.

"Trata-se de uma obra de ficção, que nada tem a ver com a realidade. A vida real não é nada daquilo que a novela mostra, que os artistas mostram. São pessoas que não estão no dia a dia da produção do campo. Não existe como você fazer uma agricultura para abastecer 7 bilhões de pessoas — e devemos

IDEOLOGIA, A PIOR PRAGA

chegar a 9 bilhões até 2050 — se você não tiver tecnologia. Os defensivos são ferramentas que vieram para possibilitar ao agricultor uma produção em grande escala", afirma Luiz Barcelos, fruticultor e presidente da Associação Brasileira dos Produtores e Exportadores de Frutas e Derivados (Abrafrutas). "Nós vivemos em uma sociedade cada vez mais urbana, o que obriga as pessoas que ainda estão no campo a produzir cada vez mais comida para abastecer os grandes centros. Quem vive na cidade não tem ideia de como funciona o sistema de produção de alimentos. Mesmo assim, muita gente ainda faz críticas infundadas, repetindo coisas com mais base ideológica do que científica."

Para piorar ainda mais a situação, o outro lado da história não pode ser contado nem mesmo nos intervalos comerciais. Isso porque, de acordo com a Constituição brasileira, a propaganda de agrotóxicos é enquadrada na mesma categoria do tabaco, bebidas alcoólicas, medicamentos e terapias, sofrendo, assim, diversas restrições legais. A mais séria delas, prevista na Lei Federal nº 9.294/96, é a limitação da publicidade de pesticidas a programas e publicações dirigidos aos agricultores e pecuaristas. Ou seja, a indústria de agroquímicos só pode falar com quem já conhece e utiliza seus produtos, enquanto a população urbana, a que mais carece de informações, tem o seu direito de esclarecimento tolhido.

Tal situação leva a dois problemas principais. O primeiro são as frequentes autuações às empresas do setor, que em muitos casos chegam a centenas de milhares de reais. O segundo, e mais grave do ponto de vista da reputação, é a limitação do direito de resposta, o que facilita a vida dos difamadores de plantão. Em 2012, o Tribunal Regional Federal do Rio Grande do Sul condenou a Monsanto a pagar uma multa de R$ 500 mil por danos morais aos consumidores. O motivo foi a veiculação, em 2004, de uma propaganda em que, de acordo com denúncia do Ministério Público Federal, relacionava o uso de sementes de soja transgênicas e do herbicida glifosato como benéficos ao meio ambiente.[16]

A campanha, que foi veiculada em emissoras de rádio e televisão, além de revistas e jornais segmentados, trazia um diálogo em que um pai explicava ao filho o significado da palavra "orgulho".

AGRADEÇA AOS AGROTÓXICOS POR ESTAR VIVO

— Pai, o que é o orgulho?

— O orgulho: orgulho é o que eu sinto quando olho essa lavoura. Quando eu vejo a importância dessa soja transgênica para a agricultura e a economia do Brasil. O orgulho é saber que a gente está protegendo o meio ambiente, usando o plantio direto com menos herbicida. O orgulho é poder ajudar o país a produzir mais alimentos e de qualidade. Entendeu o que é orgulho, filho?

— Entendi. É o que sinto de você, pai.

Aos olhos da ciência, o diálogo não traz nenhuma mentira. A produtividade por hectare da soja transgênica é, sim, muito maior do que a apresentada pelo produto convencional e o plantio direto — além de exigir menos herbicidas, ainda protege o solo contra a erosão. Desde que o Brasil passou a adotar tais tecnologias, a produção brasileira cresceu absurdamente, enquanto a área plantada se manteve praticamente estável. Isso não é benéfico ao meio ambiente? Para muita gente, não. Logo após a sentença, o blogueiro Leonardo Sakamoto, famoso por atacar as grandes corporações e defender políticos corruptos, postou um texto ironizando o comercial.

No texto "Os agrotóxicos fazem bem à saúde e são nossos amigos",[17] além de dar amplo destaque à condenação da Monsanto (que ainda não era definitiva) e dizer que ficou com "vergonha alheia", Sakamoto ainda afirmou que "o Brasil continua sendo rápido para aprovar produtos químicos que trazem lucro a poucos e lento para tirá-los de circulação ou punir quem abusou — quando fica provado que causam danos a muitos". Sinceramente, eu gostaria de saber de onde ele tirou essas conclusões, tanto da rapidez na aprovação quanto dos danos comprovados. A Monsanto recorreu da decisão do Tribunal Regional Federal e, em 2013, reverteu a condenação.[18] O post, entretanto, segue inalterado no Blog do Sakamoto, sem uma atualização ou qualquer tipo de desmentido.

A situação se torna ainda mais preocupante quando constatamos que, no Brasil, o discurso dos detratores é alimentado por instituições tidas como sérias, que supostamente fazem um trabalho de pesquisa isento, mas que nos últimos anos se transformaram em ilhas de ideologia. Hoje em dia, é quase

IDEOLOGIA, A PIOR PRAGA

impossível encontrar alguma reportagem relacionada aos agrotóxicos que não tenha como fonte a Agência Nacional de Vigilância Sanitária (Anvisa), a Fundação Oswaldo Cruz (Fiocruz), o Instituto Nacional do Câncer José de Alencar (Inca), a Associação Brasileira de Saúde Coletiva (Abrasco), ou os "professores" Wanderlei Pignati, da Universidade Federal do Mato Grosso, e Raquel Rigotto, ligada à Universidade Federal do Ceará. Essas entidades, apesar do prestígio adquirido ao longo dos anos, se tornaram fábricas de informações frágeis e amplamente contestadas pela comunidade científica — mas que ainda assim são aceitas por inúmeros veículos de comunicação.

O caso da Anvisa é certamente o mais problemático. A agência reguladora, criada em 1999 com o objetivo de assegurar a saúde da população brasileira, sempre teve um olhar mais crítico em relação aos agroquímicos — o que faz todo sentido —, mas acabou vítima de um aparelhamento com a chegada do Partido dos Trabalhadores à presidência. Desde então, a ideologia se instalou na Anvisa. Dirigentes e técnicos responsáveis pela avaliação de novos produtos passaram a apoiar abertamente as campanhas contra os agrotóxicos, ao mesmo tempo que funcionários eram exonerados por suspeita de corrupção. Até o Programa de Análise de Resíduos de Agrotóxicos (PARA), que avalia a condição dos alimentos vendidos no país, foi usado para disseminar o medo (história que veremos no próximo capítulo).

A situação só começou a mudar com a chegada do advogado Jaime Oliveira à presidência da instituição, em 2014. Contrário à filosofia que havia tomado conta da entidade, o novo mandachuva da agência promoveu uma verdadeira faxina na Anvisa, exonerando diversos gerentes e servidores envolvidos com o ativismo. Oliveira deixou o cargo no ano seguinte, alegando problemas pessoais. Foi substituído por Jarbas Barbosa, médico sanitarista e epidemiologista, que segue tentando recolocar a agência nos trilhos. Fora da Anvisa, alguns desses funcionários parecem ter mudado radicalmente de opinião, visto que passaram a prestar serviços para as indústrias fabricantes de agroquímicos.

Já a Fundação Oswaldo Cruz, tradicional instituição fundada em 1900, era até bem pouco tempo uma referência em pesquisas científicas no Brasil. Mas assim como a Anvisa, também sofreu com o aparelhamento do PT e desde

AGRADEÇA AOS AGROTÓXICOS POR ESTAR VIVO

então tem deixado a saúde pública em segundo plano para se concentrar no combate aos agrotóxicos. Em 2003, a Editora Fiocruz lançou o livro *É veneno ou é remédio?* — *agrotóxicos, saúde e ambiente*, um compilado de artigos produzidos por pesquisadores do Centro de Estudos da Saúde do Trabalhador e Ecologia Humana da Escola Nacional de Saúde Pública da Fundação Oswaldo Cruz, (Cesteh/Ensp/Fiocruz). Não é preciso ir além do prefácio para entender o posicionamento da entidade em relação ao assunto.

"Com o lançamento desta obra, o mercado editorial brasileiro ganha mais uma importante contribuição de cientistas de diferentes instituições de pesquisa sobre os riscos do uso indiscriminado de agrotóxicos nas lavouras. Trata-se de uma abordagem interdisciplinar, tendo como foco os efeitos perniciosos desses produtos à saúde humana, ocasionados tanto pela ingestão de alimentos contaminados quanto pela exposição ocupacional a que estão sujeitos milhares de trabalhadores rurais. Também são destacados os impactos ambientais negativos resultantes da contaminação do solo, da água e do ar, cujos efeitos se manifestam em forma e intensidade variáveis, afetando seriamente o equilíbrio dos sistemas biológicos. Outros aspectos inerentes ao problema central são pontificados ao longo dos artigos."[19]

Nos anos seguintes, a Fundação seguiu lutando contra os pesticidas, seja apoiando filmes tendenciosos, como *O veneno está na mesa*, do cineasta Sílvio Tendler, ou participando de fóruns radicais, como a Campanha Permanente Contra os Agrotóxicos e Pela Vida. Mesmo assim, por ser uma organização vinculada ao Ministério da Saúde, a Fiocruz também tem participado ativamente dos processos de reavaliação de agroquímicos — evidentemente, sempre recomendando o banimento dos produtos —, em um caso clássico de conflito de interesses.

O Inca, por sua vez, é uma instituição que tem se mostrado um tanto quanto contraditória, o que pode ser explicado pela frequente troca de chefia (foram quatro diretores somente entre 2015 e 2016). Também vinculado ao Ministério da Saúde, o órgão é responsável pelo desenvolvimento e coordenação das ações integradas para a prevenção e o controle do câncer no Brasil. Em seu site oficial, o Instituto afirma que "de todos os casos, 80 a 90% dos

IDEOLOGIA, A PIOR PRAGA

cânceres estão associados a fatores ambientais. Alguns deles são bem conhecidos: o cigarro pode causar câncer de pulmão, a exposição excessiva ao sol pode causar câncer de pele, e alguns vírus podem causar leucemia. Outros estão em estudo, tais como alguns componentes dos alimentos que ingerimos, e muitos são ainda completamente desconhecidos".[20] O texto indica ainda os principais fatores de risco de natureza ambiental: tabagismo, alcoolismo, hábitos sexuais, medicamentos, agentes ocupacionais e radiação solar. Os agrotóxicos nem sequer são citados.

A instituição, no entanto, foi perdendo seu protagonismo nos últimos anos. Em 2014, o Inca, que até então era a maior referência em câncer no país, deixou de ter um representante no colegiado gestor do Ministério da Saúde. Em 2015, foi obrigado a dispensar cerca de seiscentos colaboradores por falta de recursos. A situação se tornou crítica e, pior, sem qualquer perspectiva de melhora. Era preciso chamar a atenção, e, para isso, nada melhor (e mais fácil) do que atacar os agrotóxicos e levar o medo à população, mesmo sem qualquer dado novo. Às vésperas do Dia Mundial da Saúde, celebrado no dia 7 de abril, o Instituto divulgou um posicionamento repleto de informações "requentadas",[21] praticamente um compilado das acusações de sempre — o Brasil é campeão no uso de agrotóxicos, cada brasileiro ingere 5,2 litros de pesticidas ao ano, e por aí vai... A seguir, destaco alguns trechos do material, que fala muito mais sobre os benefícios da agricultura agroecológica do que da relação entre os agroquímicos e o câncer:

> O objetivo deste documento é demarcar o posicionamento do Inca contra as atuais práticas de uso de agrotóxicos no Brasil e ressaltar seus riscos à saúde, em especial nas causas do câncer. Dessa forma, espera-se fortalecer iniciativas de regulação e controle destas substâncias, além de incentivar alternativas agroecológicas aqui apontadas como solução ao modelo agrícola dominante... Considerando o atual cenário brasileiro, os estudos científicos desenvolvidos até o presente momento e os marcos políticos existentes para o enfrentamento do uso dos agrotóxicos, o Instituto Nacional de Câncer José Alencar Gomes da Silva (Inca) recomenda o uso do Princípio da Precaução e o estabelecimento de

AGRADEÇA AOS AGROTÓXICOS POR ESTAR VIVO

ações que visem à redução progressiva e sustentada do uso de agrotóxicos, como previsto no Programa Nacional para Redução do uso de Agrotóxicos (Pronara)... Entre os efeitos associados à exposição crônica a ingredientes ativos de agrotóxicos podem ser citados infertilidade, impotência, abortos, malformações, neurotoxicidade, desregulação hormonal, efeitos sobre o sistema imunológico e câncer... Em substituição ao modelo dominante, o Inca apoia a produção de base agroecológica em acordo com a Política Nacional de Agroecologia e Produção Orgânica. Este modelo otimiza a integração entre capacidade produtiva, uso e conservação da biodiversidade e dos demais recursos naturais essenciais à vida. Além de ser uma alternativa para a produção de alimentos livres de agrotóxicos, tem como base o equilíbrio ecológico, a eficiência econômica e a justiça social, fortalecendo agricultores e protegendo o meio ambiente e a sociedade. A elaboração e a divulgação deste documento têm como objetivo contribuir para o papel do Inca de produzir e disseminar conhecimento que auxilie na redução da incidência e mortalidade por câncer no Brasil.

No dia seguinte, o material, que mais parecia um manifesto contra a agricultura intensiva do que um informe técnico, rendeu manchetes sensacionalistas nos principais jornais de norte a sul do Brasil, o que apenas reforçou a imagem de vilão dos defensivos químicos e em nada contribuiu para o debate sobre o câncer no país.

Inca se posiciona pela 1ª vez pela redução do uso de agrotóxicos

Instituto Nacional de Câncer afirma que não se trata de "achismo ou por questões ideológicas", mas sim de evidências científicas

Estadão, 8 abr. 2015[22]

Inca recomenda a redução de agrotóxicos para diminuir incidência de câncer

Indústria de pesticidas minimiza documento divulgado pelo instituto, ligado ao governo federal

Correio Braziliense, 9 abr. 2015[23]

IDEOLOGIA, A PIOR PRAGA

Brasil lidera o ranking de consumo de agrotóxicos

Dados são de relatório divulgado nesta quarta-feira pelo Inca, que alerta para as consequências à saúde, como o câncer

O Globo, 8 abr. 2015[24]

Instituto Nacional de Câncer alerta para excesso de uso de agrotóxicos no Brasil

Segundo documento da instituição, país é o maior consumidor mundial de pesticidas

Zero Hora, 8 abr. 2015[25]

Por fim, temos a Associação Brasileira de Saúde Coletiva (Abrasco), uma entidade com pouquíssima representatividade, mas que se tornou nacionalmente conhecida pela luta incessante contra os praguicidas. Também signatária da Campanha Permanente Contra os Agrotóxicos e Pela Vida, a Associação ganhou notoriedade entre seus pares após a publicação, em 2012, do *Dossiê Abrasco*,[26] um livro com mais de seiscentas páginas que reúne informações deturpadas e trabalhos científicos questionáveis publicados no Brasil e no exterior ao longo dos últimos anos. O objetivo é tentar, de todas as maneiras, provar os malefícios dos agroquímicos para o homem e a natureza. O material, que conta com o apoio da Fiocruz e já ganhou até versão em espanhol, é frequentemente utilizado como fonte para reportagens jornalísticas, mesmo tendo o seu conteúdo contestado por muitos especialistas da área.

Um episódio recente de ideologia envolvendo a Abrasco aconteceu em fevereiro de 2016, período em que o Brasil vivia um surto do vírus zika e diversos casos de microcefalia em crianças recém-nascidas começaram a surgir, especialmente no Nordeste. A causa ainda era um mistério para os cientistas quando uma série de notícias que relacionava o problema ao uso do larvicida piriproxifeno — um produto aprovado pela Anvisa e utilizado no combate ao *Aedes aegypti* em todo o mundo — passou a circular na inter-

AGRADEÇA AOS AGROTÓXICOS POR ESTAR VIVO

net. As reportagens creditavam a informação a um relatório publicado dias antes pela Red Universitaria de Ambiente y Salud — Médicos de los Pueblos Fumigados, um grupo formado por médicos argentinos que combatem o uso de agroquímicos na agricultura.

O "estudo" mencionava ainda uma nota técnica da Abrasco, onde a entidade brasileira dizia "não ser uma coincidência" o uso do piriproxifeno em água potável e o aumento dos casos de microcefalia no Brasil. Em pouco tempo, a informação foi replicada em sites (inclusive os sérios) de todo o país, despertando um clima de insegurança na população e influenciando até as políticas de combate ao *Aedes aegypti* no Brasil. O impasse fez com que o governo do Rio Grande do Sul suspendesse o uso do larvicida em todo o estado, mesmo após o Ministério da Saúde divulgar uma nota descartando qualquer relação entre o uso do piriproxifeno e a microcefalia.

Se os jornalistas brasileiros compraram a história, o mesmo não aconteceu com a imprensa internacional, que não aceitou o fato de um produto registrado no Brasil há mais de uma década e utilizado também em países como Estados Unidos, França, Holanda, Espanha, Dinamarca, República Dominicana e Colômbia ser o causador das malformações nos fetos. Dias depois, descobriu-se que um dos autores do tal relatório era o médico Medardo Avila Vazquez, famoso pela sua luta contra os agrotóxicos na Argentina, e acusado de divulgar informações científicas distorcidas na imprensa. O estudo era, na verdade, uma grande falácia.

Procurada pela rede britânica BBC após a descoberta da farsa, a Abrasco alegou que tudo não passara de um mal-entendido.[27] Por meio de uma nota, a associação disse que em momento algum afirmou que os pesticidas, larvicidas ou outro produto químico fossem os responsáveis pelo aumento do número de casos de microcefalia no Brasil e que a nota técnica publicada em seu site afirmava apenas que considerava perigoso que o controle do *Aedes aegypti* fosse feito principalmente por meio do uso de larvicidas. É sempre assim: instituições guiadas pela ideologia geram o pânico e depois, quando são desmascaradas, dizem que foram mal-interpretadas.

IDEOLOGIA, A PIOR PRAGA

A justificativa da Abrasco, no entanto, não colou. Isso porque, entrevistada pelo jornal gaúcho *Zero Hora* três dias antes da matéria reveladora da BBC, Lia Giraldo, uma pesquisadora ligada à Fiocruz e membro da Abrasco, comentou a situação e não fez qualquer ressalva ao estudo argentino — muito pelo contrário, ela reforçou a tese, dizendo que a maioria dos casos de microcefalia ocorriam onde havia maior uso de produtos químicos, como mostra o trecho da reportagem:

> Para Lia Giraldo, pesquisadora da Fiocruz e professora da Universidade Federal de Pernambuco, dois elementos novos surgiram em um mesmo contexto: a presença do vírus e a aplicação do piriproxifeno na água. Porém, segundo ela, a ciência internacional "erroneamente" foca pesquisas apenas em um dos possíveis fatores, o vírus. "Buscam um modelo linear, de causa-efeito, quando, na verdade, a gente tem um cenário que possibilita um somatório de causas, de possibilidades para a doença: a microcefalia ocorre na região mais pobre, de menor saneamento e, consequentemente, de maior uso de produtos químicos. Não se pode ir por um único caminho", considera a médica sanitarista, membro da Associação Brasileira de Saúde Coletiva (Abrasco).[28]

Mesmo com a comprovação de que não havia qualquer relação entre o larvicida e o número elevado de bebês nascidos com microcefalia no Brasil, o governo do Rio Grande do Sul decidiu manter a proibição do uso do piriproxifeno na água potável em todo o estado, colocando em risco milhões de pessoas. "Vamos trabalhar mais no sentido de orientação. A Emater e a Secretaria de Saúde já trabalhavam na lógica de fazer o trabalho manual de cuidado, e não fazer a utilização do produto químico. Nós estamos tentando colocar o modelo do Rio Grande do Sul em um modelo que a Associação Brasileira de Saúde Coletiva (Abrasco) defende, com ênfase na prevenção", afirmou o secretário de Saúde, João Gabbardo dos Reis, na época.[29]

As pessoas que vivem nas grandes cidades em geral enxergam a discussão em torno dos agrotóxicos como um problema distante da sua realidade. O caso do Rio Grande do Sul prova que não é. Ainda assim, manipulados pela imprensa —

AGRADEÇA AOS AGROTÓXICOS POR ESTAR VIVO

que por sua vez é facilmente manipulada por estudos fajutos —, esses cidadãos não conseguem compreender que o problema nem sempre são os pesticidas, mas sim a falta deles. Foi justamente quando o Brasil passou a adotar o princípio da precaução em relação aos agroquímicos que o país passou a perder a guerra contra o *Aedes aegypti*. O mosquito, que já havia sido erradicado do território brasileiro em duas oportunidades — a primeira em 1958, e a segunda em 1973 —, voltou com força total no final dos anos 1980, período que coincide com a proibição do DDT.

Dessa vez, no entanto, o combate tem sido muito menos eficiente. Diante da patrulha ambientalista, as autoridades já não querem mais expor a população aos inseticidas químicos. Politicamente, não é um bom negócio. A consequência disso é que a saúde pública deixa de ser a prioridade e as pessoas acabam cada vez mais expostas aos insetos transmissores de doenças. A atual epidemia de dengue no Brasil já dura mais de trinta anos, com milhares de mortes registradas nesse período. De acordo com dados do Ministério da Saúde, somente em 2015 foram pelo menos 1,5 milhão de casos de zika, febre chikungunya ou dengue no país. "Hoje em dia não podemos usar os defensivos de antigamente porque se mostraram tóxicos. O DDT não se usa mais. Existem outros, menos tóxicos, mas talvez não tão eficazes", afirma Jorge Kalil, ex-diretor do Instituto Butantan.[30]

Assustado com o surto do vírus zika às vésperas dos Jogos Olímpicos do Rio, um amigo que vive nos Estados Unidos me disse não entender como o país ainda não havia resolvido o problema do *Aedes aegypti*, mesmo após tantos anos de combate. Segundo ele, alguns focos do mosquito foram identificados no Alabama no início de 2016, mas foram erradicados em poucas semanas graças a um trabalho coordenado das autoridades locais. Além do tradicional fumacê nas ruas, os agentes ainda passaram de casa em casa distribuindo larvicidas, para as piscinas e caixas-d'água, além de inseticidas, que deveriam ser pulverizados dentro das casas por meio dos sprinklers. Até livros de colorir com instruções de como combater o inseto foram distribuídos nas escolas da região, em inglês e espanhol. Resultado: em menos de um mês os invasores indesejados haviam desaparecido completamente.

IDEOLOGIA, A PIOR PRAGA

A história mostra que somente um combate ostensivo e com a utilização de todas as armas disponíveis é capaz de derrotar os insetos. Na década de 1950, um exército de agentes foi recrutado para mapear as áreas infestadas e dedetizar o maior número possível de imóveis, passando óleo dentro dos vasos de barro que guardavam água e borrifando nas paredes o inseticida DDT,[31] o que garantia proteção por até um ano. Nos anos 1970, a batalha contou até com a ajuda de aviões. A nova tecnologia permitia pulverizar grandes áreas em um curto espaço de tempo, um fator decisivo para a erradicação do *Aedes aegypti*.

Desde a proibição do DDT, o combate ao mosquito da dengue é feito com produtos menos agressivos (malathion ou piretroides) e que têm se mostrado pouco eficazes. A pulverização aérea desses inseticidas também se tornou alvo de críticas e acabou proibida em várias regiões do país. Hoje em dia, até mesmo os fumacês são malvistos por parte da população. Tudo isso em nome de uma ideologia. Pois é. No que depender da vontade dos ecologistas, os brasileiros ainda vão conviver com o *Aedes aegypti* por muito tempo.

6. Estamos todos envenenados?

Nos últimos tempos, quando assistimos na televisão às notícias sobre os alimentos produzidos no Brasil, a impressão que se tem é a de que estamos diante de um envenenamento coletivo. Por mais que se tente fugir dos produtos industrializados, as frutas e verduras frescas também estariam contaminadas por agrotóxicos, oferecendo, assim, riscos à população. Para os críticos, estamos todos morrendo aos poucos — e os culpados, como sempre, são os agricultores. Trata-se de um discurso forte e hoje aceito por muita gente nos grandes centros urbanos, mas que felizmente (ou infelizmente, para os detratores) está bem distante da realidade.

De acordo com dados do Instituto Brasileiro de Geografia e Estatística (IBGE), a expectativa de vida no país mais do que dobrou nos últimos cem anos. Até 1900, época em que o Brasil ainda era totalmente livre dos agrotóxicos, a esperança de vida ao nascer não chegava aos 34 anos.[1] No início dos anos 1940, quando começaram a surgir por aqui os primeiros defensivos químicos desenvolvidos no pós-guerra, a expectativa de vida havia subido para 41,5 anos,[2] média que seguiu crescendo nas décadas seguintes, apesar do uso cada vez maior de pesticidas nas lavouras. Em 1960, a média de vida dos brasileiros superou a marca dos 50 anos pela primeira vez na história, atingiu os 60 anos em 1980 e rompeu a casa dos 70 anos de idade em 2000. Em 2014 (último dado disponível), a expectativa de vida média no país, agora líder mundial em vendas de agrotóxicos, era de 75,4 anos.

AGRADEÇA AOS AGROTÓXICOS POR ESTAR VIVO

O mesmo raciocínio vale para a taxa de mortalidade infantil. Se em 1940, quando a agricultura brasileira era totalmente orgânica, o Brasil registrava 150 mortes a cada mil crianças nascidas vivas, hoje esse número é de apenas 14,4,[3] mesmo diante da suposta contaminação do leite materno por pesticidas proibidos no mundo todo, como bradam alguns "especialistas". Evidentemente, o avanço em ambos os índices não tem nada a ver com o uso de pesticidas, mas sim com a melhoria do saneamento básico e da ampliação dos serviços de saúde no interior do país. Ainda assim, as estatísticas sugerem que a ingestão de resíduos de agroquímicos não tenha impactado de forma negativa a saúde da população brasileira.

Pense bem: são mais de cinquenta anos de uso intensivo desses insumos, e as pessoas seguem vivendo mais e melhor, tanto nas cidades quanto no campo. Produtos bem mais fortes foram usados no passado, porém até hoje nenhum caso de intoxicação por resíduos de pesticidas em alimentos foi registrado no Brasil. Hoje em dia, com a substituição de praguicidas mais tóxicos por similares menos agressivos e longamente testados, a possibilidade de uma eventual contaminação é praticamente inexistente. Mesmo assim, a sensação de insegurança em relação aos vegetais *in natura* só aumenta. Como isso é possível?

Já mostramos como é possível "torturar" os números de modo que eles apresentem algo que nem sempre é o fator mais relevante dentro de um contexto maior. Um jornal, por exemplo, poderia tranquilamente publicar uma reportagem com a manchete: "Expectativa de vida do brasileiro dobra após a introdução dos agrotóxicos." Apesar de tendenciosa, a chamada não estaria incorreta, já que os dados do IBGE mostram isso. Tudo é uma questão de ponto de vista. O mesmo acontece com a divulgação de informações científicas. Dependendo de como os dados são apresentados, eles podem influenciar a interpretação do estudo como um todo — uma artimanha utilizada há tempos pelos defensores da "alimentação natural" na tentativa de convencer as pessoas menos informadas de que elas estariam sendo intoxicadas pelos resíduos de pesticidas presentes nas mercadorias convencionais.

ESTAMOS TODOS ENVENENADOS?

O Programa de Análise de Resíduos de Agrotóxicos (PARA), uma iniciativa da Anvisa com o objetivo de avaliar a qualidade dos alimentos vendidos no país em relação ao uso de pesticidas, talvez seja o principal responsável pelo atual clima de desconfiança em torno dos vegetais vendidos no Brasil. Inspirado em projetos semelhantes desenvolvidos em países europeus e nos Estados Unidos, o programa brasileiro de monitoramento foi lançado em 2001, mas só ganhou notoriedade quase uma década depois, ao despontar como fonte em centenas de reportagens sensacionalistas que denunciavam uma suposta contaminação dos alimentos por agroquímicos em todo o Brasil, como veremos mais adiante.

Na prática, funciona assim: os agentes do PARA coletam amostras de frutas, verduras e legumes comercializados no varejo em todo o território nacional e enviam o material para os laboratórios credenciados, onde são verificados se esses produtos apresentam níveis de resíduos de agrotóxicos e, em caso positivo, se estão dentro dos Limites Máximos de Resíduos (LMR) estabelecidos pela Anvisa. Os mesmos testes também permitem verificar se os agroquímicos utilizados estão devidamente registrados no Brasil e se foram aplicados em culturas para as quais não estão regulamentados. Sem dúvida, um trabalho de extrema importância no sentido de garantir a qualidade da produção brasileira e a saúde dos consumidores.

Mas o que deveria servir para informar a população, auxiliar as autoridades de fiscalização agropecuária e direcionar as políticas de assistência técnica rural, aos poucos transformou-se em um poderoso instrumento de ataque aos produtos convencionais, uma vez que o trabalho sempre esteve muito mais alinhado à ideologia dos dirigentes da Anvisa e do Ministério da Saúde do que à ciência propriamente dita. A divulgação dos dados do PARA teve início apenas em 2008 (com dados referentes ao período de 2001 a 2007), mas logo em seu primeiro relatório já deixava claro quem seria o vilão dessa história. A justificativa a seguir, um tanto quanto desconexa, é uma mostra de como o programa tem servido muito mais para confundir do que para explicar a situação dos agrotóxicos no Brasil.

AGRADEÇA AOS AGROTÓXICOS POR ESTAR VIVO

Diversos países como Estados Unidos, Holanda, Suécia e Inglaterra têm estabelecido programas de monitoramento de resíduos de agrotóxicos com análises contínuas e programadas. Pode-se afirmar que, atualmente, é frequente a identificação de resíduos de agrotóxicos nos alimentos e, em muitos casos, se detectam concentrações acima dos limites máximos de resíduos permitidos, além daqueles não autorizados. O PARA tem demonstrado que esta realidade se repete também em nosso país.

Segundo dados do Sindag [atual Sindiveg], o consumo de agrotóxicos no Brasil no ano de 2007 foi de cerca de US$ 5,4 bilhões. Desta forma, considerando-se o consumo em dez países que representam 70% do mercado mundial de agrotóxicos, o Brasil aparece em segundo lugar no ranking. Em âmbito nacional, o emprego de agrotóxicos nos estados do Espírito Santo, Goiás, Mato Grosso do Sul, Minas Gerais, Paraná, Rio Grande do Sul, Santa Catarina, São Paulo e Tocantins representa atualmente 70% do total utilizado no país.

Este cenário remete à urgente necessidade do estabelecimento no Brasil de programas que monitorem resíduos de agrotóxicos, nos diferentes meios afetados, isto é, água, solo, ar e alimentos *in natura* e processados. O PARA vem então atender, neste momento, a questão do controle da qualidade dos alimentos *in natura*.[4]

O PARA, na verdade, começou de forma modesta. Nos primeiros dois anos, as amostras eram coletadas em apenas quatro praças — Minas Gerais, Paraná, Pernambuco e São Paulo —, e as análises abrangiam somente nove culturas: alface, banana, batata, cenoura, laranja, maçã, mamão, morango e tomate. Com o tempo, porém, outros estados também aderiram ao programa, como Espírito Santo, Mato Grosso do Sul, Pará, Rio de Janeiro e Rio Grande do Sul, em 2003; Acre, Goiás, Santa Catarina e Tocantins, em 2004; além de Bahia, Sergipe e o Distrito Federal, em 2005. Entre 2001 e 2007, um total de 7.321 amostras de alimentos foram coletadas nessas regiões.

Apesar da introdução tendenciosa, é preciso admitir que a primeira divulgação do PARA, ainda que com informações pouco detalhadas, foi bem ponderada. "O histórico das irregularidades encontradas permite concluir que o maior problema, no tocante aos níveis de resíduos de agrotóxicos nos alimentos *in natura*, não está na forma de aplicação do produto na cultura

ESTAMOS TODOS ENVENENADOS?

além dos limites permitidos, mas sim no uso indiscriminado de agrotóxicos não autorizados para as culturas",[5] afirmava o documento. Neste levantamento, o morango aparece como o alimento mais "problemático", com um índice de inconformidade que variou de 37,7 a 54,5% ao longo dos anos. Um percentual elevado, que poderia ser interpretado como algo prejudicial aos consumidores, certo? Não necessariamente...

A confusão se dá justamente porque o relatório final do PARA 2001-07 não especifica quantos dos morangos analisados continham resíduos de pesticidas acima do LMR e quantos foram tratados com produtos não registrados para a cultura. Pode até parecer preciosismo, mas essa segregação faz toda a diferença para a compreensão dos resultados, já que são coisas totalmente distintas. A primeira é mais grave e está diretamente ligada ao uso incorreto dos agroquímicos, como a aplicação em quantidade acima da recomendada ou o não cumprimento do período de carência indicado pelos fabricantes. Neste caso, o alimento pode chegar ao ponto de venda com resíduos acima dos níveis considerados seguros. Ainda assim, as chances de uma intoxicação são quase nulas.

Já o uso de agrotóxicos não registrados para a cultura é um problema estritamente burocrático e que não representa qualquer ameaça à saúde pública. É o caso de produtos já amplamente testados e aprovados para determinados cultivos, mas que, quando utilizados em outras lavouras, são considerados ilegais — algo que não faz o menor sentido. Em outros países, o registro de praguicidas é feito por alvo biológico. O segundo relatório do PARA, com dados referentes a 2008, estratificou pela primeira vez os resultados considerados insatisfatórios e revelou que a situação do morango não era tão preocupante assim. Das 86 amostras analisadas, 31 (36%) foram consideradas irregulares, mas apenas quatro delas apresentavam resíduos de agroquímicos acima do LMR.[6] Isso nos leva à conclusão de que a burocracia é a grande responsável pelo "envenenamento" da população — e não os agrotóxicos.

O PARA 2008 marcou também a estreia do pimentão, vegetal que em pouco tempo se tornaria referência em alimento intoxicado por agroquímicos no Brasil. Logo em sua primeira aparição, o legume já desbancou o morango e assumiu, com folga, a liderança do ranking dos produtos irregulares, de acordo com os critérios da Anvisa. Os resultados do monitoramento mostram

AGRADEÇA AOS AGROTÓXICOS POR ESTAR VIVO

que das 101 amostras de pimentão analisadas, 65 (ou 64,36%) apresentavam problemas.[7] Dessas, apenas quatro unidades foram flagradas com resíduos de pesticidas acima do LMR. Na grande maioria dos casos, as irregularidades aconteciam devido ao uso de ingredientes ativos autorizados para o tomate, o que é explicado pela similaridade botânica entre as culturas.

Outra preocupação em relação ao pimentão era a presença, em algumas poucas amostras, de resíduos do inseticida dicofol, um composto químico do grupo dos organoclorados amplamente utilizado pelos agricultores em todo o país. No Brasil, o pesticida tem seu uso autorizado para as lavouras de algodão, cítrus e maçã, mas quando utilizado em outras culturas, como o pimentão, o inseticida é considerado um problema. Ora, se o produto é liberado para um tipo de alimento, por que causaria algum mal quando aplicado em outro? Qual é a diferença entre ingerir resíduos de dicofol por meio de uma maçã ou de um pimentão? A meu ver, o caso da maçã, uma fruta em geral consumida *in natura*, seria até mais preocupante que o do pimentão, que normalmente passa por um processo de cozimento antes de chegar ao prato.

Naquele ano, o PARA ganhou pela primeira vez as manchetes dos jornais e revistas em todo o país devido a uma declaração irresponsável do então ministro da Saúde, José Gomes Temporão. "Já mandei tirar o pimentão lá de casa",[8] afirmou Temporão, que fez carreira em instituições como Fiocruz e Inca, durante a coletiva de imprensa em que foram apresentados os resultados. A sensação de insegurança foi reforçada pelo também ex-ministro da Saúde Agenor Álvares, à época diretor da Anvisa, que afirmou no mesmo evento que entre os possíveis problemas à saúde humana causados pelos agrotóxicos está o câncer. O sanitarista, entretanto, não apresentou nenhum estudo, dado ou estatística que sustentasse seu discurso.

Diante da enorme repercussão das falas, especialmente a do ex-ministro, os responsáveis pela divulgação perceberam que a polêmica poderia ser uma boa estratégia para tornar o programa relevante. Eles não estavam errados. A partir do momento em que a Anvisa começou a apresentar os resultados do PARA de forma imprecisa e alarmista, a imprensa passou a se interessar pelo assunto. Lembrando que notícia ruim vende mais jornal, rende mais cliques e garante uma repercussão maior nas redes sociais, a informação era passada adiante sem qualquer tipo de questionamento. Pode até ser que algum jornalista tenha feito a leitura correta dos dados, mas ninguém ousou estragar uma notícia que parecia perfeita. Afinal, quem acessaria uma notícia com um título mais fidedigno, algo na linha "Levantamento mostra que 4% dos pimentões no Brasil contêm resíduos de pesticidas acima do limite"?

Nos anos seguintes, o PARA ganhou corpo, ampliou o monitoramento para dezoito culturas e passou a coletar amostras de frutas e hortaliças em todo o país. Só a forma como as informações eram divulgadas ao público não mudou. O relatório com os dados de 2010, apresentado à imprensa em dezembro de 2011, consolidou o pimentão como grande vilão da alimentação, com incríveis 92% de irregularidades,[9] segundo a Anvisa. O fato de que apenas 6,8% das amostras continham resíduos acima do LMR foi ignorado. O objetivo, claramente, era distorcer a situação e disseminar o medo. "Não é um problema ou uma preocupação regional, mas nacional. As amostras comprovam que há um excesso de uso de agrotóxico no pimentão em todo o país", afirmou, em entrevista ao jornal *O Globo*, o então gerente-geral de Toxicologia da Anvisa, Luiz Cláudio Meirelles. Foi o gancho para mais uma série de notícias negativas sobre os agrotóxicos. A seguir, o infográfico publicado pela revista *Galileu* que viralizou nas redes sociais.[10]

Os alimentos mais inadequados[11]
% de amostras inadequadas

| Pimentão 92% | Morango 63% | Pepino 57% | Alface 54% |
| Cenoura 50% | Beterraba 33% | Couve 32% | Mamão 30% |

AGRADEÇA AOS AGROTÓXICOS POR ESTAR VIVO

Anvisa alerta: pimentão é campeão de agrotóxicos

Morango e pepino têm índices altos, entre 18 alimentos testados. Batata está livre de contaminação

O Globo, 6 dez. 2011[12]

Os 10 alimentos campeões em agrotóxicos

Análise da Anvisa mostra que 28% dos hortifrutis possuem níveis elevados de resíduos agrotóxicos; pimentão e morango lideram o ranking

Exame, 8 dez. 2011[13]

Mais do que abalar a confiança do consumidor, dessa vez a notícia impactou diretamente o bolso dos produtores. "A caixa do pimentão estava ao preço entre R$ 15 e R$ 18; após a divulgação do relatório da Anvisa e das reportagens, caiu para R$ 8. Mesmo com o preço tão baixo, o produto ficou parado. Das cinquenta caixas por dia que eu entregava à Ceagesp, um dia após anunciado o PARA, foram devolvidas trinta caixas", afirma o agricultor Ronaldo Tofanin, de Jarinu, no interior de São Paulo. No Rio de Janeiro, os prejuízos foram ainda maiores. "No Ceasa de Nova Friburgo, por exemplo, a caixa de pimentão que custava R$ 14 caiu para R$ 5 após o PARA", diz Leonardo Vicente da Silva, coordenador de Controle de Agrotóxicos da Secretaria de Agricultura do estado, lembrando que somente a caixa de madeira do produto custava R$ 2,50.

Já o levantamento realizado entre 2011 e 2012 e divulgado em duas etapas, em 2013 e 2014, foi também o que teve a maior repercussão até hoje, em grande parte devido à divulgação ainda mais sensacionalista realizada pela Anvisa. O texto enviado à imprensa de todo o Brasil não deixa dúvida de que a intenção em nenhum momento era informar, mas sim manter o clima de insegurança em relação aos alimentos e aumentar a rejeição da população em relação aos agroquímicos, como podemos ver a seguir.

ESTAMOS TODOS ENVENENADOS?

RELATÓRIO DA ANVISA INDICA RESÍDUO DE AGROTÓXICO ACIMA DO PERMITIDO

Os resultados do Programa de Análise de Resíduos de Agrotóxicos em Alimentos (PARA) mostram que ainda é preciso investir na formação dos produtores rurais e no acompanhamento do uso de agrotóxicos. O programa da Agência Nacional de Vigilância Sanitária (Anvisa) avalia continuamente os níveis de resíduos de agrotóxicos nos alimentos que chegam à mesa do consumidor.

O resultado do monitoramento do último PARA (2011-12) mostra que 36% das amostras de 2011 e 29% das amostras de 2012 apresentaram resultados insatisfatórios. Existem dois tipos de irregularidades: uma quando a amostra contém agrotóxico acima do Limite Máximo de Resíduo (LMR) permitido, e outra quando a amostra apresenta resíduos de agrotóxicos não autorizados para o alimento pesquisado. Das amostras insatisfatórias, cerca de 30% se referem a agrotóxicos que estão sendo reavaliados pela Anvisa.

Segundo o diretor-presidente da Anvisa, Dirceu Barbano, "a Anvisa tem se esforçado para eliminar ou diminuir os riscos no consumo de alimentos, isto se aplica também aos vegetais. Por esta razão a agência monitora os índices de agrotóxicos presentes nas culturas. Nós precisamos ampliar a capacidade do SNVS de monitorar o risco tanto para o consumidor como para o produtor para preservar a saúde da população".

O atual relatório traz o resultado de 3.293 amostras de treze alimentos monitorados, incluindo arroz, feijão, morango, pimentão, tomate, entre outros. A escolha dos alimentos baseou-se nos dados de consumo obtidos pelo Instituto Brasileiro de Geografia e Estatística (IBGE), na disponibilidade destes alimentos nos supermercados das diferentes unidades da federação e no perfil de uso de agrotóxicos nesses alimentos.[14]

Apesar de confuso, incompleto e mal redigido, o texto de divulgação não deixava dúvida: mais de um terço dos vegetais vendidos no Brasil tinham problemas relacionados ao uso de pesticidas, entre eles alimentos básicos,

AGRADEÇA AOS AGROTÓXICOS POR ESTAR VIVO

como o arroz e o feijão. Felizmente, porém, existia a Anvisa para apontar esses problemas e tomar providências — apesar de nunca ter feito nada para melhorar essa situação nos anos anteriores. Os jornalistas, mais uma vez, compraram a história na íntegra.

Anvisa: um terço dos alimentos consumidos no Brasil está contaminado por agrotóxicos

Huffpost Brasil, 18 ago. 2015[15]

O "alarmante" uso de agrotóxicos no Brasil atinge 70% dos alimentos

El País, 10 abr. 2016[16]

No entanto, uma leitura não ideológica dos dados nos conta uma história completamente diferente. Assim como nos anos anteriores, a grande maioria das irregularidades (32%) era causada pelo uso de defensivos não autorizados para a cultura, o que, repito, não representa uma ameaça à saúde da população. No total, apenas 4,2% (2,3% + 1,9%) das amostras apresentavam resíduos acima do limite, como mostra a tabela a seguir.[17] No caso do pimentão, que teve um índice de 90% de reprovação, apenas doze das 213 amostras analisadas (ou 5,6%) continham resíduos de agroquímicos acima do LMR. Já a cenoura, que aparece com 67% de irregularidades, não teve nenhuma unidade identificada com resíduos acima do LMR, assim como o arroz e o feijão, citados inclusive no comunicado da Anvisa. Por outro lado, o mamão, produto em pior situação, com 9,4% das amostras acima do LMR, passou despercebido.

ESTAMOS TODOS ENVENENADOS?

Relatório de atividades de 2011 e 2012[18]
Número de amostras analisadas por cultura e resultados insatisfatórios

Produto	Nº de amostras analisadas	Amostras reprovadas pelo uso de produtos sem registro para a cultura (NA) (1)		Amostras com resíduos acima do limite máximo autorizado (>LMR) (2)		LMR e NA (3)		Total de insatisfatórios (1+ 2 + 3)	
		Nº	%	Nº	%	Nº	%	Nº	%
Alface	134	55	41%	1	0,7%	2	1,5%	58	43%
Arroz	162	26	16%	0	0,0%	0	0,0%	26	16%
Cenoura	152	102	67%	0	0,0%	0	0,0%	102	67%
Feijão	217	13	6%	0	0,0%	0	0,0%	13	6%
Mamão	191	20	10%	14	7,3%	4	2,1%	38	20%
Pepino	200	71	36%	10	5,0%	7	3,5%	88	44%
Pimentão	213	178	94%	2	0,9%	10	4,7%	190	90%
Tomate	151	14	9%	0	0,0%	4	2,6%	18	12%
Uva	208	41	20%	11	5,3%	4	1,9%	56	96%
TOTAL	1.628	520	32%	38	2,3%	31	1,9%	589	36%

(1) amostras que apresentaram somente IA não autorizados (NA); (2) amostras somente com ingredientes autorizados, mas acima dos limites máximos autorizados (> LMR); (3) amostras com as duas irregularidades (NA e >LMR); (1 + 2 + 3) soma de todos os tipos de irregularidades.

Uma dúvida frequente quando detalhamos os dados do PARA é justamente em relação aos alimentos flagrados com resíduos acima do LMR. Mesmo em pequena quantidade, esses produtos não são perigosos? Eles não podem causar algum tipo

AGRADEÇA AOS AGROTÓXICOS POR ESTAR VIVO

de intoxicação nas pessoas? Na teoria, podem. Na prática, é quase impossível. Isso porque a definição do Limite Máximo de Resíduos dos alimentos é baseada em outro índice, a IDA (Ingestão Diária Aceitável), que é a quantidade de aditivos químicos que podem ser ingeridos todos os dias, por toda a vida, sem oferecer qualquer risco à saúde humana. O cálculo da IDA é rigoroso e definido por órgãos internacionais. Para garantir que a ingestão de químicos seja totalmente segura, é utilizada como referência uma dose que comprovadamente não cause nenhum efeito adverso, para posteriormente ainda ser dividida cem vezes.

O exemplo do pimentão nos ajuda a entender melhor como esse cálculo funciona na prática. Uma das substâncias mais detectadas nas análises do PARA, o clorpirifós é um inseticida da classe dos organofosforados com uma IDA estipulada em 0,01 mg/kg de peso corporal.[19] No caso de um homem de 85 quilos, portanto, a IDA é de 0,85 miligramas. Já o LMR para o clorpirifós no pimentão é de 0,04 mg/kg, significando que seria necessário ingerir pouco mais de 21 quilos (0,85 dividido por 0,04) de pimentão "contaminado" por clorpirifós todos os dias, por toda a vida, para sofrer uma intoxicação crônica — algo que nunca vai acontecer.

Mesmo supondo que uma pessoa de 85 kg consiga comer quase um quarto do seu peso corporal somente em pimentões em apenas 24 horas, essa experiência dificilmente passaria do primeiro dia, já que ele muito provavelmente teria problemas causados pela ingestão de outras substâncias presentes no produto, como o magnésio — elemento químico natural que aparece em uma proporção de 110 mg/kg do vegetal. Em 20 quilos de pimentão, são nada menos do que 2.200 miligramas de magnésio, ou dez vezes mais do que a dose letal média estimada para esse ingrediente — mais do que o suficiente para uma intoxicação aguda. Agora, me diga, quanto de pimentão você come diariamente? Entre os brasileiros, a média de consumo é de apenas 4,6 gramas por dia.

As pessoas se assustam ao ler as notícias sobre os resíduos de agroquímicos nos alimentos, mas nem se dão conta de que consomem coisas muito piores todos os dias. Assim como acontece com os praguicidas, a Anvisa também estabelece quantidades máximas de resíduos para outros elementos, alguns deles repugnantes, como insetos e pelos de ratos. Se você tem o costume de tomar chá de hortelã, prepare-se para encontrar até trezentos fragmentos de in-

ESTAMOS TODOS ENVENENADOS?

setos — com o limite de até cinco bichos inteiros — e mais dois fragmentos de pelos de roedor a cada 25 gramas do produto. No ketchup e no molho de tomate, o limite estabelecido pela Anvisa é de dez fragmentos de insetos e mais um pelo de rato a cada 100 gramas.[20]

De volta ao PARA, a segunda metade do levantamento realizado entre 2011 e 2012 foi divulgada em outubro de 2014, mais de dois anos depois da coleta das amostras, já de forma um pouco mais ponderada após a enxurrada de críticas recebidas pelo modo como havia apresentado os dados do relatório anterior. Dessa vez, os resultados do monitoramento indicavam que 75% dos produtos estavam em conformidade, sendo que em 33% dos vegetais analisados não foi encontrado qualquer tipo de resíduo.[21] Dos 25% dos alimentos considerados insatisfatórios, 21% eram devido ao uso de produtos não registrados para a cultura. Entre as 1.397 amostras analisadas, apenas 53 apresentavam resíduos acima do LMR, ou menos de 4% do total. Curiosamente, essa foi a edição do PARA com a menor repercussão na imprensa.

A essa altura, você já deve estar se perguntando: mas por que, mesmo cientes da possibilidade de terem seus produtos reprovados nos testes da Anvisa, os produtores seguem utilizando defensivos agrícolas não registrados? Eles ainda não aprenderam que não pode? Na realidade, há vários motivos para que isso continue acontecendo. O principal deles é o fato de não existirem produtos registrados para todas as culturas, especialmente entre as variedades de menor escala, conhecidas como *minor crops*. Isso acontece porque no Brasil os registros são solicitados pelas empresas fabricantes, que também são responsáveis por todos os estudos agronômicos e testes em campo. Como os custos são elevados e o volume de vendas é pequeno, em muitos casos a operação acaba não sendo economicamente interessante.

Mas esse não é o único motivo. Mesmo quando há boa vontade por parte das companhias, elas esbarram na burocracia brasileira e nas longas filas de registro de produtos. Hoje em dia, a aprovação de um novo agroquímico pode levar mais de dez anos (nos casos de extensão de uso, o andamento é um pouco mais rápido, mas ainda assim considerado demorado para os padrões internacionais), motivo pelo qual as multinacionais acabam priorizando os

AGRADEÇA AOS AGROTÓXICOS POR ESTAR VIVO

produtos destinados às grandes culturas, como soja, milho, algodão e cana-de-açúcar, em que o volume de vendas é infinitamente maior. Por último, os agricultores também têm parte da culpa, já que muitos apenas se recusam a pagar mais caro por um insumo aprovado, mas que fará o mesmo trabalho de um equivalente mais antigo e registrado para outra cultura — o que acontece com frequência nas lavouras de pimentão em todo o país.

Relatório complementar de atividades 2012[22]
Número de amostras analisadas por cultura e resultados insatisfatórios

Produto	N° de amostras analisadas	Amostras reprovadas pelo uso de produtos sem registro para a cultura (NA) (1)		Amostras com resíduos acima do limite máximo autorizado (>LMR) (2)		LMR e NA (3)		Total de insatisfatórios (1+ 2 + 3)	
		N°	%	N°	%	N°	%	N°	%
Abobrinha	229	104	45%	5	2,2%	1	0,4%	110	48%
Alface	240	93	39%	2	0,8%	12	5,0%	107	45%
Feijão	245	10	4,1%	4	1,6%	4	1,6%	18	7,3%
Fubá de milho	208	2	1,0%	4	1,9%	0	0,0%	6	2,9%
Tomate	246	28	11,4%	6	2,4%	5	2,0%	39	16%
Uva	229	57	25%	5	2,2%	5	2,2%	67	29%
TOTAL	1.397	294	21%	26	1,9%	27	1,9%	347	25%

(1) Amostras que apresentaram somente ingredientes ativos não autorizados (NA); (2) amostras somente com ingredientes ativos autorizados, mas acima dos limites máximos autorizados (>LMR); (3) amostras contendo as duas irregularidades (NA e >LMR); (1 + 2 + 3) soma de todos os tipos de irregularidades.

ESTAMOS TODOS ENVENENADOS?

"O grande problema do PARA era a forma como a Anvisa costumava liberar esses dados", afirma Eloisa Dutra Caldas, professora de Toxicologia do Curso de Ciências Farmacêuticas da Universidade de Brasília (UnB) e membro do grupo de peritos em resíduos de pesticidas da Organização Mundial da Saúde. "A divulgação dos resultados das análises do monitoramento não agregava nenhuma informação adicional. Ela não concluía nada, simplesmente jogava os números e não comunicava o que aqueles números significavam. E a imprensa acabava fazendo a sua interpretação."

Ainda de acordo com a especialista, a forma como a Anvisa comunicava os resultados do PARA dava a impressão de que os resíduos de pesticidas nos alimentos representam um problema para o consumidor. "Isso não é verdade. Este é um problema legal e não de saúde — mas essa informação a Anvisa não passa para a população. E como existe uma percepção de risco muito grande em relação aos pesticidas, as pessoas correlacionam essa informação com risco à saúde. Mas uma coisa não tem nada a ver com a outra. O fato de ter resíduo não quer dizer nada em relação ao risco para a saúde."

Depois das polêmicas em 2013 e 2014, o PARA só voltou a ser divulgado em novembro de 2016, já de uma forma completamente diferente. "Quase 99% das amostras de alimentos analisadas pela Anvisa entre 2013 e 2015 estão livres de resíduos de agrotóxicos",[23] dizia, logo em suas primeiras linhas, o texto oficial. Apesar da divulgação livre de sensacionalismo, a imprensa parece não se interessar mesmo por notícias positivas. Em vez de noticiarem o resultado principal da pesquisa, alguns dos grandes jornais do país preferiram pinçar dados negativos do estudo e criar novos vilões, como mostram as manchetes da *Folha de S.Paulo* ("Laranja e abacaxi são os alimentos de maior risco por agrotóxico, diz Anvisa")[24] e *Estadão* ("Laranja e abacaxi são os alimentos que mais desencadeiam intoxicação por presença de agrotóxico").[25]

O monitoramento de resíduos de agrotóxicos, entretanto, não foi uma invenção da Anvisa. Entre 1978 e 2005, a Companhia de Entrepostos e Armazéns Gerais de São Paulo (Ceagesp) realizou um trabalho semelhante em parceria com o Instituto Biológico e a Coordenadoria de Assistência Técnica Integral (CATI). O propósito naquele momento era orientar os produtores rurais cujas

AGRADEÇA AOS AGROTÓXICOS POR ESTAR VIVO

amostras revelassem algum tipo de irregularidade — e não servir de fonte para reportagens sensacionalistas. Todas as semanas, amostras aleatórias de produtos vendidos no Ceagesp eram coletadas e enviadas para testes no Instituto Biológico. Caso alguma irregularidade fosse encontrada, os técnicos da CATI eram acionados para verificar a origem do problema junto ao produtor.

De acordo com o último balanço disponível, publicado em 2006, pouco mais de 3 mil produtos de 51 culturas, entre frutas, verduras e legumes, foram analisados entre janeiro de 1994 e abril de 2005, quando o programa foi descontinuado. O dado mais surpreendente desse levantamento é que em 70,3% das amostras não foi identificado qualquer resíduo de agroquímicos, mesmo se tratando de alimentos vendidos como convencionais. Entre os vegetais que apresentavam resíduos, praticamente a metade (49,9%) estava em total conformidade com a legislação brasileira, enquanto 45,6% apresentavam traços de ingredientes ativos sem registro para a cultura, embora também abaixo do LMR. Somente 4,5% das mercadorias com resíduos (ou pouco mais de 1% do total) estavam acima do LMR.

Outro ponto que chama a atenção no estudo são os índices de inconformidades em culturas de menor escala, como pepino, couve-flor, quiabo, jiló, coentro, brócolis, chicória, salsa, abacaxi, caqui, melancia, manga, maracujá e jabuticaba. Apesar do baixo número de amostras flagradas com resíduos — um total de apenas 33 em mais de dez anos de análises —, todas foram consideradas irregulares pelo uso de pesticidas não registrados para a cultura. Outras *minor crops* — como chuchu, abobrinha, alho, acelga, espinafre, rabanete, abacate e nêspera — só escaparam porque tiveram 100% das amostras testadas livres de resíduos. "Todos esses dados apontam para a necessidade de se normalizar o registro de agrotóxicos para pequenas culturas, em consonância com o que ocorre em nível internacional",[26] conclui o relatório do Ceagesp.

O Ministério da Agricultura, Pecuária e Abastecimento (MAPA) também mantém, desde 2009, um programa próprio de análise de alimentos. Denominado Plano Nacional de Controle de Resíduos e Contaminantes em Produtos de Origem Vegetal (PNCRC/Vegetal), este monitoramento tem como objetivo garantir a inocuidade das frutas, verduras e legumes produzidas no Brasil, tanto para consumo interno quanto para exportação, em relação aos resíduos

ESTAMOS TODOS ENVENENADOS?

de agrotóxicos, contaminantes inorgânicos, biológicos e suas toxinas. O escopo desse levantamento, no entanto, é um pouco diferente do trabalho do PARA. Enquanto a Anvisa avalia os vegetais à venda no varejo, o MAPA atua nas áreas de produção, coletando amostras nas propriedades rurais, estabelecimentos beneficiadores e em centrais de abastecimento.

Os coordenadores do PNCRC selecionam anualmente 23 culturas, geralmente as de maior consumo e que possuam normas de padronização, para monitoramento. Todas as amostras são coletadas por fiscais federais agropecuários em regiões preestabelecidas e em seguida enviadas para análise nos laboratórios credenciados pelo MAPA. Se alguma inconformidade é detectada, a Secretaria de Agricultura estadual, responsável pela fiscalização, é acionada e envia um agente até o local onde o produto foi cultivado para que novas amostras sejam coletadas. Se comprovadas as irregularidades, o agricultor pode receber desde uma simples advertência até a suspensão da comercialização e apreensão da mercadoria, além de multas que podem chegar a R$ 2 mil (valor básico) mais 400% do valor total do lote reprovado, dependendo da gravidade.

"A gente vai no foco do problema", diz Fábio Florêncio Fernandes, diretor do Departamento de Inspeção de Produtos de Origem Vegetal (Dipov) do Ministério da Agricultura. "Quando um alimento irregular é identificado pelo PNCRC, o MAPA atua no sentido de tirar esse produto de circulação através da suspensão da comercialização ou através de penalidades ao produtor responsável, e não à cadeia toda. A Anvisa não consegue punir o agricultor porque ela não sabe de onde o produto irregular veio."

O relatório mais recente do PNCRC, divulgado em maio de 2015, mostra que a grande maioria dos vegetais analisados apresentava níveis de resíduos dentro dos limites estabelecidos pela legislação brasileira.[27] Nas culturas de alho, amendoim, banana, batata, café, cebola, feijão, soja e trigo, o índice de conformidade chegou a 100%. Entre as amostras de arroz, maçã, mamão, manga, milho e tomate, o percentual variou entre 91% e 96%. Os piores resultados foram obtidos pelo kiwi (82% de conformidade), uva (80%) e abacaxi (70%). A divulgação do MAPA, porém, foi solenemente ignorada pelos grandes veículos de imprensa, que não dedicaram uma linha sequer ao assunto.

AGRADEÇA AOS AGROTÓXICOS POR ESTAR VIVO

Diante da falta de visibilidade do trabalho realizado pelo Ministério da Agricultura e da perda de credibilidade por parte da Anvisa, existe atualmente uma discussão no sentido de fundir ambos os projetos e criar, a partir de 2018, um programa único de monitoramento no país. "Como o foco da Anvisa é no consumidor, e o nosso, no produtor, estamos trabalhando em conjunto para que a gente tenha as mesmas culturas avaliadas e com os mesmos parâmetros de avaliação, porque os limites quem estabelece são eles", afirma Fábio Fernandes, do MAPA. Apesar de o Brasil ser signatário do Codex Alimentarius, fórum internacional de normatização do comércio de alimentos convencionado pela Organização das Nações Unidas, em alguns casos, a Anvisa estabelece limites ainda mais rígidos para os produtos vendidos no Brasil.

Programas de monitoramento de resíduos, como o PNCRC e o PARA, são comuns em várias partes do mundo. Assim como no Brasil, visam garantir a segurança alimentar, estimular as boas práticas agrícolas e comprovar a qualidade dos alimentos exportados. Os dados internacionais, entretanto, servem também como referência quando analisamos os resultados obtidos no Brasil. Um bom exemplo é o *Pesticide Residues in Food* (*PRiF*), trabalho que avalia a qualidade dos alimentos vendidos no Reino Unido. De acordo com o levantamento mais recente, publicado em 2015, os britânicos estão ainda mais "intoxicados" do que os brasileiros, já que mais de 5% das frutas e vegetais testados na terra da rainha foram flagrados acima do LMR, contra 3,8% do PARA.[28]

O *PRiF* examinou um total de 1.961 produtos, encontrando resíduos em níveis aceitáveis em 1.145 (58,4%) deles, enquanto 99 das amostras (5,05%) estavam acima do LMR. Os resultados de 2015 foram piores do que os registrados em anos anteriores: 2,76% em 2014 e 3,91% em 2013. Mesmo assim, não houve alarde, mas sim esclarecimentos à população. "Nós não encontramos nenhuma amostra acima do LMR em maçã, berinjela, banana, brócolis, couve-de-bruxelas, aipo, pepino, alface, manga, pera, ervilha, batata e rabanete. Entre as 28 amostras de feijão detectadas com resíduos acima do limite, 27 eram exemplares de variedades não cultivadas normalmente na Europa. Também foram encontrados resíduos dos pesticidas BAC e DDAC acima do

ESTAMOS TODOS ENVENENADOS?

limite em todas as 22 amostras de frutas processadas testadas. Isso se deve à recente redução do LMR para essas substâncias e pelo uso desses produtos com desinfetantes durante o processamento e embalagem das frutas", diz o relatório britânico.

Os Estados Unidos também possuem um programa semelhante. Lançado em 1991, o *Pesticide Data Program* já testou 113 diferentes produtos, entre frutas, vegetais, grãos, laticínios, carnes, peixes e até a água. Em seu monitoramento mais recente, divulgado no início de 2016, a mensagem era clara: "Relatório confirma que resíduos de pesticidas nos alimentos não representam uma preocupação", afirmava, já no título, o texto de divulgação.[29] De fato, não havia mesmo muito com o que se preocupar, uma vez que apenas 0,36% das amostras averiguadas continha agroquímicos acima do LMR. Por lá, o problema hoje em dia é outro. Diferentemente do Brasil, os americanos também fazem uma análise à parte exclusiva para os produtos orgânicos, e é justamente nesse segmento que se concentram os maiores índices de irregularidades, como veremos no capítulo a seguir.

De volta ao Brasil, onde a divulgação é deturpada e serve apenas para confundir a população, a sensação de insegurança em relação aos alimentos faz com que as pessoas fiquem sem saber como proceder no momento da compra. A busca por vegetais saudáveis tem se tornado uma tarefa complicada. Muitos acreditam que comprando diretamente do produtor, em feiras livres, estará levando para casa produtos mais saudáveis — o que nem sempre é verdade. Romantismos à parte, esses alimentos estão fora do sistema oficial, portanto não passam por controles de qualidade nem análises de resíduos. Ninguém sabe como foram produzidos. A única garantia é a palavra do vendedor. Mesmo nas feirinhas orgânicas mais descoladas é praticamente impossível saber a procedência das frutas e verduras. Existem inúmeros casos comprovados de comerciantes que se dizem produtores familiares, mas que na realidade adquirem produtos em centros de distribuição e os revendem nesses locais.

Atualmente, o único lugar que tem como garantir a origem e, consequentemente, a qualidade dos produtos vendidos, é o supermercado, sobretudo as lojas ligadas às grandes redes. Cansados dos prejuízos decorrentes de cada

AGRADEÇA AOS AGROTÓXICOS POR ESTAR VIVO

anúncio da Anvisa e buscando agradar consumidores cada vez mais exigentes, os varejistas decidiram fazer eles mesmos o controle. Desde 2012, a Associação Brasileira de Supermercados (Abras) realiza o Programa de Rastreabilidade e Monitoramento de Alimentos (Rama), trabalho que conta com a participação de 34 grupos supermercadistas, monitora 81 produtos e realizou 1.500 análises somente em 2016, com índice de 71% de conformidade.[30] Os lotes reprovados são devolvidos aos produtores, que podem até ser excluídos da lista de fornecedores em caso de reincidência.

Outras empresas não signatárias do Rama, como Pão de Açúcar e Walmart, mantêm programas próprios de monitoramento, que incluem até assistência técnica aos produtores parceiros. Todas as mercadorias são etiquetadas no ato do recebimento e podem ser rastreadas caso algum problema seja identificado. Esse controle gera um comprometimento por parte do agricultor e invariavelmente eleva a qualidade da produção. O processo é custoso, mas é a única forma de vender frutas, legumes e verduras com o selo de garantia de origem. No fim das contas, o monitoramento acaba sendo bom para todo mundo: os produtores são mais bem-remunerados, os supermercados recebem produtos de melhor qualidade e os consumidores têm à disposição alimentos mais confiáveis.

A repercussão negativa causada pelo PARA nos últimos anos deu origem a outros mitos relacionados aos resíduos de pesticidas. O principal deles tem a ver com a higienização dos vegetais, utilizando os mais diferentes produtos, o que, segundo "especialistas" no assunto, ajudaria a remover os traços de agroquímicos dos alimentos. Entre os conselhos mais bizarros está um do dr. Lair Ribeiro, mais conhecido pelas suas palestras motivacionais, mas que também passou a opinar sobre o assunto nos últimos tempos. Segundo ele, que é médico e diz em seu currículo ter sido vice-presidente da Ciba Corporation — uma das empresas que deu origem à Syngenta —, a imersão em uma solução à base de tintura de iodo seria uma forma eficiente de eliminar os agrotóxicos dos vegetais.[31] Mas isso não passa de uma grande bobagem.

Tal técnica, além de não remover os resíduos, ainda pode comprometer a qualidade dos alimentos, como mostra o texto "Resíduos de agrotóxicos: Evite

ESTAMOS TODOS ENVENENADOS?

iodo para remover", publicado no site do Ministério da Saúde.[32] "Na internet proliferam 'receitas milagrosas' para quase tudo, inclusive para remoção de resíduo de agrotóxico em alimentos. A mais recente delas é o uso de soluções contendo a substância química iodo. Além de não haver dados científicos originados de análise laboratorial que confirmem a eficácia dessa prática, é importante saber que o iodo possui ação oxidante. Assim, pode oxidar não somente os resíduos de agrotóxicos como também vitaminas, flavonoides e outros compostos benéficos presentes na superfície dos alimentos, o que levará à diminuição de seu conteúdo nutricional. O iodo em tintura alcoólica está registrado na Anvisa como medicamento, por sua ação bactericida, de modo que seu uso deve ter finalidade exclusivamente terapêutica", alertam as autoridades.

Quer uma dica realmente eficaz? Esqueça todas as besteiras que você já viu na internet ou nos programas de televisão. A única certeza que se tem é a de que é tecnicamente impossível eliminar todos os resquícios de agrotóxicos dos alimentos. Isso porque existem dois tipos de pesticidas: os sistêmicos e os de contato. Os de contato, como o próprio nome diz, são pulverizados sobre as plantações e agem externamente, por meio do contato com os vegetais. A maior parte desses rejeitos podem, sim, ser retirados pela lavagem com água corrente e sabão, embora exista a possibilidade de absorção de parte dos ingredientes ativos por meio de porosidades nos frutos. Já os defensivos sistêmicos são completamente absorvidos pelas plantas e circulam internamente pelos tecidos vegetais. Por estarem do lado de dentro das hortaliças, esses resíduos são impossíveis de ser retirados manualmente.

Ainda assim, não existe motivo para preocupação. Hoje, muitas das moléculas utilizadas nos agroquímicos estão presentes na natureza e podem ser facilmente encontradas nos lares brasileiros, sem gerar qualquer tipo de desconforto. Um exemplo disso é a permetrina, um inseticida do grupo químico dos piretroides, utilizado tanto nas lavouras quanto na formulação de produtos de uso doméstico, como os sprays contra os pernilongos, "venenos" para matar baratas, xampus específicos para o combate aos piolhos ou em sabonetes antissarnas para uso veterinário. Trata-se do mesmo princípio ativo, apenas em formulações distintas. A única diferença é que, quando utilizados para eliminar pragas dentro de casa, são tidos como artigos de primeira necessidade; porém, quando aplicados nas lavouras, a milhares de quilômetros dos centros urbanos, transformam-se em armas mortais.

Isso nos leva de volta à questão da percepção do risco. A toxina *botulinum*, popularmente conhecida como botox, é uma das substâncias químicas mais mortais conhecidas pelo homem. Estima-se que uma dose de apenas 70 nanogramas possa ser fatal para uma pessoa de 70 quilos.[33] No entanto, quando utilizado em quantidades mínimas, tem um efeito paralisante que age sobre os músculos e elimina as rugas de expressão. Todos os anos, milhares de aplicações de botox são realizadas no Brasil, inclusive por mulheres que se recusam a comprar alimentos convencionais no supermercado justamente para evitar a ingestão de substâncias químicas. Vai entender...

Assim como os agrotóxicos, centenas de vilões da saúde foram criados nas últimas décadas, mas seguem presentes no dia a dia da maioria das pessoas, em todo o mundo. A própria Organização Mundial da Saúde tem uma lista com quase quinhentos itens que podem estar relacionados ao desenvolvimento do câncer em humanos.[34] No topo do ranking, entre os produtos considerados "definitivamente cancerígenos", estão as bebidas alcoólicas, as carnes processadas, o cigarro e até a poluição do ar. Na categoria abaixo, dos "provavelmente cancerígenos", aparecem os pesticidas DDT, glifosato e malathion. A lista traz ainda o óleo de coco, a gasolina (alguém bebe gasolina?), as ondas eletromagnéticas, entre outros. Em resumo, não há para onde correr. Portanto, se você vive no planeta Terra, cuidado: você pode morrer a qualquer momento — mas certamente não será por causa dos resíduos dos agrotóxicos.

7. O marketing da felicidade

De acordo com o filósofo americano Alan Levinovitz, professor de religião da Universidade James Madison e autor do best seller *A mentira do glúten — e outros mitos sobre o que você come*, existe um paralelo entre as religiões e os modismos alimentares, tão comuns entre os brasileiros nos últimos tempos. Segundo ele, a maioria dos entusiastas das dietas alternativas se consideram superiores e, por isso, fazem questão de atrair novos adeptos para sua "religião". "Dizer que os alimentos orgânicos ajudam a prevenir o câncer é um mantra religioso. Essa afirmação remonta à ideia de que, em um passado distante, quando tudo era natural, todo mundo era mais saudável. Mas isso não é verdade", afirma Levinovitz, em entrevista concedida à revista *Veja*, em 2015.[1]

Para o estudioso, posicionamentos como os do Instituto Nacional do Câncer (Inca) — que divulgou um documento oficial dizendo que os métodos de cultivo livres de pesticidas produzem frutas, legumes e verduras com maior potencial para prevenir doenças — não fazem o menor sentido. "Isso é ridículo. A separação entre alimentos 'orgânicos' e 'não orgânicos' não é uma distinção científica. Essa palavra, assim como o termo 'natural', não existe na ciência", diz o professor, lembrando que o grande problema é a perpetuação da ideia de que alguém pode ser melhor ou pior dependendo da forma como se alimenta. "A ciência já superou a máxima 'você é o que você come', porém ainda existe a necessidade humana em encontrar paralelos mágicos entre fenômenos distintos."

AGRADEÇA AOS AGROTÓXICOS POR ESTAR VIVO

Mas por que, então, tanta gente ainda acredita nessas besteiras? No Brasil, isso está diretamente ligado à militância de famosos como Bela Gil, Marcos Palmeira e Paola Carosella, para citar apenas alguns que se aproveitam do espaço que têm na mídia para disseminar informações de cunho ideológico. "Em uma era em que as mídias digitais se tornaram muito populares e acessíveis, as estrelas de cinema e os atletas assumiram o papel dos santos. Em vez de olharem para os textos religiosos, os indivíduos leem o que as celebridades dizem porque querem alguém para guiá-los. Eles acreditam que, se fizerem o mesmo que os famosos, terão um resultado igual ao deles", conclui Levinovitz.

A moda dos orgânicos teve início na Europa, no início dos anos 1970, quando várias mulheres influentes — como a atriz Catherine Deneuve e a primeira-dama francesa Claude Pompidou — passaram a difundir as vantagens dos produtos tidos como naturais, que iam dos alimentos não processados aos cosméticos produzidos à base de ingredientes exóticos, como as ostras.[2] Naquele momento, entretanto, o que mais seduzia nos orgânicos não eram os seus benefícios à saúde, mas sim a aura de exclusividade em torno deles. Não por acaso, eram artigos de luxo, restritos às classes mais abastadas, como são até hoje.

A onda orgânica não demorou a chegar aos Estados Unidos. No início, o movimento era visto como uma coisa de hippie, mas a partir dos anos 1980 começou a ganhar força, especialmente após o surgimento de mercados especializados, como o Whole Foods. Desde então, o segmento não parou mais de crescer. Em 1996, os orgânicos já representavam um mercado de US$ 3,5 bilhões e que seguia avançando em média 20% ao ano. O lobby dos alimentos naturais fez com que até o governo americano aconselhasse, na época, a população a optar pelos produtos orgânicos certificados[3] — recomendação que já não existe mais hoje em dia.

Mesmo fazendo sucesso entre os consumidores, os orgânicos nunca foram um consenso na comunidade científica. Nos últimos anos, inúmeros estudos já comprovaram que esses alimentos não são mais saudáveis nem mais gostosos. Também está claro que eles não vão ajudar a salvar o planeta, já que necessitam de áreas muito maiores para serem cultivados. À luz da ciência, os produtos

O MARKETING DA FELICIDADE

orgânicos nada mais são do que o resultado de uma agricultura rudimentar, que já se provou muito pouco eficiente em termos de produtividade. Até a década de 1950, quando a população mundial era de apenas 2,6 bilhões de habitantes,[4] ainda podíamos nos dar ao luxo de produzir em pequenas quantidades. Atualmente, com uma população quase três vezes maior, não existe mais espaço para esse tipo de discussão. Nem precisaria.

Em 2012, um grupo de pesquisadores da prestigiosa Universidade de Stanford, nos Estados Unidos, divulgou uma revisão detalhada de 237 estudos comparativos entre alimentos orgânicos e convencionais publicados em todo o mundo nas últimas quatro décadas. A conclusão foi que, apesar de mais caros, os orgânicos não eram mais nutritivos nem mais seguros do que seus similares produzidos de forma convencional. "Quando iniciamos este projeto, nós imaginávamos que encontraríamos alguns resultados que confirmassem a superioridade dos produtos orgânicos sobre o alimento convencional", disse Dena Bravata, pesquisador responsável pelo trabalho, em entrevista ao jornal *The New York Times*.[5] "Nós ficamos totalmente surpresos com os resultados."

Outra pesquisa reveladora, realizada pela Universidade de Oxford e publicada na revista médica *British Journal of Cancer*, em 2014, concluiu que a ingestão de alimentos orgânicos também não reduz as chances de se contrair um câncer — muito pelo contrário. O estudo monitorou a saúde de 600 mil mulheres com mais de 50 anos ao longo de nove anos, período em que cerca de 50 mil delas desenvolveram pelo menos um dos dezesseis tipos mais comuns de câncer no Reino Unido. No entanto, quando comparados os resultados das 180 mil mulheres que nunca comiam orgânicos com as 45 mil que normalmente consumiam esse tipo de produto, não foi possível identificar nenhuma diferença significativa nos riscos. Na realidade, os cientistas descobriram que a chance de se desenvolver um câncer de mama era até um pouco maior nas pessoas que se alimentavam majoritariamente de orgânicos.[6]

No Brasil, não é diferente. Apesar da avalanche de notícias exaltando os benefícios dos orgânicos, quando submetidos a testes laboratoriais sérios, esses alimentos quase nunca conseguem comprovar suas vantagens, sejam elas nutricionais ou sensoriais. Em 2016, o Instituto de Tecnologia de Alimentos

AGRADEÇA AOS AGROTÓXICOS POR ESTAR VIVO

(Ital), entidade vinculada à Secretaria de Agricultura e Abastecimento do Estado de São Paulo, fez uma revisão de milhares de trabalhos científicos comparativos publicados em todo o mundo desde os anos 1950. O resultado? Mais uma vez os produtos orgânicos e os convencionais foram considerados tecnicamente iguais.

De acordo com os autores do trabalho, existem hoje em dia dois argumentos principais que sustentam todo o discurso dos defensores dos orgânicos, ambos puramente ideológicos. O primeiro é a ideia de que os vegetais cultivados sem pesticidas seriam mais saudáveis pelo simples fato de não conterem aditivos artificiais ou resíduos químicos, mesmo estando em conformidade com a legislação. Essa alegação faz com que os consumidores tenham a falsa impressão de que os orgânicos são mais seguros para o consumo. O segundo mito é o de que esses produtos teriam qualidade superior em função do sistema de produção agrícola, o que induz o consumidor a acreditar que as frutas e hortaliças orgânicas são superiores quanto às características nutricionais e sensoriais.

"Ambos os argumentos contribuem fortemente para que tais produtos possam ser precificados com valores acima dos produtos convencionais, trazendo prejuízos para os consumidores e também aos produtores. Na maioria das revisões, revisões sistemáticas, metanálises e artigos não foram encontradas diferenças significativas na qualidade nutricional e sensorial de alimentos produzidos em sistemas orgânicos comparativamente àqueles produzidos em sistemas convencionais, o que permite afirmar que orgânicos e convencionais são iguais nesses quesitos", afirma o relatório do Ital.[7]

Nos poucos trabalhos que apontam diferenças, ainda é preciso levar em consideração se o nutriente em questão pode ser realmente benéfico à saúde. É o caso de um dos estudos analisados pela equipe do Ital — de autoria do pesquisador Marcin Baransky, da Universidade de Newcastle, na Inglaterra —, que conclui que os vegetais produzidos por meio do sistema orgânico possuem uma concentração mais elevada de antioxidantes quando comparados com os convencionais. Ok, mas quem foi que disse que antioxidantes em quantidades elevadas fazem bem à saúde? Para muitos especialistas, a ingestão dessas substâncias em excesso pode até fazer mal, já que prejudica o

O MARKETING DA FELICIDADE

funcionamento celular e desencadeia um processo conhecido como estresse oxidativo. O mesmo vale para outras substâncias, como o ômega 3, as vitaminas A e D, entre outras.

Você já reparou que, por mais que os orgânicos se vendam como alimentos mais saudáveis e com maior teor de nutrientes, eles nunca destacam esses benefícios em suas embalagens? Seria este um ato de humildade? É óbvio que não. Isso só acontece porque tais vantagens não são cientificamente comprovadas. Para não correrem o risco de serem desmascarados pelas entidades de defesa do consumidor nem acusados de fazerem propaganda enganosa, os produtores orgânicos simplesmente omitem essas informações. Sem embasamento científico, a única forma de promoverem seus produtos é atacando os similares convencionais, na maioria das vezes por meio de reportagens recheadas de declarações de "especialistas", como artistas e políticos, que não entendem absolutamente nada de toxicologia, apenas surfam a onda da sustentabilidade.

O ex-secretário-geral da presidência Gilberto Carvalho é outro entusiasta da alimentação orgânica. Homem de confiança do ex-presidente Lula e um dos ministros mais poderosos durante o primeiro mandato de Dilma Rousseff, ele possui uma chácara no município de Cidade Ocidental (GO) onde cultiva manga, tangerina e uva — tudo orgânico, evidentemente. "Minhas duas filhas pequenas só comem verduras sem agrotóxicos", disse o político, em entrevista à revista *Veja Brasília*, em 2014.[8] Carvalho é também o idealizador do Plano Nacional de Agroecologia e Produção Orgânica (Planapo), lançado em 2012 com o objetivo de fortalecer a agricultura familiar e estimular a produção de alimentos livres de pesticidas, e que custou, até 2015, nada menos do que R$ 2,9 bilhões aos cofres públicos.[9]

Alinhado ao discurso do governo, o Ministério do Meio Ambiente passou a incentivar a produção de alimentos orgânicos e a propagar de forma oficial informações falsas sobre a superioridade nutritiva e sensorial desses alimentos. Os argumentos eram os de sempre: "eles evitam problemas de saúde causados pela ingestão de substâncias químicas tóxicas", "são mais nutritivos", "são mais saborosos" e "protegem futuras gerações de contaminação química".[10] Tudo isso, obviamente, divulgado sem qualquer base científica — a fonte era o

AGRADEÇA AOS AGROTÓXICOS POR ESTAR VIVO

próprio Ministério do Meio Ambiente. Ainda assim, a notícia foi replicada por diversos sites especializados em alimentação natural, compartilhada milhares de vezes nas redes sociais e acabou influenciando muita gente.

À primeira vista, pode até parecer algo inofensivo, mas são justamente essas informações deturpadas que ajudam a sustentar o crescimento das vendas de orgânicos no Brasil. De acordo com uma pesquisa realizada pela Associação Brasileira de Orgânicos, em 2011, 85% das pessoas que consomem vegetais cultivados sem o uso de pesticidas o fazem por acreditar que eles trazem mais benefícios à saúde. Para 65% delas, esses produtos oferecem maior segurança alimentar, enquanto 48% acreditam que os orgânicos têm qualidade superior.[11] Três mitos que, repetidos à exaustão, se tornaram verdades absolutas.

O fato é que se trata de um segmento da economia que sobrevive de meias verdades. Não existe o menor interesse em explicar as reais diferenças entre os produtos nem em desfazer os mal-entendidos. Não é comercialmente interessante. Você sabia, por exemplo, que as lavouras orgânicas também usam defensivos químicos? Pois é. Você não está sozinho. Uma enquete feita pelo site *Consumer Reports* revelou que 81% dos norte-americanos acreditam que os alimentos orgânicos são cultivados sem pesticidas,[12] o que é uma grande mentira. A única diferença entre os defensivos químicos e os aprovados para a agricultura orgânica é que, enquanto os primeiros são formulados e misturados a outros ingredientes, os praguicidas naturais são utilizados da forma como são encontrados na natureza. Isso, no entanto, não quer dizer que eles não sejam tóxicos.

Existem centenas de substâncias perigosas, como enxofre, sulfato de cobre, piretrina, carvão, pó de fumo, entre outras, que são largamente utilizadas no cultivo de alimentos orgânicos. No Brasil, um dos produtos mais usados nas plantações livres de agroquímicos é o óleo de neem, um inseticida natural obtido a partir da prensagem a frio de sementes da espécie *Azadirechta indica*, originária da Índia, e que possui mais de 150 compostos bioativos. Se é eficiente contra os insetos, também pode ser fatal para o homem. Mesmo sendo um composto orgânico, o neem possui uma dose letal de apenas 14 ml/kg, isso significa que a ingestão de 1 l desse óleo seria o suficiente para matar um

O MARKETING DA FELICIDADE

homem de 70 kg.[13] Também está comprovado que, em doses menores, o neem pode prejudicar os pulmões e o sistema nervoso central, além de provocar encefalopatia tóxica em crianças.

Outro problema comum quando falamos de orgânicos são os vestígios de agroquímicos, encontrados com frequência em amostras de alimentos que deveriam ser totalmente livres dessas substâncias. Em 2010, os Estados Unidos iniciaram um programa-piloto de análise de resíduos em produtos orgânicos, nos mesmos moldes das avaliações já existentes para os convencionais, algo que não existe no Brasil. Pela legislação norte-americana, os vegetais orgânicos podem conter até 5% do total de resíduos permitidos para os alimentos tradicionais — ou seja, ainda que recebam um selo de certificação, muitos deles não são 100% livres de agrotóxicos. No total, foram testadas 571 amostras de frutas, legumes e verduras, sendo que apenas 57% não apresentaram nenhum resíduo. Em 39% dos casos, foram encontrados traços de pesticidas dentro do limite de tolerância, enquanto 4% das amostras possuíam resíduos acima do permitido.[14]

Se isso acontece nos Estados Unidos, onde existe um controle rígido sobre a produção e análises regulares dos produtos vendidos nos supermercados, imagine no Brasil, onde a fiscalização é praticamente inexistente. Em janeiro de 2016, uma matéria exibida pelo *Fantástico*, da Rede Globo, mostrou como funcionava um esquema de fraudes envolvendo alimentos orgânicos em várias partes do país.[15] A reportagem visitou feiras livres em Florianópolis, Recife e Fortaleza e constatou que a maior parte dos comerciantes não possuía registros e muito menos certificações. Segundo o organizador de um dos eventos, a única garantia de que os produtos vendidos são de fato orgânicos é a palavra do produtor. No Brasil, infelizmente, isso é muito pouco.

Em Santa Catarina, um dos produtores desmascarados pelo *Fantástico* até era certificado, mas complementava o seu estoque com alimentos convencionais comprados na Ceasa. Além de vender esses produtos em duas feiras livres de Florianópolis, ele ainda abastecia mercados naturais, restaurantes especializados em alimentação orgânica e até escolas. Após a denúncia, o comerciante passou a ser investigado e teve amostras de seus produtos confiscadas para testes em laboratório. Os resultados das análises mostraram que os tomates vendidos por ele nas feiras orgânicas continham resíduos de oito agroquímicos diferentes, sendo dois deles proibidos no Brasil.

Em Recife, não foi diferente. Análises de rotina realizadas pela Agência de Defesa e Fiscalização Agropecuária de Pernambuco encontraram resíduos de pesticidas em 17% das frutas e verduras orgânicas vendidas no estado. A situação mais crítica era a do abacaxi, com 40% das amostras irregulares. Existem casos que beiram o absurdo, como o de uma suposta agricultora familiar que foi flagrada ao menos sete vezes vendendo gato por lebre — porém mesmo assim seguia nas ruas, participando normalmente das feirinhas orgânicas. Isso acontece porque apenas o Ministério da Agricultura tem poder para punir os contraventores, mas, como bem sabemos, faltam fiscais. O próprio Ministério admite que o atual sistema de fiscalização é falho e dá margem a fraudes.

Esse problema, no entanto, não é exclusivo do Brasil. Atualmente, os orgânicos estão entre os produtos mais falsificados em todo o mundo, perdendo apenas para os azeites extravirgens e algumas espécies de peixes. Um levantamento realizado pela Food Fraud Initiative — um grupo de pesquisas mantido pela Universidade de Michigan — estima que a fraude de alimentos movimente até US$ 50 bilhões todos os anos.[16] Nos casos dos azeites e dos peixes, o sabor inferior pode até entregar a farsa. No caso dos orgânicos, que são exatamente iguais aos convencionais, a falsificação só pode ser descoberta por meio de testes em laboratórios, que são caros e difíceis de serem realizados.

Outro ponto ignorado pelos defensores dos orgânicos é o fato de que os alimentos cultivados sem defensivos são mais suscetíveis à contaminação por micro-organismos, como fungos, bactérias e protozoários. De acordo com dados da Organização Mundial da Saúde, cerca de 582 milhões de casos de intoxicação alimentar são registrados todos os anos, resultando em mais de 350 mil mortes em todo o mundo.[17] "Milhares de casos de intoxicação são causados pelo consumo de produtos orgânicos", afirma Stuart Smyth, professor do Departamento de Inovação Agrícola da Universidade de Saskatchewan, no Canadá. "Isso se deve, em grande parte, ao uso intensivo de esterco animal como fertilizante."[18]

O MARKETING DA FELICIDADE

Entre as 22 principais causas de intoxicação apontadas pela OMS estão as bactérias salmonela e *E. coli*, o norovírus e a fumonisina, uma toxina que inibe a absorção de ácido fólico e pode causar malformação nos fetos, distúrbios renais, problemas cardiovasculares e até edema pulmonar. O caso mais famoso envolvendo a fumonisina aconteceu na Inglaterra, em 2006, quando as autoridades sanitárias identificaram, em uma análise de rotina, a presença da substância em quantidade acima dos limites aceitáveis em 100% das amostras de alimentos orgânicos testadas. Essa história só não teve um final trágico devido à agilidade do governo britânico em retirar todos os produtos contaminados do mercado a tempo.

Em um artigo publicado no jornal *O Estado de S. Paulo* na época, o biólogo Fernando Reinach, membro titular da Academia Brasileira de Ciências, já fazia um alerta que se mantém mais atual do que nunca. "Os resultados (das análises na Inglaterra) mostram que a decisão dos consumidores de voltar às formas primitivas de produzir alimentos implica um risco de sofrermos envenenamentos. Isso não quer dizer que seja impossível produzir alimentos orgânicos de maneira segura, mas somente que sua produção tem que ser mais cuidadosa e que o consumidor deve ser alertado dos riscos envolvidos, não só dos benefícios."[19]

Existe também a lenda de que consumir alimentos orgânicos beneficia o pequeno produtor e estimula a agricultura familiar. Essa história, apesar de bonita, só cola entre os consumidores urbanos — em especial aqueles que nunca pisaram em uma propriedade rural e que têm como referência os camponeses exibidos em programas de televisão. Esqueça a trilha sonora bucólica e a ideia de que todo mundo vive feliz, em harmonia com a natureza e trabalhando com o propósito único de salvar a humanidade. Na maioria esmagadora dos casos, não é bem assim que funciona. Nove entre dez agricultores familiares não têm escala suficiente para abastecer um supermercado e muito menos para barganhar preços melhores. Desta forma, acabam ficando nas mãos dos atravessadores, que passam de sítio em sítio coletando pequenas quantidades até encher um caminhão e só então levar aos varejistas. Esses intermediários, evidentemente, acabam ficando com boa parte do lucro. As maiores margens, porém, sempre ficam com o varejo.

AGRADEÇA AOS AGROTÓXICOS POR ESTAR VIVO

Já vimos que as principais redes supermercadistas do Brasil têm expandido substancialmente a oferta de orgânicos de todos os tipos. Se não fosse algo muito lucrativo, isso não estaria acontecendo. Nos Estados Unidos, onde esses produtos já estão consolidados e o poder aquisitivo da população é muito maior, esse mercado é dominado pela Whole Foods — rede que conta com mais de 460 lojas em todo o país e registrou um faturamento de US$ 15,7 bilhões no ano fiscal encerrado em setembro de 2016.[20] Nos últimos anos, a fama de careiro rendeu ao Whole Foods o apelido *"Whole Paycheck"*, ou "salário inteiro" em uma tradução livre. Não é para menos. Uma pesquisa de preços realizada pela agência de notícias Bloomberg mostrou que uma cesta com vinte produtos necessários para um jantar de Ação de Graças totalmente orgânico custaria a bagatela de US$ 134,95 no Whole Foods. No Walmart, a mesma cesta, mas com produtos convencionais, sairia por menos de US$ 60.[21]

Nas gôndolas já não há mais espaço para companhias familiares. Atualmente, o segmento de orgânicos é dominado pelos grandes grupos do setor de alimentos e bebidas — os mesmos que há décadas nos entopem de comida ultraprocessada, bebidas cheias de açúcar e *junk food* em geral. Apesar do apelo sustentável, as novas marcas também visam ao lucro, têm metas de crescimento e de vendas, tudo igualzinho aos produtos tradicionais. Um exemplo disso é a Honest Tea, fabricante de sucos orgânicos fundada em 1998 e hoje líder de mercado nos Estados Unidos. A empresa foi comprada pela Coca-Cola em 2011 e desde então tem crescido de forma acelerada. A bebida, que até 2008 podia ser encontrada em cerca de 15 mil estabelecimentos, agora está em mais de 100 mil pontos de venda em todo o país.[22]

Além da melhora na distribuição, pequenas alterações na fórmula dos chás também têm ajudado a impulsionar as vendas. Quando foi lançado, o Honest Tea possuía em média 35 calorias por garrafa de meio litro, mas com o tempo passou a aumentar o teor de açúcar dos produtos. Em 2003, ainda antes de serem adquiridas pela Coca-Cola, algumas das bebidas da Honest Tea já continham 60 calorias por embalagem. Atualmente, a maioria dos produtos é oferecida com 100 calorias por garrafa, ou quase três vezes mais do que na fórmula original.

O MARKETING DA FELICIDADE

As metas de vendas também estão cada vez mais agressivas. No início de 2015, um grupo de executivos da Coca-Cola se reuniu com os diretores da Honest Tea para tratar dos planos de crescimento da empresa, ainda administrada por um de seus fundadores, Seth Goldman. Após avaliarem o balanço de 2014, que registrava crescimento nas vendas e um faturamento de US$ 134 milhões, eles disseram: "Ótimo. Como podemos dobrar ou triplicar isso?", revelou Seth Goldman, em entrevista ao *The Wall Street Journal*. "Agora, a meta é chegar a uma receita anual de US$ 500 milhões em cinco anos."[23]

Outra gigante que também vem diversificando seus negócios é a Danone. A multinacional francesa, que já detinha participações relevantes em diversas empresas especializadas em produtos naturais — como a First Juice, Fresh Made Dairy e Brown Cow —, assumiu, em 2013, 92% do controle da Happy Family, uma das líderes no segmento de alimentos orgânicos para bebês nos Estados Unidos, por um valor estimado em US$ 250 milhões. A Happy Family, de fato, é um fenômeno. Fundada em 2006, a companhia faturava US$ 62,3 milhões quando foi comprada pela Danone. Três anos depois, as vendas já se aproximavam dos US$ 150 milhões.[24]

Já a PepsiCo, uma das maiores fabricantes de bebidas e salgadinhos do mundo, dona de marcas consagradas, como Pepsi, 7up, Toddynho, Ruffles e Doritos, e de um faturamento de mais de US$ 60 bilhões, decidiu se aventurar no lucrativo mundo orgânico em 2005, ao comprar a Stacy's Pita Chip. No ano seguinte, assumiu o controle da Naked Juice, que, apesar de se vender como um suco totalmente natural, continha uma concentração de açúcar maior até do que as encontradas em refrigerantes. Em 2016, a PepsiCo decidiu fazer uma nova investida no segmento, dessa vez lançando uma versão orgânica de um dos seus campeões de vendas, o isotônico Gatorade. Batizado de G Organic, o novo produto é totalmente livre de ingredientes artificiais e já está sendo vendido nos Estados Unidos por US$ 1,69, quase 40% mais caro do que sua versão convencional.[25]

A corrida pelos orgânicos nos Estados Unidos é justificada tanto pelo tamanho do mercado quanto pelo potencial de ganhos futuros. Além das margens mais altas, trata-se de um nicho que se mantém há anos em forte expansão. De

AGRADEÇA AOS AGROTÓXICOS POR ESTAR VIVO

acordo com a Organic Trade Association, a indústria de orgânicos nos Estados Unidos registrou um faturamento recorde de US$ 43,3 bilhões em 2015, um crescimento de 11% em relação ao ano anterior. Apenas como comparação, o setor de alimentação como um todo cresceu apenas 3% no período.[26] As frutas e vegetais ainda representam a maior parte do consumo, com vendas de mais de US$ 14 bilhões. No entanto, o segmento mais promissor é o de sucos frescos e bebidas em geral, que teve uma expansão de incríveis 33% em 2015 — daí o interesse de gigantes como Coca-Cola e Pepsico nesse ramo.

É inegável que o futuro será cada vez mais orgânico. Mas isso não significa que você vai se ver livre das grandes corporações, nem mesmo as do setor químico. Enquanto os consumidores buscam cada vez mais alimentos considerados saudáveis, os fabricantes de pesticidas sintéticos correm para desenvolver produtos que possam ser utilizados na produção orgânica e de alimentos rotulados como naturais. Empresas como Basf, Bayer, DuPont e Monsanto têm investido bilhões de dólares em pesquisas e aquisições para reforçar seus portifólios de produtos à base de micro-organismos, como bactérias e fungos.

Em 2012, a alemã Basf desembolsou pouco mais de US$ 1 bilhão pela Becker Underwood, uma companhia americana especializada em defensivos biológicos. No mesmo ano, a Bayer pagou US$ 500 milhões por uma empresa similar chamada AgraQuest Inc. Já a americana DuPont anunciou, em 2014, a construção de duas novas unidades de pesquisa nos Estados Unidos com foco exclusivo em biopesticidas, enquanto a Monsanto triplicou o investimento para o desenvolvimento de produtos voltados à agricultura orgânica desde 2015.

A entrada das gigantes do setor químico nesse segmento deve estimular o desenvolvimento de praguicidas biológicos cada vez mais eficazes e menos agressivos ao meio ambiente. Mesmo assim, por serem fabricados pelas "indústrias de agrotóxicos", esses produtos também já enfrentam resistência por parte de alguns ambientalistas — em mais uma demonstração de preconceito desses grupos em relação às novas tecnologias. A gritaria só não é maior porque a participação dos biológicos no mercado ainda é modesta. Em 2013 (último dado disponível), as vendas globais de biopesticidas totalizaram cerca de

O MARKETING DA FELICIDADE

US$ 2 bilhões, o equivalente a apenas 4% do mercado total de defensivos agrícolas. "Mas a crescente aversão pública aos produtos químicos pode impulsionar as vendas dos biológicos para US$ 5 bilhões até o fim da década", prevê Michael Cox, analista da consultoria Piper Jaffray.[27]

Um fato curioso e desconhecido pela grande maioria dos adeptos da alimentação natural é que a Monsanto, alvo de protestos em todo o mundo devido às pesquisas em torno dos transgênicos e pela venda de agroquímicos considerados perigosos, como o glifosato, é também líder mundial em vendas de sementes para a agricultura orgânica. A companhia americana entrou nesse segmento em 2005 com a compra da Seminis, então líder em vendas de sementes de hortaliças orgânicas nos Estados Unidos, por US$ 1,4 bilhão, e consolidou sua posição em 2008, após a aquisição da holandesa DeRuiter Seeds, líder na Europa, por US$ 800 milhões.[28] Atualmente, a Monsanto comercializa sementes de 25 espécies, entre frutas, verduras e legumes, e detém, por exemplo, 85% do mercado mundial de sementes de brócolis. No Brasil, 60% dos pepinos, 50% das couves e 30% dos tomates também contam com a tecnologia Monsanto.

Por fim, o último dos mitos — e talvez o maior deles — é o de que é possível alimentar o mundo exclusivamente com produtos orgânicos. Qualquer pessoa que entenda o mínimo sobre a produção de alimentos sabe que isso é totalmente inviável. Para os que não entendem, eu explico. Até hoje, não existe um consenso sobre a diferença de produtividade entre os alimentos convencionais e os orgânicos. Alguns especialistas afirmam que a diferença pode chegar a 40%, enquanto outros defendem que hoje em dia essa diferença não chega a 5%. Ambos estão certos, já que os índices de produtividade dependem basicamente das tecnologias empregadas, seja lá qual for o sistema adotado.

Por exemplo, se compararmos uma pequena lavoura orgânica sob os cuidados de um engenheiro agrônomo, que utilize insumos de ponta e conte com mão de obra intensiva, com uma plantação convencional tocada por um sitiante desprovido de informações e sem assistência técnica, é bem provável que a diferença na produtividade ao final da safra seja realmente bem pequena. No entanto, quando comparamos propriedades com nível técnico equivalente, as

AGRADEÇA AOS AGROTÓXICOS POR ESTAR VIVO

vantagens da agricultura tradicional são inquestionáveis. Nem mesmo o mais radical defensor dos orgânicos seria capaz de provar o contrário.

Um trabalho publicado na revista científica *Nature* em 2012 confirma essa teoria. De acordo com o artigo "Comparing the Yields of Organic and Conventional Agriculture" [Comparando os campos de agricultura orgânica e convencional],[29] de autoria dos pesquisadores Jonathan Foley, Navin Ramankutty e Verena Seufert, as diferenças de rendimento entre orgânicos e convencionais são contextuais, ou seja, dependem de uma série de fatores, como o local da lavoura, as condições climáticas, o tipo de manejo, entre outros. Segundo o estudo, entretanto, a diferença de produtividade pode variar entre 13%, quando as melhores práticas orgânicas são utilizadas, e 34%, quando o nível tecnológico é semelhante. No Brasil, como sabemos, a agricultura orgânica de ponta é exceção. Em geral, os sistemas agroecológicos são adotados por assentados e produtores com pouca tecnologia, o que nos leva a crer que a diferença nos índices de produtividade por aqui seja até maior.

Mas vamos ser flexíveis e imaginar que a produtividade fosse realmente igual e que bastasse converter todas as fazendas para o sistema orgânico, seguindo todas as exigências para a produção de alimentos certificados. Bom, logo de cara, já esbarraríamos em outros três problemas: escassez de insumos (de onde viria todo o esterco necessário?), aumento da mão de obra (para fazer um manejo adequado à agricultura orgânica, é preciso pelo menos um funcionário por hectare de terra) e a falta de escala (como todo o trabalho é manual, o cultivo de grandes áreas orgânicas torna-se tecnicamente impossível — a não ser que você seja o Pedro Paulo Diniz). Com uma produção reduzida e totalmente pulverizada, encontraríamos ainda outros obstáculos, como os custos de logística para a distribuição dessa produção e a heterogeneidade dos produtos à venda nos supermercados.

Por essas e outras, o segmento de orgânicos já começa a dar sinais de saturação em alguns mercados mais maduros, como o Reino Unido. Por lá, a área destinada ao cultivo de produtos livres de agroquímicos, que havia crescido por dezesseis anos consecutivos, foi reduzida em 33% entre 2007 e 2011,[30] devido à queda na demanda por parte dos consumidores, que perceberam

O MARKETING DA FELICIDADE

que não conseguiriam manter por muito tempo um hábito alimentar tão custoso. A desaceleração no consumo levou à desvalorização desses produtos pelos supermercados, o que em muitos casos inviabilizou a produção. Desde então, os agricultores que se mantiveram no negócio têm buscado formas alternativas para comercializar suas mercadorias.

Nos últimos anos, a tendência de queda foi revertida, mas o mercado não apresenta mais o fôlego de outrora. Em 2015, as vendas de orgânicos atingiram a marca de £ 1,8 bilhão, um crescimento de 4,9% em relação ao ano anterior, mas ainda bem abaixo do pico de £ 2,1 bilhões alcançado em 2008.[31] Por outro lado, o número de produtores orgânicos despencou 35% nos últimos dez anos.[32] Atualmente, as lavouras orgânicas utilizam cerca de 3,3% das terras agricultáveis no Reino Unido, mas produzem apenas 1,4% dos alimentos vendidos na região — o que prova a ineficiência desse sistema de produção mesmo em propriedades que usam novas tecnologias.

Os números divulgados pelo *The World of Organic Agriculture — Statistics & Emerging Trends* [O mundo da agricultura orgânica — estatísticas e tendências emergentes], um levantamento global realizado pelo Research Institute of Organic Agriculture (FiBL) em conjunto com a International Federation of Organic Agriculture Movements (IFOAM),[33] duas das mais importantes entidades representativas do setor no mundo, nos ajudam a compreender melhor o mercado mundial de orgânicos. De acordo com o relatório mais recente, publicado no início de 2016, as vendas do segmento alcançaram US$ 80 bilhões em 2014, ou cinco vezes mais do que o registrado em 1999, e a tendência é que o crescimento se mantenha em ritmo acelerado nos próximos anos.

A América do Norte e a Europa concentram quase 90% do consumo de orgânicos no mundo. Entre os países, destaque para os Estados Unidos, responsável, sozinho, por 43% de todas as vendas. As nações da União Europeia contribuem com mais 38%, sendo Alemanha (13%), França (8%), Reino Unido (4%), Itália (3%) e Suíça (3%) os principais consumidores desses produtos. O Canadá também figura entre os principais mercados, com 4% das vendas. O único intruso neste seleto grupo de países desenvolvidos é a China, que tem registrado um crescimento impressionante nos últimos

AGRADEÇA AOS AGROTÓXICOS POR ESTAR VIVO

anos e atualmente responde por 6% do mercado mundial. Todos os outros países, juntos, somam 16% das vendas globais de orgânicos.

Em valores (a partir daqui, todos os dados foram divulgados em euros), a liderança também é dos Estados Unidos, com € 27,1 bilhões em vendas (o equivalente a US$ 35,9 bilhões — menos, portanto, do que os US$ 43,3 bilhões divulgados pela Organic Trade Association). Em seguida, mas ainda bem atrás, aparecem Alemanha (€ 7,9 bilhões), França (€ 4,8 bilhões), China (€ 3,7 bilhões) e Canadá (€ 2,5 bilhões). Os maiores índices de consumo de produtos orgânicos per capita, porém, estão nos países europeus mais ricos. Por esse critério, a Suíça lidera com folga, com uma média de gastos de € 221 por pessoa por ano. Luxemburgo (€ 164) e Dinamarca (€ 162) vêm logo em seguida. Os Estados Unidos, por sua vez, aparecem na modesta oitava colocação, com uma média de € 85 por habitante.

Outra informação interessante presente no relatório é o percentual de participação dos produtos orgânicos nos mercados de cada país. O ranking, mais uma vez, é liderado pelas nações mais ricas, mas revela a baixa participação do segmento mesmo em regiões onde o poder aquisitivo é elevado. O primeiro lugar é ocupado pela Dinamarca, onde os orgânicos representam apenas 7,6% das vendas. Suíça (7,1%), Áustria (6,5%), Estados Unidos (5%) e Alemanha (4,4%) fecham o ranking dos cinco maiores nesse quesito. Já os mercados que registraram as maiores taxas de crescimento foram os da Suécia e Índia, com incremento de mais de 40% no último ano, e a Noruega, onde as vendas de orgânicos cresceram cerca de 25%.

Em todo o mundo, a área destinada ao cultivo de produtos livres de pesticidas também aumentou significativamente, passando de 11 milhões de hectares, em 1999, para 43,7 milhões de hectares, em 2014. Mais de um terço dessas terras estão na Austrália, que mantém nada menos do que 17,2 milhões de hectares de lavouras certificadas. A Argentina, segunda colocada, possui apenas 3,1 milhões de hectares. O país com maior número de produtores orgânicos, no entanto, é a Índia, com 650 mil, seguida por Uganda (170 mil) e México (170 mil). Por fim, o dado que considero mais importante em todo o relatório é o que mostra que, apesar de tanto crescimento, só 0,9% de todas as lavouras cultivadas no mundo é orgânica, o que confirma a posição de mercado de nicho desses produtos. Apenas como comparação, os agricultores brasileiros plantaram quase 50 milhões de hectares somente em soja e milho convencionais em 2016.[34]

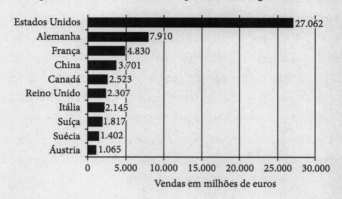

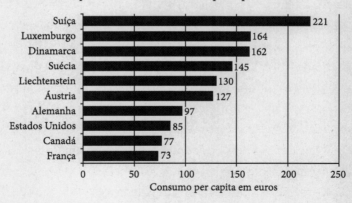

Por aqui, a agricultura orgânica ainda é irrisória. Mesmo sendo considerado por muitos o celeiro do mundo, o Brasil responde por módico 0,7% da produção global de orgânicos. De acordo com o relatório da IFOAM, o país conta com 750 mil hectares plantados, cerca de 11,5 mil produtores certificados e um

AGRADEÇA AOS AGROTÓXICOS POR ESTAR VIVO

mercado estimado em € 700 milhões (R$ 2,5 bilhões), o que dá um consumo per capita anual próximo de € 3,50, ou pouco mais de R$ 12. No mercado interno, a participação desses produtos também é discreta: menos de 1% das vendas totais de alimentos. Ainda assim, o Brasil é o maior mercado para os orgânicos na América Latina e segue em franca expansão. Entre 2015 e 2016, o crescimento ficou próximo dos 30%.

É justamente o potencial de crescimento que tem atraído cada vez mais investidores para o negócio. Mesmo sendo um mercado restrito às classes mais abastadas, existem algumas marcas nacionais já consolidadas nesse setor, como Native, Taeq e Korin, que não por acaso já começam a despertar o interesse de grandes grupos internacionais. Em 2013, a Mãe Terra, empresa paulista com faturamento estimado à época em R$ 90 milhões, teve 30% do seu capital adquirido pelo BR Opportunities, fundo de investimento que tem o publicitário Nizan Guanaes em seu conselho consultivo.[37] Em 2014, foi a vez da paranaense Jasmine, outra companhia nacional de destaque no segmento de orgânicos, com mais de R$ 120 milhões em vendas, ser vendida para a Nutrition et Santé, subsidiária da farmacêutica japonesa Otsuka.

O assédio às empresas brasileiras só não é maior porque cerca de 60% da produção orgânica nacional já é exportada. As commodities, especialmente o açúcar, a soja e o café, são vendidas quase que em sua totalidade para companhias sediadas fora do país, onde são processadas. No Brasil, o consumo de produtos orgânicos é limitado às frutas, verduras e legumes in natura, em geral vendidos a granel, em supermercados sofisticados que atendem às classes A e B. Outros itens de maior valor agregado já começam a ser oferecidos aos brasileiros, mas ainda são restritos aos consumidores de maior poder aquisitivo.

Os defensores dos orgânicos costumam dizer que, com o aumento da escala na produção, os preços tendem a baixar. Na teoria, faz todo sentido. Na prática, não é isso que vem acontecendo. O mercado brasileiro de orgânicos cresce a taxas de dois dígitos há anos, mas o que vemos nas gôndolas são mercadorias muito mais caras. Isso pode ser explicado pelas dificuldades de cultivo desses alimentos. Para se adequar às regras impostas pelas certificadoras, os agricultores precisam fazer investimentos elevados e ainda abrir mão de tecnologias que

O MARKETING DA FELICIDADE

facilitam a vida no campo. Apesar de os naturalistas pregarem que o futuro da agricultura é orgânico, a verdade é que isso não passa de um grande retrocesso.

Aí você pergunta: mas não dá para fazer? É claro que dá, mas é preciso fazer direito, o que não é nada fácil. Poucos são os agricultores que têm capacidade financeira para manter uma estrutura tão custosa. Uma reportagem exibida pelo canal Terraviva em 2016 mostra a realidade de um modelo de propriedade orgânica e nos ajuda a entender as dificuldades de se produzir sem defensivos químicos.[38] Como o uso de herbicidas é proibido, é preciso forrar o solo em torno dos pés de alface com um plástico especial para evitar o crescimento de ervas daninhas. Já a plantação de tomate é toda feita em estufas para evitar o ataque de insetos. Para se ter uma ideia, cada estufa de 500 m² vale mais de R$ 20 mil. Isso sem contar os custos com mão de obra. Para cuidar de uma propriedade de 50 hectares, por exemplo, são necessários 65 trabalhadores.

Existem milhares de produtores que já tentaram a agricultura orgânica, mas decidiram retomar o cultivo convencional. Luiz Barcelos, fruticultor no Vale do São Francisco, é um deles. Há alguns anos, ele dedicou parte de suas terras ao cultivo de melões orgânicos, mas após colher uma safra 40% menor, desistiu. "A produtividade é muito menor. Você tem problema com a adubação, com as pragas, além de um custo muito maior, porque os produtos orgânicos são bem mais caros. Quando você reduz a produtividade e aumenta o custo, não tem jeito, o produto fica mais caro", afirma Barcelos, também presidente da Associação Brasileira dos Produtores e Exportadores de Frutas e Derivados (Abrafrutas).

Mas existem também produtores que, mesmo diante das dificuldades, não se arrependem da mudança. É o caso de Massue Shirazawa, 71 anos, que desde 2007 cultiva orgânicos no bairro de Parelheiros, em São Paulo. Em 2014, o portal *UOL* publicou uma reportagem sobre agricultura orgânica na capital paulista que tinha dona Massue como personagem principal.[39] O texto, em tom positivo, falava sobre a época em que plantava repolho e batata de forma convencional e da transição para a agricultura livre de pesticidas, mas, mesmo sem querer, entregava todos os problemas enfrentados pelos pequenos agricultores. Na matéria, a agricultora revela a incerteza vivida pelos produtores orgânicos e admite que os ganhos são reduzidos.

AGRADEÇA AOS AGROTÓXICOS POR ESTAR VIVO

"Adubando e passando veneno, com certeza você colhe o convencional. No orgânico, não tem toda essa certeza", dizia a agricultora em um trecho da reportagem. "Com a renda das vendas, consegue o suficiente para pagar as despesas. Nada para investir, como na troca do trator. Na horta, conta com a ajuda do marido e dos três filhos — que enviavam dinheiro nos tempos difíceis quando estavam morando no Japão. 'Até o ano retrasado tinha um funcionário. Achou ruim que começamos a plantar orgânico, começou a reclamar', conta a agricultora. Perseverante na causa que abraçou, cuida de sua horta de seu jeito, sem pressa ou competição. 'Ele comparava com a do vizinho, que é convencional. Dizia, 'olha lá, já está colhendo, e o nosso não'. E eles jogam ureia, jogam muito veneno. Colhe mais rápido mesmo'", concluiu, ao final da matéria, sem se dar conta de que a ureia é um composto aprovado e amplamente utilizado na agricultura orgânica.[40]

Custo de produção maior, produtividade menor. Essa conta, definitivamente, não fecha. Mas enquanto milhares de pequenos produtores vivem a utopia de alimentar o mundo sem agrotóxicos, muitas vezes influenciados por histórias emocionantes contadas por artistas e empresários de sucesso (sucesso em outras áreas, obviamente), existe gente ganhando muito dinheiro com esse mercado. Hoje em dia, tudo é marketing. No segmento de orgânicos, em especial, a grande maioria dos produtos são bem apresentados, vendidos em embalagens bacanas, por marcas com logomarcas descoladas. Todos esses pequenos detalhes, evidentemente, influenciam no preço final.

É tanto valor agregado que a Organics Brasil, entidade que representa as principais indústrias do setor no país, inaugurou, em 2016, um empório de 400 m² em plena rua Oscar Freire, reduto das grandes grifes e ponto de encontro dos ricos e famosos em São Paulo. O espaço, localizado em um dos pontos mais nobres da via, contava com loja, praça para ativação das marcas associadas em um ambiente mais "natural", além de uma feira e festival de comidas orgânicas, batizada "Oscar Feira", aos finais de semana. Sem dúvida, uma ação muito legal e alinhada com a realidade desse mercado no Brasil: produtos refinados, muito mais caros e ainda fora do alcance da maioria esmagadora da população.

O MARKETING DA FELICIDADE

O marketing da felicidade, entretanto, não se limita à Oscar Freire. Ele está por toda a parte, até em lugares mais humildes. Em 2015, o Butão, um pequeno país de maioria budista, encravado entre a Índia e a China, anunciou que seria a primeira nação 100% orgânica do mundo. A notícia logo chegou ao Brasil, deixando os críticos dos agrotóxicos ouriçados. "Olha que exemplo", diziam uns. "Viu, como é possível?", questionavam outros. O site moderninho Hypeness, foi um dos mais empolgados:

Butão vai ser o primeiro país do mundo a permitir somente agricultura orgânica[41]

Hypeness, jan. 2015

> Não faltam motivos para amar o Butão. Depois de substituir o Índice de Desenvolvimento Humano (o famoso IDH) pelo Índice de Felicidade Interna (FIB), passando a privilegiar a felicidade de seus habitantes, este país asiático de apenas 750 mil habitantes se destaca por uma nova iniciativa: será o primeiro do mundo a permitir somente agricultura orgânica.
>
> A decisão passará a valer a partir de 2020, quando todos os alimentos produzidos no país deverão ser provenientes de práticas de agricultura ecológica. Grande parte das plantações do país já são orgânicas, graças aos altos custos dos produtos artificiais na região.
>
> A iniciativa, que proíbe o uso de pesticidas e agrotóxicos químicos, foi do ministro da Agricultura Pema Gyamtsho, que ainda declarou que o país pretende exportar alimentos naturais para China, Índia e outros países vizinhos.
>
> E que tal outros países pelo mundo seguirem o exemplo?

Realmente, uma história inspiradora, que deve ter rendido milhares de cliques e compartilhamentos nas redes sociais. Fico até me perguntando por que o redator desse texto não foi morar lá. O texto, no entanto, omite alguns pontos

AGRADEÇA AOS AGROTÓXICOS POR ESTAR VIVO

importantes. Não foi dito, por exemplo, que o Butão é um dos países mais pobres e menos desenvolvidos do mundo, onde mais de um quarto da população vive com menos de US$ 1,25 por dia. A expectativa de vida por lá não chega aos 70 anos. Já o Produto Interno Bruto é de menos de US$ 2 bilhões,[42] o que dá uma ideia da irrelevância do país. Apenas como comparação, a vizinha Índia tem um PIB de US$ 2 trilhões. A China, de US$ 10 trilhões.

Introdução feita, vamos aos fatos. Primeiro, o tal Índice de Felicidade Interna. Com índices econômicos e sociais tão ruins, até que não foi uma má ideia desviar a atenção da mídia internacional para algo tão subjetivo. O IDH foi substituído, na realidade, por jogar contra a imagem que o governo local quer passar ao mundo. A verdade é que, de acordo com o levantamento oficial da ONU, o Butão possui um Índice de Desenvolvimento Humano de apenas 0,605, o que o coloca apenas na 132ª posição entre 188 países. Esse ranking é liderado pela Noruega, com 0,944, enquanto o Brasil aparece em 75ª, com 0,755.[43] O povo butanês é tão feliz que não tem nem a liberdade de escolher as próprias roupas, isso porque, sob o argumento de preservar a cultura local, toda a população é obrigada a usar vestimentas tradicionais budistas.

Agora, os dados econômicos. Pouco industrializado e com 70% do seu território coberto por florestas, o Butão tem como principal atividade econômica a geração de energia hidrelétrica a partir dos rios que nascem no Himalaia — o que não significa eletricidade barata para a população. Atualmente, 70% dos butaneses vivem no escuro, já que a maior parte dessa energia é vendida para a Índia.[44] Outros segmentos importantes da economia local são a extração de minério de ferro e a produção de carbonetos, também exportados para a Índia.[45] Mesmo com 62% da população vivendo na zona rural,[46] o agronegócio não figura entre as principais atividades econômicas do país.

Finalmente, os orgânicos. A verdade é que a produção de alimentos no Butão já é quase que totalmente orgânica, uma vez que a grande maioria dos agricultores nem sequer têm acesso a pesticidas ou fertilizantes. Todavia, apenas 1,4% das áreas de produção são certificadas, o que representa cerca de 6.829 ha, de acordo com o relatório da IFOAM.[47] A Fazenda da Toca, uma

O MARKETING DA FELICIDADE

das maiores produtoras de orgânicos no Brasil, tem, sozinha, um terço dessa área.[48] Resumo da história: tudo isso não passa de marketing barato para tentar melhorar a imagem do Butão. Resumo da história, parte dois: não acredite em tudo o que você lê na internet.

Outro país que anunciou recentemente a conversão de todas as suas lavouras para o sistema orgânico foi a Dinamarca — neste caso, porém, uma iniciativa séria e apoiada pela maioria da população. Dona do quarto maior IDH do planeta, a Dinamarca lançou seu programa oficial de certificação em 1989 e desde então tem feito um trabalho de conscientização junto aos produtores e à população em geral, sempre fomentando o consumo dos alimentos ditos naturais. Como vimos, a Dinamarca já é o país onde os orgânicos possuem a maior participação de mercado (7,6% do total) e o terceiro onde se gasta mais com esses produtos (média de € 162 por habitante), portanto não é de se duvidar que eles realmente consigam converter 100% da sua produção.

Muito mais do que os aspectos culturais e econômicos, existem outros fatores facilitadores para essa transição. O principal deles é o climático. Não podemos esquecer que a Dinamarca está localizada na Escandinávia — ou seja, é um lugar muito frio, o que já reduz significativamente a incidência de pragas durante a safra. O inverno rigoroso, com temperaturas que podem ultrapassar os -10°C, contribui para o controle natural dos predadores. Outro ponto importante é o fato de o país não ser um grande produtor de alimentos. São apenas 2,6 milhões de hectares cultiváveis, 1,5 milhão ocupados por culturas de inverno, como trigo, aveia e centeio. As fazendas também são pequenas, com 70 hectares em média, o que facilita o manejo orgânico. Ainda assim, apenas 7% das lavouras dinamarquesas são certificadas.[49] Mesmo sendo referência mundial no assunto, a Dinamarca possui hoje pouco mais de 180 mil hectares dedicados à agricultura orgânica, quatro vezes menos do que o Brasil.

Experiências do tipo são válidas (até para mostrar as dificuldades envolvidas nesse processo complexo), mas só podem ser tentadas por países altamente

AGRADEÇA AOS AGROTÓXICOS POR ESTAR VIVO

desenvolvidos e que não tenham outros problemas sociais para resolver. Se der certo, ótimo. Se não der, também não será nenhuma tragédia, já que haverá dinheiro de sobra para comprar alimentos produzidos em outros lugares. Por outro lado, um plano como esse seria totalmente inviável em grandes produtores e exportadores de alimentos, como Brasil, Estados Unidos e China, sob risco de um desabastecimento global de produtos básicos. Mas para os detratores nada disso importa.

O que se vê é um preconceito generalizado em torno dos agroquímicos. Novos mitos são criados todos os dias, apesar de até hoje não existir nenhum trabalho científico conclusivo sobre o tema. A situação se torna ainda mais preocupante a partir do momento em que pessoas influentes e bem informadas passam a propagar informações falsas. No Brasil, artistas engajados têm mais autoridade para falar sobre alimentação saudável do que pesquisadores sérios ou médicos toxicologistas. Já a mídia, sempre em busca de notícias sensacionalistas e pouco interessada em se aprofundar na questão, apenas replica as besteiras, sem se comprometer. O resultado disso é um clima de insegurança que só interessa aos que lucram com a venda de orgânicos.

Os ambientalistas podem até espernear, mas uma coisa é certa: os agrotóxicos nunca serão banidos por um motivo simples: eles são fundamentais para a segurança alimentar no planeta. Sem eles, os índices de produtividade no campo voltariam aos níveis dos anos 1950. O problema é que a população mundial hoje é três vezes maior e segue crescendo em ritmo acelerado, a uma média anual de 1,18%. De acordo com estimativas da Organização das Nações Unidas, são cerca de 83 milhões de bocas a mais para alimentar todos os anos. Se esses cálculos estiverem corretos, em 2030, já seremos 8,5 bilhões de pessoas, número que subirá para 9,7 bilhões, em 2050, e deve chegar a 11,2 bilhões em 2100.[50] Agora, fica a pergunta: existe espaço para uma redução na produção mundial de alimentos em nome de uma ideologia?

A história mostra que onde houve investimento em tecnologia agrícola, houve crescimento e desenvolvimento. Onde não houve, o resultado foi guerra

O MARKETING DA FELICIDADE

por comida. É assim até hoje. Em pleno século XXI, é preciso que as pessoas entendam, de uma vez por todas, que um sistema de produção não exclui o outro e que a agricultura orgânica é um nicho de mercado que responde por apenas 1% das vendas. Em bom português, isso significa que, por mais que o Marcos Palmeira prometa, vai ser impossível alimentar a humanidade exclusivamente com produtos orgânicos.

8. Agrotóxico mata!

"Uma terra de suor e sangue. Uma terra e seus contrastes. O retrato árido de um povo, o olhar da doce inocência. Aqui, no sertão nordestino, a vida e a morte se confundem. Uma área fértil, próspera. Frutas que abastecem o Brasil e o mundo. Mas aqui também é um local que guarda uma realidade inquietante: 78% dos alimentos ingeridos têm agrotóxicos. Pessoas que morrem antes do que deveriam morrer. Em uma região onde a incidência de câncer é 38% maior do que o normal, a ameaça é invisível... São longas jornadas de trabalho, expostos ao veneno mortal e suas graves consequências. Tudo parece estar bem. Só parece." O texto comovente, em tom dramático, narrado pelo experiente jornalista Roberto Cabrini, logo na introdução do programa investigativo *Conexão Repórter*,[1] já dá uma ideia do tom da matéria.

Era junho de 2014 quando uma equipe do SBT esteve na Chapada do Apodi, no Ceará, para fazer uma reportagem-denúncia sobre a vida dos agricultores que pulverizavam agroquímicos em uma das principais regiões produtoras de frutas do Nordeste. Na cidade de Limoeiro do Norte, Cabrini flagrou lojas vendendo pesticidas sem receituário agronômico (o que é proibido por lei), aplicadores trabalhando sem equipamentos de proteção (o que também é ilegal), entrevistou "especialistas" ligados à Campanha Permanente Contra os Agrotóxicos e até um médico que desconfia de muita coisa, mas não apresentou nenhum dado que comprovasse sua teoria. Ao longo de 45 minutos,

AGRADEÇA AOS AGROTÓXICOS POR ESTAR VIVO

os agrotóxicos foram retratados como causadores de inúmeras mortes e responsáveis por todos os problemas de saúde enfrentados pela população local.

A reportagem do *Conexão Repórter*, no entanto, ignorou algumas informações relevantes — essas, sim, oficiais. De acordo com o Ministério da Saúde, em todo o ano de 2013 foram registrados 1.907 casos de intoxicação envolvendo agroquímicos, sendo 971 tentativas de suicídio. No campo, foram 621 acidentes individuais e outros 214 casos de intoxicação ocupacional, com apenas sete óbitos registrados.[2] Não estou dizendo que sete mortes em um ano seja algo aceitável, longe disso, mas a verdade é que estamos distantes do caos retratado por Roberto Cabrini e tantos outros jornalistas em todo o Brasil.

Se a reportagem sobre os aplicadores causou tanta comoção, fico imaginando o quão dramática seria uma matéria similar mostrando o dia a dia de taxistas, motoboys, caminhoneiros e motoristas de ônibus, que enfrentam as ruas das grandes cidades todos os dias, expostos à violência do trânsito. Segundo a Organização Mundial da Saúde, os acidentes de trânsito são uma das principais causas de morte em todo o mundo, vitimando mais de 1 milhão de pessoas todos os anos. Somente o Brasil registrou 41 mil mortes no trânsito em 2013, o que dá uma média de 23,4 mortes para cada 100 mil habitantes, número que coloca o país na liderança entre as nações sul-americanas.[3] São quase 6 mil vezes mais mortes no trânsito do que nas lavouras. Não seria o caso de lutar contra as montadoras e banir todos os carros? É óbvio que não. Por que com os agrotóxicos é diferente?

Os defensivos agrícolas são produtos químicos regulados, perigosos e que devem ser utilizados com extrema cautela. Assim como no caso dos veículos, os pesticidas também deveriam ser manuseados exclusivamente por pessoas habilitadas, como já acontece em vários países da Europa. A falta de treinamento adequado é um problema que existe desde que esses produtos foram introduzidos no Brasil. Nas últimas décadas, milhares de casos de intoxicação devido ao uso incorreto dessas substâncias foram registrados. A partir dos anos 1990, com o desenvolvimento do agronegócio nacional e o consequente aumento na utilização de agroquímicos, o número de acidentes também cresceu.

O fato é que a grande maioria das ocorrências de intoxicação poderia ser evitada caso os agricultores brasileiros ainda tivessem à disposição um serviço

AGROTÓXICO MATA!

de assistência técnica eficiente, como os oferecidos no passado. Entre 1975 e 1990, período marcado por investimentos robustos na inovação tecnológica das lavouras no país, os produtores podiam contar com a orientação de técnicos da Empresa Brasileira de Assistência Técnica e Extensão Rural (Embrater), uma estatal vinculada ao Ministério da Agricultura, que tinha como principal missão transmitir conhecimento e difundir as novas tecnologias agrícolas. A Embrater, no entanto, foi extinta pelo ex-presidente Fernando Collor logo em seu primeiro dia de governo, deixando os serviços de consultoria agronômica nas mãos dos vendedores de insumos, entre eles os de defensivos — que obviamente têm interesses comerciais na relação.

Mas, ao contrário do que muitos pensam, não existe o menor interesse das empresas fabricantes no uso indiscriminado de seus produtos — e isso não tem nada a ver com a saúde do trabalhador. Assim como acontece com os medicamentos, o uso excessivo de uma determinada substância química na lavoura reduz gradualmente sua eficácia. Em situações extremas, quando a população de pragas se torna resistente, esse defensivo perde completamente o efeito pesticida, obrigando o agricultor a migrar para outra marca cuja formulação seja diferente. Assim, a empresa que costumava vender mais do que o necessário perderá um cliente. O maior problema, porém, é quando não há um produto equivalente no mercado. Neste caso, o produtor ficará descoberto, já que o tempo necessário para o desenvolvimento de uma nova molécula pode chegar a dez anos.

Situações como essa geram impasses até mesmo dentro das grandes companhias. Enquanto os responsáveis pela pesquisa e treinamento pregam o uso correto dos produtos, o departamento comercial vive a eterna pressão pelo aumento das vendas. Como resolver o dilema? A única alternativa viável seria o fortalecimento dos serviços públicos e independentes de extensão rural, atualmente sob responsabilidade do Ministério do Desenvolvimento Agrário e com foco quase que exclusivo na agricultura familiar orgânica.

Outro ponto que precisa ser melhorado com urgência é a fiscalização em campo. Apesar de viverem dizendo nas reportagens que têm medo dos agrotóxicos, que sentem tonturas e têm problemas respiratórios, os agricultores no Brasil sim-

AGRADEÇA AOS AGROTÓXICOS POR ESTAR VIVO

plesmente não usam equipamentos de segurança. Não existem estatísticas oficiais, mas os especialistas garantem que menos de 15% dos agricultores que manuseiam agroquímicos usam Equipamentos de Proteção Individual (EPIs) corretamente. Fazendo mais uma analogia aos carros, é uma situação muito semelhante à dos motoristas que não usam o cinto de segurança. Eles estão assumindo o risco. No passado, era normal andar sem o cinto. Hoje, é algo inaceitável. Se não houvesse fiscalização nem aplicação de multas, a mentalidade do brasileiro em relação ao assunto dificilmente teria mudado. O mesmo vale para o meio rural.

Landa Rodrigues, de 40 anos, trabalha na lavoura em Teresópolis, na Região Serrana do Rio, desde criança. Antes ou depois da escola, costumava ajudar a família na produção de verduras. Cresceu plantando mudas, pulverizando agrotóxicos e colhendo o resultado do trabalho esforçado. Aos 20 anos, logo depois de usar um pesticida, seus olhos começaram a arder e inchar. Landa esperou o incômodo passar, mas ele não passou. Hoje, enxerga pouco e sempre soube que a culpa era do veneno, mesmo antes de as substâncias ganharem destaque pelos males à saúde que causam. Enjoos, dores de cabeça, feridas e coceiras na pele são outras lembranças ruins que ela guarda de quando as usava em sua produção, já que há três anos trabalha apenas com orgânicos.[4]

O texto, extraído da reportagem "Brasil lidera o ranking de consumo de agrotóxicos", publicada pelo jornal carioca *O Globo*, em abril de 2015, é uma demonstração de como a imprensa transfere a responsabilidade pela negligência dos agricultores para os defensivos. Exemplos não faltam. Se os olhos da agricultora ardem, é porque ela não utilizou viseiras. Se o cheiro forte dos químicos incomoda, existem máscaras específicas que podem ser adquiridas em qualquer loja de artigos agropecuários. Sobre a irritação na pele, bastaria ter usado luvas de borracha e vestido calça e jaleco com tecido hidrorrepelente. Se tivesse trabalhado devidamente equipada, a sra. Landa certamente não teria nenhum problema de saúde.

A matéria de *O Globo* é ilustrada com a foto de uma mulher pulverizando pesticidas em uma horta calçando chinelos de dedo, vestida com roupas

AGROTÓXICO MATA!

convencionais de algodão, com as pernas desprotegidas e sem qualquer tipo de proteção no rosto. Assim como ela, milhões de produtores em todo o país ignoram as normas de segurança sob o argumento de que os EPIs são quentes, pesados ou desconfortáveis. Os macacões utilizados pelos pilotos de Fórmula 1 também são quentes, pesados e desconfortáveis, mas nem por isso eles correm de bermuda e camiseta. O mesmo ocorre na indústria química. Você poderia imaginar um trabalhador manipulando ácido sulfúrico sem proteção? No caso dos agrotóxicos, justamente por saberem que os riscos são infinitamente menores, os agricultores não dão a devida atenção às recomendações de segurança.

Mesmo os trabalhadores que buscam algum tipo de proteção nem sempre utilizam os EPIs de forma correta. Isso porque cada produto exige uma combinação de equipamentos diferente, de acordo com a forma de aplicação e a toxicidade do praguicida. É preciso sempre ler a bula e seguir as recomendações, o que raramente é feito. Existem ainda outras peculiaridades que em muitos casos passam despercebidas, como a necessidade de passar os EPIs com ferro quente antes de serem utilizados. E não se trata de nenhuma exigência estética. "O procedimento é necessário para ativar o sistema de proteção do tecido", explica Hamilton Ramos, chefe do Centro de Engenharia e Automação do Instituto Agronômico de Campinas. "O EPI deve ser lavado após cada dia de trabalho e passado antes de ser utilizado novamente."

De volta ao Ceará, onde poucos são os agricultores que usam equipamentos de proteção e muitos são os detratores que pedem o banimento dos agroquímicos, veremos que, mesmo desprotegidos, os produtores rurais não estão sofrendo com intoxicações. Uma das principais críticas dos pesticidas na região é a professora do Departamento de Saúde Comunitária da Universidade Federal do Ceará, Raquel Rigotto, também autora do livro *Agrotóxicos, trabalho e saúde* e uma das principais lideranças da Campanha Permanente Contra os Agrotóxicos e Pela Vida. Sempre com um discurso inflamado, embora mais baseado em ideologias do que em ciência, a pesquisadora contesta até o modelo de desenvolvimento agrícola adotado pelo Brasil — sim, ela é contra o modelo que fez com que o país deixasse de ser importador de alimentos para se transformar em um dos principais agentes do agronegócio mundial.

AGRADEÇA AOS AGROTÓXICOS POR ESTAR VIVO

Em sua visão retrógrada, "o uso dos agrotóxicos não significa produção de alimentos; significa concentração de terra, contaminação do meio ambiente e do ser humano",[5] o que não passa de uma falácia.

Raquel Rigotto é mais uma das "estudiosas" que insiste em relacionar os casos de câncer com o uso de produtos químicos nas lavouras, desafiando as estatísticas oficiais para promover trabalhos mambembes não reconhecidos pela comunidade científica, mas amplamente divulgados pela imprensa. Em uma das acusações mais recentes, publicada no Dossiê Abrasco — documento que assina como editora —, Rigotto afirma que os agricultores da Serra da Ibiapaba, importante região produtora de frutas, verduras e flores localizada no noroeste do Ceará, estariam desenvolvendo doenças graves devido ao uso indiscriminado de praguicidas nas lavouras. Segundo o texto, "os que trabalham nas plantações apresentam afecções cutâneas e respiratórias, bem como cefaleia frequente".[6] Tudo, obviamente, baseado em suposições.

Como era de se imaginar, o assunto ganhou repercussão nacional. De uma hora para outra, a Serra da Ibiapaba — uma área que engloba os municípios de Viçosa do Ceará, Tianguá, Ubajara, Ibiapina, São Benedito, Carnaubal, Guaraciaba do Norte e Croatá e tem a agricultura como principal atividade econômica — virou notícia em todo o Brasil, chamando a atenção do Ministério Público e contribuindo para piorar ainda mais a imagem dos agroquímicos perante a opinião pública. Intrigado com os resultados, o médico toxicologista Angelo Zanaga Trapé, coordenador do Departamento de Saúde Coletiva da Unicamp, decidiu fazer, em 2014, uma investigação paralela para descobrir o que realmente estava acontecendo com esses agricultores.

Financiado pela Associação Nacional de Defesa Vegetal (Andef), o médico treinou dezenas de profissionais da região, firmou parcerias com a Agência de Defesa Agropecuária do Estado do Ceará (Adagri), Empresa de Assistência Técnica e Extensão Rural do Ceará (Ematerce), Centro de Referência em Saúde do Trabalhador (Cerest), além dos sindicatos rurais de todos os municípios envolvidos, e iniciou o que viria a ser o maior levantamento epidemiológico relacionado aos agroquímicos já realizado no Brasil. No total, foram avaliadas as condições de saúde de mil trabalhadores rurais, com idades entre 20 e 60 anos e

AGROTÓXICO MATA!

tempo médio de exposição a pesticidas de dezesseis anos. Diversos participantes estavam passando por uma avaliação médica pela primeira vez na vida.

A primeira das muitas mentiras propagadas por Raquel Rigotto foi descoberta logo na análise das fichas cadastrais preenchidas pelos produtores. Ao contrário do que a pesquisadora prega, apesar do uso intensivo de defensivos, não existe concentração de terras na Serra da Ibiapaba. O relatório final mostrou que 95% dos agricultores da região atuavam em pequenas propriedades que vendem hortaliças diretamente aos consumidores, nas ruas ou em feiras livres, enquanto os outros 5% mantinham vínculo com fazendas ligadas às grandes indústrias processadoras.

Após a checagem da documentação, os trabalhadores seguiram para a fase de entrevistas individuais com os agentes de saúde. Foram estabelecidos três critérios de suspeição de distúrbios relacionados à exposição aos agroquímicos: epidemiológico, no caso de o agricultor já ter tido algum tipo de intoxicação com internação hospitalar nos últimos dez anos ou se buscou assistência médica devido a problemas de exposição aos pesticidas nos últimos doze meses; clínico, caso o entrevistado relatasse sintomas neurológicos periféricos, gástricos, dermatológicos ou irritação de mucosas oculares; e laboratorial, se o paciente apresentasse rebaixamento da acetilcolinesterase, enzima responsável pelos impulsos nervosos que pode sofrer alterações devido à exposição aos defensivos químicos.

Os resultados superaram até as expectativas mais otimistas — ou pessimistas, no caso dos críticos. Dos mil entrevistados, somente 29 (ou o equivalente a menos de 3% do total) se enquadraram em algum dos critérios de suspeição e foram encaminhados para avaliação médica detalhada no Cerest. Após passarem por uma bateria de exames laboratoriais, apenas um caso de lesão dermatológica foi confirmado como relacionado à exposição aos agrotóxicos. Importante lembrar que problemas de pele em aplicadores são causados, na maioria dos casos, pelo uso incorreto de Equipamentos de Proteção Individual. Entre os produtores rurais entrevistados, somente 17% relataram utilizar EPI regularmente.

O trabalho realizado pela equipe do dr. Angelo Trapé deixa claro que não há nada de errado com os agricultores da Serra da Ibiapaba. Foram examinados mil trabalhadores com tempo médio de exposição aos agrotóxicos

AGRADEÇA AOS AGROTÓXICOS POR ESTAR VIVO

superior a quinze anos e apenas um único problema relacionado ao manuseio desses produtos foi identificado — problema esse que ainda poderia ter sido evitado com o uso de equipamentos de segurança obrigatórios. E mais: o padrão de morbidade registrada na pesquisa foi similar ao das populações urbanas brasileiras. O levantamento deveria ser repetido em 2016, mas não teve continuidade devido a pressões políticas. A investigação inicial serviu, ao menos, para jogar uma pá de cal sobre as teorias conspiratórias da professora Raquel Rigotto.

Nos últimos anos, a ciência já provou que os alimentos não estão intoxicados pelos pesticidas e que a saúde de agricultores e consumidores também não está sendo impactada pelos defensivos químicos. A falta de argumentos sólidos vem complicando, dia após dia, a vida dos ativistas, que são obrigados e encontrar outras formas de ataque aos agrotóxicos. O novo alvo dos detratores é a pulverização aérea, proibida recentemente na Europa, mas ainda fundamental para a aplicação de defensivos agrícolas em grandes propriedades no Brasil. Como sempre, os críticos citam casos isolados de acidentes como se fosse uma regra, fazem relatos dramáticos e exploram supostos (mas nunca comprovados) problemas de saúde nas populações atingidas. Por fim, usam a imprensa para disseminar os factoides. Em geral, dá certo.

"Os aviões faziam o retorno em cima da comunidade e passavam por cima da igreja. A comunidade ficava toda branca, como se estivesse nevando." O relato da agricultora Socorro Guimarães, 42 anos, diz respeito à prática da pulverização aérea de agrotóxicos nas propriedades rurais próximas da comunidade Tomé, em Limoeiro do Norte, a 200 quilômetros de Fortaleza. O município se localiza na região da Chapada do Apodi, uma das áreas mais ocupadas pelo agronegócio no Ceará, perto do perímetro irrigado Jaguaribe-Apodi e da divisa com o Rio Grande do Norte. A pulverização aérea, forma de aplicação de defensivos sobre as culturas agrícolas, pode ser proibida no estado. Um projeto de lei quer vedar o uso da técnica por considerá-la a mais nociva para a saúde e para o meio ambiente.[7]

AGROTÓXICO MATA!

O texto faz parte da reportagem "Ceará pode proibir pulverização aérea de agrotóxicos", publicada pela Agência Brasil (uma empresa pública, diga-se de passagem) e distribuída para veículos menores de todo o país. Adivinha quem aparece entre os entrevistados, comentando mais uma "tragédia"? Ela mesmo... Raquel Rigotto. Após ser desmascarada pelo trabalho do dr. Trapé, a pesquisadora parece ter aprimorado seu conhecimento sobre aviação agrícola. "Ficamos muito impressionados com a situação de vulnerabilidade em que a população se encontrava, porque estavam lá apenas os funcionários da empresa de aviação agrícola, com um caminhão de caixas de veneno no campo de pouso da Chapada do Apodi. O avião vinha, abastecia com um volume elevado de venenos, saía, aspergia aquilo tudo, voltava, fazia de novo e não tinha nenhuma autoridade pública fiscalizando o procedimento."

Ora, se o avião foi contratado para fazer a pulverização de defensivos, o que mais ela esperava que ele fizesse? Sobre a falta de fiscalização, trata-se de um problema que deve ser cobrado junto às autoridades responsáveis pelo tráfego aéreo na região, e não transferido aos agroquímicos. Uma reportagem complementar publicada no mesmo dia deixava claro quem estava por trás das "denúncias". Sob o título sensacionalista "Pulverização aérea de agrotóxico provoca danos persistentes, dizem especialistas",[8] o texto retoma a história de um acidente ocorrido há mais de dez anos, explicando o que é à deriva e citando o desperdício de produtos. Sobre os tais "danos persistentes", nenhuma linha. Já os "especialistas" mencionados na chamada são a própria Raquel Rigotto e seu colega de Campanha Permanente Contra os Agrotóxicos, Wanderlei Pignati — o mesmo que já havia espalhado o boato da contaminação do leite materno em Mato Grosso.

"'Não é acidente. O avião passa ao lado e, de qualquer jeito, o vento vai levar para um lado ou para outro. Essa história de que o vento não leva o veneno para outro lugar fere os princípios da aviação, inclusive, pois se o vento estiver parado, o avião nem levanta voo', disse o especialista durante uma palestra na Assembleia Legislativa do Ceará, em Fortaleza." Note que o nobre professor Pignati se tornou um especialista até em aviação. Já o pesquisador da Embrapa, Aldemir Chaim, é citado no texto por causa de um artigo publicado em 2004, no qual declara que a aplicação de agrotóxicos no Brasil

AGRADEÇA AOS AGROTÓXICOS POR ESTAR VIVO

não é muito diferente da forma como era praticada no século passado. Talvez anestesiado pelas ideias de Rigotto e Pignati, o jornalista da Agência Brasil só se esqueceu de um detalhe: inúmeras tecnologias de aplicação surgiram desde a publicação desse artigo, mais de doze anos atrás, como veremos a seguir.

A pulverização aérea no Brasil existe há décadas, mas só passou a chamar a atenção a partir de 2013, após um piloto irresponsável, que aplicava inseticidas em uma lavoura de milho no município de Rio Verde, em Goiás, lançar uma nuvem de agroquímicos sobre uma escola localizada em um assentamento ao lado da plantação, atingindo 38 pessoas, entre alunos, professores e funcionários da instituição. O acidente rendeu centenas de reportagens em todo o país e suscitou o debate em torno da segurança da atividade. Não existe nenhuma dúvida da gravidade do episódio. O que é preciso levar em consideração é que se trata de um caso isolado, fruto de uma sucessão de erros, tanto do piloto quanto do responsável técnico pela aplicação.

O primeiro erro foi a opção pela pulverização aérea. Devido à proximidade com a escola, a aplicação deveria ter sido feita por equipamentos terrestres, mesmo que o processo levasse mais tempo. O segundo foi a escolha do produto, já que o inseticida Engeo Pleno tem seu uso autorizado somente para a cultura da soja. O terceiro erro foi do piloto, que, além de ignorar as normas de segurança, não teve habilidade suficiente para pulverizar o produto somente na área predeterminada. O piloto foi preso em flagrante horas depois do episódio, juntamente com o proprietário do avião e o responsável técnico pela aplicação, mas todos foram soltos dois dias depois, após o pagamento de fiança.

A comoção em torno do assunto foi tão grande que, em 2016, o Ministério Público Federal em Rio Verde ajuizou uma ação civil pública contra a Aerotex Aviação Agrícola, proprietária do avião, e a Syngenta, empresa fabricante do inseticida utilizado no momento do incidente, pedindo uma indenização de R$ 10 milhões por danos morais coletivos.[9] Nem o dono da propriedade nem o técnico responsável pela aplicação, os dois maiores culpados pelo acidente, são citados na ação. A Aerotex, uma empresa conceituada no mercado aeroagrícola, deve pagar pela imprudência de um funcionário. Agora, o que a Syngenta tem a ver com isso? A companhia desenvolve um pesticida eficiente,

AGROTÓXICO MATA!

faz o registro junto às autoridades, imprime as recomendações de uso na embalagem e o vende a milhares de produtores em todo o Brasil. Não dá para querer que a empresa seja responsável também pela utilização indevida de seus produtos. Seria como querer responsabilizar as montadoras de automóveis por todos os atropelamentos ocorridos no país.

Apesar de sofrer com o preconceito da população urbana, a aplicação aérea de defensivos foi — e ainda é — fundamental para o aumento da produção agrícola no Brasil. A primeira pulverização do tipo no país aconteceu em 1947, quando o piloto Clóvis Candiota utilizou um avião adaptado para combater um ataque severo de gafanhotos nas lavouras do Rio Grande do Sul.[10] No ano seguinte, a piloto Ada Rogatto, funcionária do Instituto Biológico, deu início às aplicações aéreas em São Paulo, auxiliando no combate às pragas que assolavam as plantações de algodão e café no interior do estado. Seu avião, um modelo paulistinha adaptado, ganhou o apelido de "gafanhoto" por ter sido utilizado nas campanhas contra as chamadas nuvens de gafanhotos.[11] Até o final dos anos 1960, no entanto, a aplicação aérea ainda era cara e restrita aos casos de emergência fitossanitária. A tecnologia não estava plenamente estabelecida nem mesmo nos Estados Unidos, onde se imaginava que a aplicação aérea de praguicidas seria realizada por equipamentos semelhantes ao helicóptero Hovercraft.[12]

Como bem sabemos, o Hovercraft, literalmente, não decolou e as aplicações no mundo todo continuaram sendo feitas com aviões. No Brasil, a atividade só se popularizou a partir dos anos 1990, com os incentivos a inovações tecnológicas da agricultura e a transformação dos latifúndios em grandes fazendas produtivas. Quase um quarto dos agroquímicos utilizados no país já é pulverizado por via aérea, sobretudo em lavouras de soja, algodão e cana-de-açúcar, que ocupam vastas extensões de terra. A demanda cada vez maior atraiu novas empresas para o segmento de aviação aeroagrícola, o que acirrou a competição e fez com que o mercado se profissionalizasse.

Esqueça os aviões adaptados, despejando produtos químicos sem qualquer tipo de controle. Hoje em dia, a realidade é bem diferente. Atualmente, as aeronaves contam com equipamentos sofisticados de segurança e rastreamento, além de mecanismos automatizados de abertura e fechamento das barras

AGRADEÇA AOS AGROTÓXICOS POR ESTAR VIVO

pulverizadoras. Sensores conseguem verificar as condições do vento em tempo real, evitando a deriva. Todos os voos podem ser rastreados por GPS, o que possibilita que as rotas e áreas de aplicação sejam verificadas posteriormente. As novas tecnologias simplificam o trabalho dos pilotos, reduzindo, assim, as chances de erros. "Na aviação existe um ditado que diz que o melhor piloto que existe é o automático", afirma Ulisses Antuniassi, professor da Faculdade de Ciências Agronômicas da Universidade Estadual Paulista (Unesp).

De acordo com Antuniassi, ao tirar do piloto ações que são puramente mecânicas, reforça-se a segurança da operação, já que ele pode se concentrar na condução do avião. "Hoje você pode programar previamente, no escritório, as áreas de aplicação e as áreas de exclusão, onde o piloto não deve aplicar, e assim garantir que o avião não vai, mesmo que o piloto queira, pulverizar em áreas indevidas", explica. A simples utilização de GPS e de sensores de vento reduzem quase que por completo o problema da deriva, principal alvo de reclamação por parte dos ambientalistas. Qualquer produto lançado de uma aeronave que não atinja a plantação, conforme o planejado, é considerado deriva. Na prática, essa perda se traduz em prejuízo para o produtor, já que ele provavelmente precisará pulverizar a mesma área outra vez. A deriva, portanto, não é boa para ninguém.

Para evitar problemas relacionados à pulverização indesejada de agroquímicos em áreas urbanas ou habitadas por comunidades rurais, fontes de água potável ou criações de animais, a legislação brasileira estipula uma faixa de segurança que varia de 250 a 500 metros, dependendo do caso, que deve ser respeitada pelos aviões, o que, segundo especialistas no assunto, é mais que suficiente para garantir a segurança da aplicação. "Com as tecnologias atuais, a deriva dificilmente chega a 70 metros", garante o professor Ulisses Antuniassi.

A aplicação aérea de defensivos não é mais um luxo restrito aos fazendeiros ricos. Atualmente, o avião é uma ferramenta de trabalho tão importante quanto os tratores, sendo imprescindível em determinadas situações, como nos períodos chuvosos. Quem já esteve em uma fazenda sabe que, após vários dias de chuva intensa, a terra batida transforma-se em uma lama espessa, o que inviabiliza o trânsito de máquinas agrícolas. Esse é também o momento

200

AGROTÓXICO MATA!

propício para o surgimento de fungos que podem comprometer a produção. Sem o avião, não há como aplicar os fungicidas necessários para o bom andamento da lavoura. Mesmo quando é possível levar o maquinário até as áreas de cultivo, o peso do trator sobre a terra úmida causa compactação do solo, o que pode levar a uma perda de até 2% na produtividade. Existem ainda casos em que a pulverização aérea é até mais segura do que a terrestre. Nas plantações de banana, por exemplo, os pesticidas devem ser aplicados nos topos das árvores. Quando borrifado por baixo, uma parte do remédio tende a cair de volta no trabalhador, o que é muito pior. Nesse caso, a melhor opção é sempre aplicar por cima.

Mas se a pulverização aérea é tão boa, por que ela é proibida na Europa? Esse talvez seja o principal argumento utilizado pelos críticos que pedem a proibição da atividade no país, mas é facilmente explicado pela diferença entre a estrutura fundiária brasileira e a dos países europeus. Enquanto no Brasil existem fazendas gigantescas, que ocupam áreas equivalentes a cidades inteiras, na Europa, a produção agrícola é fragmentada. Por lá, as propriedades rurais são muito menores e praticamente dentro de cidades. "Quando falamos aqui de uma área de segurança de 250 ou 500 metros, isso é mais do que a área total de uma propriedade padrão na Europa. Eles têm mais restrições à aplicação aérea não porque consideram mais perigoso, mas porque a estrutura fundiária deles é bem diferente da nossa", explica João Paulo Rodrigues da Cunha, coordenador do Laboratório de Mecanização Agrícola da Universidade Federal de Uberlândia e autor do livro *Manual de aplicação de produtos fitossanitários*. "O Brasil é um país de dimensões continentais. Seria impensável uma agricultura sem pulverização aérea em Mato Grosso, por exemplo."

Apesar de todas as vantagens supracitadas, não há dúvida de que a pulverização aérea exige muitos cuidados. Não basta apenas optar por uma empresa aeroagrícola séria, com equipamentos de ponta e pilotos experientes. É preciso também conhecer as áreas onde serão aplicados os pesticidas, certificar-se de que não haverá ninguém trabalhando no local e respeitar os horários ideais de temperatura, umidade e vento. Ignorar qualquer um desses fatores pode trazer grandes dores de cabeça ao produtor.

AGRADEÇA AOS AGROTÓXICOS POR ESTAR VIVO

Um dos problemas mais comuns atribuídos à pulverização aérea — e à terrestre também — é a mortandade de abelhas em solo. Uma coisa é inegável: inseticidas são feitos para matar insetos. Abelhas são insetos. Inseticidas, portanto, matam sim as abelhas. Por outro lado, também não há o menor interesse dos produtores em exterminar essas abelhas, já que elas são responsáveis pela polinização das flores e ajudam a aumentar a produtividade em campo. O fato é que a relação entre agricultores e abelhas vem de longa data e costumava ser harmoniosa até bem pouco tempo, quando milhões de abelhas começaram a desaparecer misteriosamente em todo o mundo. O fenômeno, conhecido como Colony Collapse Disorder (CCD), ou síndrome do colapso das colônias, em uma tradução livre, faz com que as abelhas adultas abandonem suas colmeias e sumam sem deixar vestígios.

De acordo com pesquisadores da Embrapa responsáveis por estudar o tema no Brasil, não existe um consenso na comunidade científica sobre as causas da CCD, mas as maiores desconfianças incidem sobre novas doenças que vêm afetando as abelhas, o envenenamento por agroquímicos, a desnutrição, o alto nível de consanguinidade e o estresse.[13] As principais suspeitas, porém, recaem sobre a *Varroa destructor* — um ácaro que reduz a postura de ovos pelas rainhas, induz ao nascimento de abelhas deficientes e diminui a resistência dos insetos aos pesticidas — e os inseticidas neonicotinoides, que podem causar desorientação e perda de memória nas abelhas. Centenas de estudos já foram realizados em todo o mundo e muitos outros estão em andamento neste momento, mas até agora não há uma resposta conclusiva para esse enigma.

O tema é tão controverso que não há uma harmonia nem mesmo entre a Europa e os Estados Unidos na questão. Pressionadas por grupos ambientalistas, as autoridades europeias decidiram, em 2013, suspender preventivamente o uso de agroquímicos contendo neonicotinoides em suas fórmulas. A proibição atingiu alguns dos inseticidas mais vendidos no mundo, fabricados por gigantes do setor, como Bayer e Syngenta, o que tem causado prejuízos bilionários às empresas. Para muitos a medida foi considerada um exagero, uma vez que as doses utilizadas nos testes em laboratório eram bem maiores do que as encontradas pelas abelhas na natureza — o que já foi admitido por alguns cientistas envolvidos nas pesquisas. "A suspensão dessas substâncias foi

AGROTÓXICO MATA!

decidida com base em significativa pressão pública, em diretrizes científicas que estavam em discussão e não validadas", afirmou Jean-Charles Bocquet, diretor-geral da Associação Europeia de Proteção às Culturas, em entrevista ao *The Wall Street Journal*, em maio de 2015.[14]

Nos Estados Unidos, apesar da queda de 40% no número de colônias entre 2014 e 2015, a opção foi por iniciar um estudo mais aprofundado sobre o assunto — o que deve ser feito até 2018 —, e só então decidir o futuro desses produtos. A posição das autoridades americanas é clara: enquanto não houver comprovação de que os inseticidas são realmente os culpados pela morte das abelhas, não há por que banir tais produtos. A decisão agradou os agricultores, mas fez com que muitos críticos dos agrotóxicos acusassem o governo americano de atender aos interesses econômicos das multinacionais em detrimento da saúde das abelhas. Para o chefe do Serviço de Pesquisas Agrícolas do Departamento de Agricultura dos Estados Unidos, Caird Rexroad, entretanto, o principal suspeito pelo desaparecimento das abelhas ainda é o ácaro *Varroa*, introduzido no país na década de 1980 e que desde então é associado ao declínio das colônias.

De volta à Europa, mais de dois anos após a proibição dos neonicotinoides não há qualquer sinal de retomada no número de abelhas. Por outro lado, a falta de inseticidas eficientes tem permitido o retorno de pragas controladas há décadas na região. Sem acesso aos defensivos mais modernos, os agricultores europeus estão sendo obrigados a recorrer a pesticidas mais antigos, menos eficazes e aos quais muitos predadores já criaram resistência — o que exige a aplicação de um volume ainda maior de produtos químicos nas lavouras. Mesmo assim, em 2015, essas pragas causaram perdas estimadas em 15% nas plantações europeias de canola.[15]

No Brasil, as notícias relacionadas ao desaparecimento das abelhas tem muito mais a ver com o alarmismo tradicional de alguns veículos de comunicação do que com as perdas relacionadas à síndrome do colapso das colônias. Apesar dos relatos de apicultores de várias regiões do país, não existem dados oficiais que comprovem uma redução significativa no número de abelhas. Por aqui, a estimativa é feita usando como referência a produção de mel, que pode

AGRADEÇA AOS AGROTÓXICOS POR ESTAR VIVO

sofrer alterações devido a outros fatores, como o excesso de chuvas ou uma seca prolongada. De qualquer forma, o que se vê na prática é uma produção de mel quase oito vezes maior do que a registrada nos anos 1970 e que tem se mantido estável nos últimos anos — apesar do aumento expressivo na utilização de inseticidas neonicotinoides no período.

Ano	Produção de mel (em milhões de toneladas)[16]
1975	5
1980	6
1985	13
1990	16
1995	18
2000	22
2005	34
2010	38
2015	38

A verdade é que a apicultura é uma atividade extremamente sensível a agentes externos. As mudanças climáticas, o contato com micro-organismos exóticos e até pequenas alterações na rotina das abelhas podem ser fatais. O Brasil mesmo já enfrentou problemas muito mais graves no passado. Na década de 1950, pragas e doenças dizimaram quase 80% das colmeias no país. Para retomar a produção, o Ministério da Agricultura importou da África exemplares da espécie A. *mellifera scutellata*, mais produtivas e resistentes às doenças, mas também bem mais agressivas, que deram origem às abelhas africanizadas, hoje presentes em todo o território brasileiro.

O Ministério da Agricultura, órgão responsável por informar oficialmente a ocorrência de problemas sanitários no Brasil, afirma que a síndrome do colapso das colônias ainda não foi detectada no país. Para as entidades representativas

AGROTÓXICO MATA!

do setor, a queda na produção melífera em algumas regiões pode ser explicada basicamente por fatores climáticos. Em Santa Catarina, por exemplo, onde se faz um mel de altíssima qualidade, houve uma redução de 40% no volume da produção entre 2014 e 2015. De acordo com Nésio Fernandes de Medeiros, presidente da Federação das Associações de Apicultores e Meliponicultores de Santa Catarina, as fortes chuvas que caíram sobre o estado nos meses da primavera atrapalharam a abertura das flores e dificultaram o trabalho das abelhas.

Segundo a Empresa de Pesquisa Agropecuária e Extensão Rural de Santa Catarina, o ácaro *Varroa* também tem a sua parcela de culpa na quebra da safra catarinense, já que ele seria o principal responsável pelo desaparecimento de abelhas na região.[17] Nenhuma das entidades, no entanto, cita os pesticidas entre os responsáveis pelo problema. "As abelhas que mais morreram no estado foram aquelas localizadas em regiões distantes da aplicação de agrotóxicos. O oeste e extremo oeste, onde estão as principais lavouras de milho e soja, com uso intensivo de defensivos, foram as regiões que menos perderam abelhas. O único diferencial é que não morreram abelhas dos poucos que fizeram o controle da *Varroa*. Este é um ponto que deve ser pesquisado com carinho", afirma Nésio de Medeiros, também presidente da Câmara Setorial do Mel do Ministério da Agricultura.

É inegável que a aplicação incorreta de agroquímicos também contribui para a mortandade das abelhas, mas é difícil imaginar que essa seja a principal causa do recente desaparecimento de bilhões de exemplares em todo o mundo. Produtos químicos, sejam eles sintéticos ou naturais, são utilizados nas lavouras há várias décadas. Os neonicotinoides também estão no mercado desde os anos 1970. Por que só agora, depois de tanto tempo de convívio em equilíbrio, esses produtos passaram a afetar os polinizadores? Será que a biologia das abelhas mudou? Não. O que mudou foi a percepção da população, cada vez mais urbana, em relação aos pesticidas e a necessidade de sempre se encontrar um vilão para as histórias.

Até as árvores pagam o preço da paranoia que se tornou o assunto nos últimos tempos. Com a justificativa de evitar o envenenamento da população por agrotóxicos, a Anvisa proibiu, em 2010, após uma consulta pública, o uso de herbicidas para o combate de plantas daninhas em áreas urbanas.[18] O obje-

AGRADEÇA AOS AGROTÓXICOS POR ESTAR VIVO

tivo principal (embora não explícito) era vetar o uso do glifosato no processo de remoção do mato que cresce nas calçadas, jardins e canteiros — método conhecido como "capina química". A medida, porém, acabou por restringir o uso de todos os praguicidas dentro das cidades, inclusive os produtos utilizados para o tratamento de doenças em árvores, como inseticidas, fungicidas e acaricidas.

A proibição teve como consequência um aumento significativo no número de árvores doentes e fragilizadas, o que fica evidenciado pela queda de milhares de troncos todos os anos, especialmente nos períodos chuvosos. Em São Paulo, foram registradas mais de 3.200 quedas somente em 2015, um aumento de 41% em relação ao ano anterior. Entre as principais causas estão o apodrecimento por cupins e a mosca-branca, uma praga considerada de alto risco fitossanitário no meio rural, mas que hoje vive com tranquilidade nas cidades. Aparentemente inofensivas, essas moscas sugam a seiva e retiram os nutrientes das plantas, além de contaminá-las com toxinas que provocam o ressecamento de seus galhos e ramos.

Uma das espécies mais comuns na cidade de São Paulo, o Fícus corre sério risco de extinção justamente por causa dos ataques da mosca-branca, que estaria se disseminando devido ao manejo incorreto realizado pelos técnicos da prefeitura. "A praga pode se alastrar se as plantas infestadas — transportadas em caminhões abertos — forem levadas para locais ainda não atingidos. A disseminação se dá, principalmente, dessa forma", afirma Francisco José Zorzenon, pesquisador do Instituto Biológico de São Paulo.[19] De acordo com o especialista, muitas árvores também têm sido atacadas por fungos e doenças, mas não há nada que possa ser feito neste momento, já que não existem produtos químicos registrados para o combate dessas pragas em áreas urbanas.

Sem um controle adequado, a mosca-branca também tem causado estragos em outras grandes cidades brasileiras. Em 2013, a prefeitura de Belo Horizonte chegou a decretar situação de emergência por causa de uma infestação que já afetava mais de 12 mil árvores, algumas delas centenárias e tombadas como patrimônio cultural do município. Na época, acreditava-se que pesticidas biológicos, como o óleo de neem e fungos entomopatogênicos, seriam capazes

AGROTÓXICO MATA!

de resolver a situação. Como era de se imaginar, o tratamento alternativo não foi o suficiente. Identificada pela primeira vez em 2012, a praga já causou a morte de dezenas de árvores históricas na capital mineira. Outras tantas seguem em processo de degradação, oferecendo, inclusive, riscos à população.[20]

Em 2016, um projeto idealizado por uma empresa paulistana especializada em mobiliário urbano propôs devolver à cidade parte das árvores derrubadas pelas chuvas de verão em forma de bancos e parklets instalados em parques e ruas de São Paulo. O plano foi entregue à Secretaria do Verde e Meio Ambiente, com uma proposta de patrocínio de uma empresa fabricante de agroquímicos, que tinha como objetivo trazer à tona a discussão sobre a proibição de pesticidas em áreas urbanas. A ideia de reaproveitar alguns dos milhares de troncos recolhidos pela prefeitura todos os anos agradou. Já a proposta de patrocínio por parte de um fabricante de agrotóxicos foi de imediato descartada. No fim, o projeto nunca saiu do papel justamente por falta de recursos.

Por causa de uma lei bizarra, que impede o tratamento fitossanitário adequado da flora nas cidades, milhares de árvores caem todos os anos. Dezenas de pessoas morrem atingidas por esses troncos. Toneladas de madeira deixam de ser reaproveitadas por pura ideologia. Mas talvez seja melhor deixar tudo como está. Ou então seremos obrigados a dar o braço a torcer, admitir que os agrotóxicos são realmente importantes e voltar a permitir seu uso em áreas urbanas. Para os que lutam pelo banimento desses produtos até mesmo nas lavouras, seria um enorme retrocesso.

Mas basta deixar o preconceito de lado por um instante para começar a perceber a importância dos pesticidas para a sociedade moderna. Muito mais do que proteger as árvores, eles são fundamentais para a produção de alimentos, bebidas, fibras e biocombustíveis — itens de primeira necessidade nos dias de hoje —, além de contribuírem de forma decisiva para a preservação das matas nativas. Se você chegou até aqui e mesmo assim não se convenceu sobre os benefícios dos agroquímicos, eu recomendo que da próxima vez que seu filho for diagnosticado com algum problema de saúde, você ignore a medicina tradicional e os remédios fabricados pelas multinacionais e recorra exclusivamente à homeopatia. Você arriscaria? Por que com as lavouras é diferente?

AGRADEÇA AOS AGROTÓXICOS POR ESTAR VIVO

Pode reparar: os ataques aos agrotóxicos partem sempre dos mesmos grupos. Enquanto a Anvisa reformula seus quadros e inicia uma mudança gradual de postura, outras instituições tradicionais — como a Fiocruz e o Inca — seguem aparelhadas, servindo de abrigo para profissionais movidos exclusivamente pela ideologia. Da mesma forma, a Abrasco e a Campanha Permanente Contra os Agrotóxicos, que, apesar de irrelevantes, também seguem pautando a imprensa com seus estudos sensacionalistas. O time dos detratores é completado pelos "especialistas" Wanderlei Pignati e Raquel Rigotto, que se aproveitam de seus crachás de professores universitários para disseminar boatos amplamente contestados pela comunidade científica.

Agrotóxicos, agroquímicos, pesticidas, praguicidas, defensivos agrícolas... Chame-os como quiser, só não caia mais na conversa dessa gente que se aproveita de um assunto tão delicado para faturar. Ou você acha que eles teriam algum prestígio ou reconhecimento não fosse o clima de insegurança que eles mesmos criam? Se dependesse da vontade dessa gente, o Brasil voltaria a utilizar defensivos à base de enxofre e cobre (muito mais tóxicos, aliás) e a importar alimentos básicos. O agronegócio, pilar da economia brasileira, voltaria aos tempos dos latifúndios. Desemprego, redução na oferta de comida, aumento dos preços e o desequilíbrio na balança comercial seriam apenas algumas das consequências do banimento dos pesticidas. Em contrapartida, teríamos uma pequena produção de alimentos orgânicos, tudo cultivado com bastante esterco e as mesmas tecnologias utilizadas no início do século XX — ao melhor estilo *vintage*. Ah, já ia me esquecendo: a produção seria suficiente para alimentar apenas as camadas mais ricas da população. Tudo bem para você?

A boa notícia é que nada disso vai acontecer. Os agrotóxicos não serão proibidos, os mais pobres não morrerão de fome e você também não vai sucumbir intoxicado pelos resíduos dos agroquímicos nos alimentos. Nada vai mudar simplesmente porque não há nada de errado com a nossa comida. O que existe é uma campanha difamatória com o objetivo claro de promover os alimentos orgânicos. Pense bem: os vendedores de orgânicos precisam encontrar argumentos para justificar os preços muito mais altos. Como nunca conseguiram

AGROTÓXICO MATA!

comprovar essa superioridade, seja nutricional ou de sabor, passaram a dizer que os convencionais são perigosos. Simples assim. Mas se você parar e prestar atenção, vai notar que tudo o que é vendido como melhor para sua saúde custa bem mais caro. Ou seja, para os marqueteiros orgânicos, ou você tem dinheiro, ou não tem saúde. A vida real, como vimos, é bem diferente.

Agradecimentos

Um livro polêmico não se faz de uma hora para outra — muito menos sozinho. Nos últimos três anos, tive o privilégio de conhecer, conversar e entrevistar quase uma centena de especialistas das mais diversas áreas, de médicos a engenheiros agrônomos, passando por economistas, biólogos, pesquisadores e jornalistas. Agradeço a todos que de alguma forma contribuíram para a realização desta obra, em especial ao meu editor, Carlos Andreazza, e a toda a equipe da Editora Record; ao ex-ministro da Agricultura Alysson Paulinelli, o "pai" da revolução verde brasileira; aos médicos toxicologistas Angelo Zanaga Trapé e Flávio Zambrone; aos pesquisadores Marcelo Lopes da Silva (Embrapa), Marcos Botton (Embrapa), Sílvia Helena de Miranda (Cepea-USP), Hamilton Ramos (IAC), Ulisses Antuniassi (Unesp), Aldo Malavasi (IAEA), Regina Sugayama (Oxya/SBPA) e Eloísa Caldas (UnB); aos executivos Eduardo Daher, Daniela Camargo, Antonio Carlos Moreira, Fabio Kagi, Roberto Sant'Anna, Luiz Carlos Ferreira Lima, Guilherme Guimarães, Silvia Fagnani, Juliana Cruz, Mariana Custódio, Ivan Sampaio, Fernando Marini, Luís Carlos Ribeiro e Tulio de Oliveira; aos amigos Fabio Portela, Leandro Narloch, Ibiapaba Netto, Flavio Azevedo, Luiz Silveira e Claudio Gatti; e aos meus sogros Sybille e Beto Cavalcanti pelo apoio ao longo de todo o projeto.

Referências bibliográficas

1. Pulverizando mitos

1. American Cancer Society. *Cancer: facts & figures 2016*. Atlanta: American Cancer Society, 2016. Disponível em: <http://www.cancer.org/acs/groups/content/@research/documents/document/acspc-047079.pdf>. Acesso em 13 fev. 2017.
2. "Número de mortos por bactéria *E.coli* chega a 35." *Estadão*, 12 jun. 2011. Disponível em: <http://saude.estadao.com.br/noticias/geral,numero-de-mortos-por-bacteria-ecoli-chega-a-35,731402>. Acesso em 13 fev. 2017.
3. "Alimento orgânico não é mais nutritivo que o convencional." *Exame*, 5 set. 2012. Disponível em: <http://exame.abril.com.br/estilo-de-vida/noticias/alimento-organico-nao-e-mais-nutritivo-que-o-convencional>. Acesso em 13 fev. 2017.
4. Gilmara Santos. "Preço alto ainda limita consumo de orgânicos; diferença chega a 270%." *Folha de S. Paulo*, 30 jul. 2015. Disponível em: <http://www1.folha.uol.com.br/mercado/2015/07/1661852-preco-alto-ainda-limita-consumo-de-organicos-diferenca-chega-a-270.shtml>. Acesso em 13 fev. 2017.
5. "Agricultura orgânica deve movimentar R$ 2,5 bi em 2016." *Portal Brasil*, 1º out. 2015. Disponível em: <http://www.brasil.gov.br/economia-e-emprego/2015/10/agricultura-organica-deve-movimentar-r-2-5-bi-em-2016>. Acesso em 13 fev. 2017.
6. Ministério da Agricultura. "Valor bruto da produção agropecuária alcança R$ 481 bilhões em 2015." *Portal* Brasil, 15 out. 2015. Disponível em: < http://www.brasil.gov.br/economia-e-emprego/2015/10/valor-bruto-da-producao-agropecuaria-alcanca-quase-r-500-milhoes-em-2015>. Acesso em 6 mar. 2017.

AGRADEÇA AOS AGROTÓXICOS POR ESTAR VIVO

7. Anders Corydon Frederiksen. "Denmark is the world leading organic nation." *Organic Denmark*, 22 set. 2016. Disponível em: <http://organicdenmark.com/organics-in-denmark/facts-and-figures>. Acesso em 6 mar. 2017.

8. Danielly Cristina de Andrade Palma. "Agrotóxicos em leite humano de mães residentes em Lucas do Rio Verde — MT." Dissertação de mestrado, UFMT. Cuiabá, 2011. Disponível em: <http://www.ufmt.br/ppgsc/arquivos/857ae0a5ab 2be9135cd279c8ad4d4e61.pdf>. Acesso em 13 fev. 2017.

9. "Presença de agrotóxicos em leite materno assusta mulheres de MT." *G1*, 2011. Disponível em: <http://g1.globo.com/bom-dia-brasil/noticia/2011/03/presenca--de-agrotoxicos-em-leite-materno-assusta-mulheres-de-mt.html>. Acesso em 13 fev. 2017.

10. Ofício Andef 045/2011, de 12 de dezembro de 2011.

11. ONU. Gráficos de estimativas e probabilidades em populações mundiais. Disponível em: <http://esa.un.org/unpd/wpp/Graphs/Probabilistic/POP/TOT/>. Acesso em 13 fev. 2017.

12. Blog Pop! Pop! Pop!. "Rodrigo Hilbert enfurece internautas ao abater filhote de ovelha em programa culinário." *Veja São Paulo*, 14 mar. 2016. Disponível em: <http://vejasp.abril.com.br/blogs/pop/2016/03/14/rodrigo-hilbert-enfurece--internautas-ao-abater-filhote-ovelha-em-programa-culinario/>. Acesso em 13 fev. 2017.

13. "5 simple chemistry facts that everyone should understand before talking about science." *The Logic of Science*, 27 mai. 2015. Disponível em: <https://thelogicofscience.com/2015/05/27/5-simple-chemistry-facts-that-everyone-should-understand-before-talking-about-science/.>. Acesso em 13 fev. 2017.

14. Ascom do MCTI. "MCTI lança estudo sobre a percepção pública do C&T." Ministério da Ciência, Tecnologia, Inovações e Comunicações, 13 jul. 2015. Disponível em: <http://www.mcti.gov.br/noticia/-/asset_publisher/epbV0pr6eIS0/content/mcti-lanca-estudo-sobre-a-percepcao-publica-da-c-t>. Acesso em 13 fev. 2017.

15. "Redes sociais deram voz à legião de imbecis, diz Umberto Eco." *UOL*, 11 jun. 2015. Disponível em: <http://noticias.uol.com.br/ultimas-noticias/ansa/2015/06/11/redes-sociais-deram-voz-a-legiao-de-imbecis-diz-umberto-eco.jhtm>. Acesso em 13 fev. 2017.

16. Ricardo Senra. "Na semana do impeachment, 3 das 5 notícias mais compartilhadas no Facebook são falsas." *BBC Brasil*, 17 abr. 2016. Disponível em:

REFERÊNCIAS BIBLIOGRÁFICAS

<http://www.bbc.com/portuguese/noticias/2016/04/160417_noticias_falsas_redes_brasil_fd>. Acesso em 13 fev. 2017.

17. "Comer alimentos com agrotóxico diminui quantidade de esperma, diz estudo." UOL, 31 mar. 2015. Disponível em: <https://noticias.uol.com.br/saude/ultimas-noticias/redacao/2015/03/31/consumo-de-frutas-e-vegetais-com-agrotoxico-diminui-quantidade-de-esperma.htm>. Acesso em 22 mar. 2017.

18. "Grupo protesta contra agrotóxicos, microcefalia e Cunha em Brasília." *G1*, 3 dez. 2015. Disponível em: <http://g1.globo.com/distrito-federal/noticia/2015/12/grupo-protesta-contra-agrotoxicos-microcefalia-e-cunha-em-brasilia.html>. Acesso em 22 mar. 2017.

19. João Fellet. "Usuários temem maconha transgênica e com agrotóxico nos EUA." *BBC Brasil*, 25 jan. 2016. Disponível em: <http://www.bbc.com/portuguese/noticias/2016/01/160122_maconha_legalizacao_risco_consumidores_jf_rb>. Acesso em 22 mar. 2017.

20. Frederico Goulart. "Estudo liga o uso do pesticida DDT ao mal de Alzheimer." *O Globo*, 28 jan. 2014. Disponível em: <http://oglobo.globo.com/sociedade/saude/estudo-liga-uso-do-pesticida-ddt-ao-mal-de-alzheimer-11425100>. Acesso em 22 mar. 2017.

21. Daniel Boa Nova. "Conheça o 'tempero' mais usado por brasileiros que pode matar a sua família." *Hypeness*, 2 abr. 2015. Disponível em: <http://www.hypeness.com.br/2015/04/por-que-a-gente-deveria-consumir-menos-produtos-com-agrotoxicos-e-mais-alimentos-organicos/>. Acesso em 22 mar. 2017.

22. "Bela Gil pediu e agrotóxico pode ter venda proibida no país." *Exame.com*, 26 fev. 2016. Disponível em: <http://exame.abril.com.br/brasil/bela-gil-pediu-e-agrotoxico-pode-ter-venda-proibida-no-pais/>. Acesso em 22 mar. 2017.

23. Tiago Mali. "Envenenados: agrotóxicos contaminam cidades, intoxicam pessoas e já chegam às mesas dos brasileiros." *Galileu*, set. 2013. Disponível em: <http://revistagalileu.globo.com/Revista/Common/0,EMI341651-17773,00-ENVENENADOS+AGROTOXICOS+CONTAMINAM+CIDADES+INTOXICAM+PESSOAS+E+JA+CHEGAM+AS.html>. Acesso em 22 mar. 2017.

24. "'Coquetel' de agrotóxicos ingerido no consumo de frutas e verduras pode causar Alzheimer e Parkinson." *EcoDebate*, 10 ago. 2012. Disponível em: <https://www.ecodebate.com.br/2012/08/10/coquetel-de-agrotoxicos-ingerido-no-consumo-de-frutas-e-verduras-pode-causar-alzheimer-e-parkinson/>. Acesso em 22 mar. 2017.

AGRADEÇA AOS AGROTÓXICOS POR ESTAR VIVO

25. "Ministra da Agricultura diz que há preconceito contra o uso de agrotóxicos — Katia Abreu se refere aos agrotóxicos como 'agroquímicos'." *Catraca Livre*, 5nov. 2015. Disponível em: <https://catracalivre.com.br/geral/sustentavel/indicacao/ministra-da-agricultura-diz-que-ha-preconceito-contra-o-uso-de-agrotoxicos/>. Acesso em 22 mar. 2017.

26. Marina Rossi. "Agrotóxicos: o veneno que o Brasil ainda te incentiva a consumir." *El País*, 10 abr. 2016. Disponível em: <http://brasil.elpais.com/brasil/2016/03/03/politica/1457029491_740118.html>. Acesso em 22 mar. 2017.

27. Donald Roberts, Richard Tren, Roger Bate e Jennifer Zambone. *The Excellent Powder — DDT's Political and Scientific History*, Dog Rear Publishing, 2010.

28. L. C. Ferreira Lima. "A evolução dos produtos fitossanitários e seu uso no Brasil", Andef, 2013.

29. Gilmara Santos. "Com novos hábitos, alimento orgânico ignora crise e segue em expansão." *Folha de S.Paulo*, 30 jul. 2015. Disponível em: <http://www1.folha.uol.com.br/mercado/2015/07/1661851-com-novos-habitos-alimento-organi-co-ignora-crise-e-segue-em-expansao.shtml>. Acesso em 13 fev. 2017.

30. "Mercado de orgânicos deve crescer." *Valor Econômico*, 11 nov. 2014. Disponível em: <http://www.valor.com.br/empresas/3774126/mercado-de-organicos-deve--crescer-35>. Acesso em 13 fev. 2017.

31. "Varejo já reduz margens em produtos orgânicos." *Valor Econômico*, 21 set. 2015. Disponível em: <http://www.valor.com.br/agro/4232664/varejo-ja-reduz--margens-em-produtos-organicos>. Acesso em 13 fev. 2017.

32. Paulo Lima. "Pedro Paulo Diniz: herdeiro de uma das maiores fortunas do país conta por que largou tudo, mudou de vida e sumiu do mapa." *Revista Trip*, 17 mai. 2012. Disponível em: <http://revistatrip.uol.com.br/trip/pedro-paulo-diniz>. Acesso em 13 fev. 2017.

33. Mônica Scaramuzzo. "Península, de Diniz, quer ampliar compra de participação em empresas." *Estadão*, 5 nov. 2015. Disponível em: <http://economia.estadao.com.br/noticias/geral,peninsula--de-diniz--quer-ampliar-compra-de-participa-cao-em-empresas,10000001178.> Acesso em 13 fev. 2017.

34. Pesquisa de preços realizada no dia 28 abr. 2016. Em: <http://www.deliveryextra.com.br/produto/78635>. Acesso em 13 fev. 2017.

35. Coco Ballantyne. "Strange but true: drinking too much water can kill." *Nature America*, 21 jun. 2007. Disponível em: <http://www.scientificamerican.com/arti-cle/strange-but-true-drinking-too-much-water-can-kill/>. Acesso em 13 fev. 2017.

REFERÊNCIAS BIBLIOGRÁFICAS

36. Cândida Hansen. "Saiba como escolher a água mineral mais saudável." *Zero Hora Vida*, 27 dez. 2013. Disponível em: <http://zh.clicrbs.com.br/rs/vida-e-estilo/vida/noticia/2013/12/saiba-como-escolher-a-agua-mineral-mais-saudavel-4375561.html>. Acesso em 13 fev. 2017.

37. Jerry Cooper e Hans Dobson. *The benefits of pesticides to mankind and the environment*. Crop Protection, 26 (9). pp. 1337-1348. 2007. Disponível em: <http://gala.gre.ac.uk/2368/>. Acesso em 13 fev. 2017.

38. MS/FIOCRUZ/SINITOX. "Tabela 6. Casos registrados de intoxicação humana por agente tóxico e circunstância. Brasil, 2013." *MS / FIOCRUZ / SINITOX*. Disponível em: <http://sinitox.icict.fiocruz.br/sites/sinitox.icict.fiocruz.br/files//Tabela6_2013.pdf>. Acesso em 6 mar. 2017.

39. MS/FIOCRUZ/SINTINOX. "Tabela 11: óbitos registrados de intoxicação humana por agente tóxico e circunstância. Brasil, 2013." *MS / FIOCRUZ / SINTINOX*. Disponível em: <http://sinitox.icict.fiocruz.br/sites/sinitox.icict.fiocruz.br/files//Tabela11_2013.pdf>. Acesso em 13 fev. 2017.

40. Matt Ridley. "Apocalypse not: here's why you shouldn't worry about end times." *Wired*, 17 ago. 2012. Disponível em: <http://www.wired.com/2012/08/ff_apocalypsenot/>. Acesso em 13 fev. 2017.

41. *O Estado de S. Paulo*. Edição de 24 dez. 1918. *Estadão*. Disponível em: <http://acervo.estadao.com.br/pagina/#!/19181224-14605-nac-0005-999-5-not>. Acesso em 13 fev. 2017.

42. Caderno geral da edição de 1º jan. 1919, p. 5. *O Estado de S. Paulo*. Disponível em: <http://acervo.estadao.com.br/pagina/#!/19190101-14612-nac-0005-999-5-not>. Acesso em 13 fev. 2017.

43. E. R. de Figueiredo Jr. "Importância da sanidade vegetal." *O Estado de S. Paulo, Suplemento Agrícola*. 24 abr. 1957. *Estadão*. Disponível em: <http://acervo.estadao.com.br/pagina/#!/19570424-25145-nac-0045-agr-7-not>. Acesso em 13 fev. 2017.

44. Ministério da Agricultura. "Valor bruto da produção agropecuária bate recorde em 2015." *Portal Brasil*, 18 jan. 2016. Disponível em: <http://www.brasil.gov.br/economia-e-emprego/2016/01/valor-bruto-da-producao-agropecuaria-bate--recorde-em-2015>. Acesso em 13 fev. 2017.

45. Embrapa. "Controvérsias sobre defensivos." *O Estado de S. Paulo — Suplemento Agrícola,* 29 nov. 1978. *Estadão*. Disponível em: <http://acervo.estadao.com.br/pagina/#!/19781129-31812-nac-0043-agr-5-not>. Acesso em 13 fev. 2017.

AGRADEÇA AOS AGROTÓXICOS POR ESTAR VIVO

46. Conab. "Séries históricas." *Conab*. Disponível em: <http://www.conab.gov.br/conteudos.php?a=1252&&Pagina_objcmsconteudos=1#A_objcmsconteudos>. Acesso em 13 fev. 2017.

47. "FAO-OCDE: Brasil está preparado para ser maior produtor de alimentos do mundo." *UOL Economia*, 15 jul. 2015. Disponível em: <http://economia.uol.com.br/noticias/afp/2015/07/15/fao-ocde-brasil-esta-preparado-para-ser-maior--produtor-de-alimentos-do-mundo.htm>. Acesso em 13 fev. 2017.

48. "Bojanic: Brasil deve responder por 40% da expansão na produção mundial de alimentos até 2050." *Sociedade Nacional de Agricultura*, 10 out. 2013. Disponível em: <http://sna.agr.br/alan-bojanic-ate-2050-brasil-deve-responder-por-40-do--crescimento-na-producao-mundial-de-alimentos/>. Acesso em 13 fev. 2017.

49. "Alimentos orgânicos não são mais saudáveis, diz estudo." *Reuters Brasil*, 29 jul. 2009. Disponível em: <http://br.reuters.com/article/worldNews/idBRSPE56S-0BL20090729>. Acesso em 13 fev. 2017.

50. Verena Seufert, Navin Ramankutty e Jonathan A. Foley. "Comparing the yields of organic and conventional agriculture." *Nature*, 10 mai. 2012. Disponível em: <http://www.nature.com/nature/journal/v485/n7397/full/nature11069.html>. Acesso em 13 fev. 2017.

2. Os remédios das plantas

1. Brasil. Lei nº 7.802, de 11 jul. 1989. Disponível em: <http://www.planalto.gov.br/ccivil_03/leis/L7802.htm>. Acesso em 13 fev. 2017.

2. Mara Elisa Fortes Braibante e Janessa Aline Zappe. "A química dos agrotóxicos." *Química Nova Escola*, 2012. Disponível em: <http://qnesc.sbq.org.br/online/qnesc34_1/03-QS-02-11.pdf>. Acesso em 13 fev. 2017.

3. Ernesto Carrara Jr. e Helio Meirelles. *A indústria química e o desenvolvimento do Brasil — 1500-1889*. Rio de Janeiro: Editora Metalivros, 1996.

4. "História da aspirina." *Aspirina*. Disponível em: <http://www.aspirina.pt/scripts/pages/pt/aspirin_history/html/index.php>. Acesso em 13 fev. 2017.

5. Em <http://teflon.com.br/>. Acesso em 13 fev. 2017.

6. Vijay K. Nandula (org.). *Glyphosate Resistance in Crops and Weeds: History, Development, and Management*. Nova Jersey: John Wiley & Sons, 2010.

REFERÊNCIAS BIBLIOGRÁFICAS

7. "History of glyphosate." *Glyphosate facts*, 2012. Disponível em: <http://www.glyphosate.eu/history-glyphosate>. Acesso em 13 fev. 2017.

8. BASF. "Using technology for sustainable agriculture." *BASF*. Disponível em: <http://www.agro.basf.com.br/agr/AP-Internet/en/content/Blog/Blog_Archive/31_-_a_new_century_in_agriculture_the_haber_bosch_process>. Acesso em 13 fev. 2017.

9. Dieese, "Salário mínimo nominal e necessário." Dieese. Disponível em: <http://www.dieese.org.br/analisecestabasica/salarioMinimo.html>. Acesso em 13 fev. 2017.

10. Phillips McDougall. "Industry Overview — 2013." Mai. 2014, p. 27.

11. Idem, p. 15.

12. Sygenta Global. Disponível em: <http://www.syngenta.com/global/corporate/en/about-syngenta/Pages/company-history.aspx>. Acesso em 13 fev. 2017.

13. Phillips McDougall. "Industry Overview — 2013." Mai. 2014, p. 15.

14. Ed Crooks and James Fontanella-Khan. "Dow Chemical and DuPont unveil $130bn mega-merger." *Financial Times*, dez. 2015. Disponível em: <https://www.ft.com/content/dfcde2d2-a006-11e5-8613-08e211ea5317>. Acesso em 6 mar. 2017.

15. Drew Harwell. "Dow and DuPont, two of America's oldest giants, to merge in jaw-dropping megadeal." *The Washington Post*, 11 dez. 2015. Disponível em: <https://www.washingtonpost.com/news/business/wp/2015/12/11/dow-and--dupont-two-of-americas-oldest-giants-to-merge-in-job-dropping-megadeal/>. Acesso em 13 fev. 2017.

16. Sheenagh Matthews e Andrew Marc Noel. "BASF Is Sleeping Giant on Deals as Bayer Moves on Monsanto." *Bloomberg,* 19 mai. 2016. Disponível em: <http://www.bloomberg.com/news/articles/2016-05-19/basf-is-sleeping-giant-on-deals--as-bayer-makes-moves-on-monsanto>. Acesso em 13 fev. 2017.

17. "Bayer será líder em insumos no Brasil." *Valor Econômico*, 15 de setembro de 2016.

18. Mônica Scaramuzzo. "Bayer prepara divisão química para focar em saúde e agro." *Exame*, 19 set. 2014. Disponível em: <http://exame.abril.com.br/negocios/noticias/bayer-separa-divisao-quimica-para-focar-em-saude-e-agro>. Acesso em 13 fev. 2017.

19. Basf. "Basf: O cenário do mercado continua volátil e desafiador." *Basf,* 26 dez. 2016. Disponível em: <https://www.basf.com/br/pt/company/news-and-media/news-releases/2016/02/p-16-117.html>. Acesso em 13 fev. 2017.

AGRADEÇA AOS AGROTÓXICOS POR ESTAR VIVO

20. Phillips McDougall. *Industry Overview — 2013*. Mai. 2014.

21. Phillips McDougall. *The Cost of New Agrochemical Product Discovery, Development and Registration in 1995, 2000, 2005-8 and 2010-2014*, mar. de 2016.

22. L. C. Ferreira Lima. "Evolução dos produtos fitossanitários e seu uso no Brasil." *Coleção Andef Ciência*, 2014, p. 73.

23. "O auxiliador da indústria nacional — abril/1879" em Ernesto Carrara Jr. e Helio Meirelles. *A indústria química e o desenvolvimento do Brasil — 1500—1889*. Rio de Janeiro: Editora Metalivros, p. 777.

24. Rhodia Solvay Group. Disponível em <http://www.rhodia.com.br/pt/sobre-o--grupo/a-rhodia-no-brasil/historia/index.html>. Acesso em 13 fev. 2017.

25. Brasil. Ministério da Saúde. Secretaria de Políticas de Saúde. Departamento de Ciência e Tecnologia em Saúde. *Atuação do Ministério da Saúde no Caso de Contaminação Ambiental por Pesticidas Organoclorados, na Cidade dos Meninos, Município de Duque de Caxias, RJ*. Ministério da Saúde, Secretaria de Políticas de Saúde, Departamento de Ciência e Tecnologia em Saúde. Brasília: Ministério da Saúde, 2003. Disponível em: <http://bvsms.saude.gov.br/bvs/publicacoes/atuacao_MS2.pdf>. Acesso em 13 fev. 2017.

26. Governo do Estado de São Paulo. *Evolução do setor de defensivos no Brasil, 1964-1983. Instituto de Economia Agrícola*, 1986.

27. David Bull e David Hathway. *Pragas e venenos: agrotóxicos no Brasil e no Terceiro Mundo*. Editora Vozes, 1986, p. 154.

28. Sebastião Pinheiro, Nasser Youssef Nasr e Dioclécio Luz. *Agricultura Ecológica e a máfia dos agrotóxicos no Brasil*. Fundação Juquira Candirú, 1998, p. 79.

29. Richard House. "Brazil, a major pesticide market, divides on route to regulation." *The Washington Post*, 5 ago. 1984. Disponível em: <https://www.washingtonpost.com/archive/politics/1984/08/05/brazil-a-major-pesticides-market-divides-on--route-to-regulation/39d46bec-072d-411b-89e8-40ee3dbc27db/>. Acesso em 13 fev. 2017.

30. René Armand Dreifuss. *1964: A conquista do Estado*. Editora Vozes, 1987, p. 78.

31. Leonencio Nossa. "'Sou o primeiro presidente orgânico da História', diz Lula." *Estadão*, 19 jun. 2008. Disponível em: <http://economia.estadao.com.br/noticias/geral,sou-o-primeiro-presidente-organico-da-historia-diz-lula,192359>. Acesso em 13 fev. 2017.

32. Brasil agroecológico. *Plano Nacional de Agroecologia e Produção Orgânica — Planapo*. Disponível em: <http://www.mda.gov.br/planapo/>. Acesso em 13 fev. 2017.

REFERÊNCIAS BIBLIOGRÁFICAS

33. Ministério da Agricultura, Pecuária e Abastecimento. "Valor bruto da produção agropecuária." *Ministério da Agricultura, Pecuária e Abastecimento*, 1º fev. 2017. Disponível em: <http://www.agricultura.gov.br/assuntos/politica-agricola/valor--bruto-da-producao-agropecuaria-vbp>. Acesso em 22 mar. 2017.

34. Sindicato Nacional da Indústria de Produtos para a Defesa Vegetal (Sindiveg).

35. Phillips McDougall. *Industry Overview — 2013*. Mai. 2014.

36. Kleffmann Group. "Evolução dos índices produtivos e o uso de defensivos agrícolas." 2011.

37. Cleonice de Carvalho (et al.) "Anuário brasileiro do tabaco, 2014." Santa Cruz do Sul. Editora Gazeta Santa Cruz, 2014. Disponível em: <http://sinditabaco. com.br/wp-content/uploads/2014/12/anuario-2014.pdf>. Acesso em 13 fev. 2017.

38. "Sobre a soja — uso da soja." *Aprosoja Brasil*, 2014. Disponível em: <http:// aprosojabrasil.com.br/2014/sobre-a-soja/uso-da-soja/>. Acesso em 13 fev. 2017.

39. Ministério da Agricultura. <http://www.agricultura.gov.br/vegetal/culturas/ milho>. Acesso em 10 set. 2016.

40. Anvisa. "Codex alimentarius." *Anvisa*, 16 ago. 2016. Disponível em: <http:// portal.anvisa.gov.br/documents/33916/388701/Codex+Alimentarius/10d276cf-99d0-47c1-80a5-14de564aa6d3>. Acesso em 6 mar. 2017.

41. Dirceu Raposo de Mello. "Consulta Pública nº 4, de 13 de janeiro de 2009." *Anvisa*, 2009. Disponível em: <http://www4.anvisa.gov.br/base/visadoc/CP/ CP%5B24991-1-0%5D.PDF>. Acesso em 13 fev. 2017.

42. L. C. Ferreira Lima. "Evolução dos produtos fitossanitários e seu uso no Brasil." *Especial Andef*, 2014.

43. Sarah Zhang. "Pode uma banana te matar? Uma não, mas 480, sim." *Gizmodo Brasil,* 11 fev. 2015. Disponível em: <http://gizmodo.uol.com.br/pode-uma--banana-te-matar-uma-nao-mas-480-sim/>. Acesso em 13 fev. 2017.

44. Monsanto. "FISPQ — Ficha de Informações de Segurança de Produtos Químicos — Roundup N.A." *Monsanto*, 2008. Disponível em: <http://www.monsanto.com/ global/br/produtos/documents/roundup-na-fispq.pdf>. Acesso em 13 fev. 2017.

45. José Carlos Cruz, Ramon Costa Alvarenga, João Herbert Moreira Viana, Israel Alexandre Pereira Filho, Manoel Ricardo de Albuquerque Filho e Derli Prudente Santana. "Sistema de plantio direto de milho." *Ageitec*. Disponível em: <http://www. agencia.cnptia.embrapa.br/gestor/milho/arvore/CONTAG01_72_59200523355. html>. Acesso em 13 fev. 2017.

AGRADEÇA AOS AGROTÓXICOS POR ESTAR VIVO

46. "Glyphosate Market for Genetically Modified and Conventional Crops — Global Industry Analysis, Size, Share, Growth, Trends and Forecast 2013 — 2019." *Transparency Market Research,* 11 fev. 2014. Disponível em: <http://www.transparencymarketresearch.com/glyphosate-market.html>. Acesso em: 13/fev/2017; e "Mercado de glifosato deve alcançar US$ 8,79 bilhões nos próximos 6 anos." *Agrolink*, 13 fev. 2014. Disponível em: <http://www.agrolink.com.br/agrolinkfito/noticia/mercado-de-glifosato-deve-alcancar-us--8-79-bilhoes-nos-proximos-6--anos_191694.html>. Acesso em 13 fev. 2017.

47. "Segurança do Glifosato." *Monsanto*. Disponível em: <http://www.monsanto.com/global/br/produtos/pages/seguranca-glifosato.aspx>. Acesso em 13 fev. 2017.

48. U.S. Government Publishing Office (GPO). "2013 Federal Register Notice." *FR 25396, vol. 78, nº 84,* 1 mai. 2013. Disponível em: <https://www.gpo.gov/fdsys/pkg/FR-2013-05-01/pdf/2013-10316.pdf>. Acesso em 13 fev. 2017.

49. "The BfR has finalised its draft report for the re-evaluation of glyphosate." Glyphosate Renewal Assessment Report, Germany, Rapporteur Member State for the European Renewal of Approval for Glyphosate, 2014. Disponível em: <http://www.bfr.bund.de/en/the_bfr_has_finalised_its_draft_report_for_the_re_evaluation_of_glyphosate-188632.html>. Acesso em 13 fev. 2017.

50. "MPF/DF reforça pedido para que glifosato seja banido do mercado nacional." *MPF,* 17 abr. 2015. Disponível em: <http://www.mpf.mp.br/df/sala-de-imprensa/noticias-df/mpf-df-reforca-pedido-para-que-glifosato-seja-banido-do-mercado--nacional>.Acesso em 6 mar. 2017.

51. Ana Luísa Fernandes. "Cientista que diz que carne dá câncer continua comendo bacon." *Exame*, 29 out. 2015. Disponível em: <http://exame.abril.com.br/tecnologia/noticias/cientista-que-diz-que-carne-da-cancer-continua-comendo-bacon>. Acesso em 13 fev. 2017.

52. "Café sai da lista de bebidas consideradas cancerígenas." *Zero Hora,* 16 jun. 2016. Disponível em: <http://zh.clicrbs.com.br/rs/vida-e-estilo/vida/noticia/2016/06/cafe-sai-da-lista-de-bebidas-consideradas-cancerigenas-6022487.html>. Acesso em 13 fev. 2017.

53. Matt Ridley. "Glyphosate, the MMR vaccine and pseudoscience." *Rational Optimist*, 23 abr. 2016. Disponível em: <http://www.rationaloptimist.com/blog/pseudoscience/>. Acesso em 13 fev. 2017.

REFERÊNCIAS BIBLIOGRÁFICAS

54. Gabriel Lellis e Vinicius Galera. "4 dúvidas comuns sobre o glifosato." *Globo Rural*, 19 mai. 2016. Disponível em: <http://revistagloborural.globo.com/Noticias/Pesquisa-e-Tecnologia/noticia/2016/05/polemica-do-glifosato.html>. Acesso em 13 fev. 2017.

55. Anvisa. "Regularização de Produtos — Agrotóxicos." *Anvisa*. Disponível em: <http://portal.anvisa.gov.br/registros-e-autorizacoes/agrotoxicos/produtos/reavaliacao-de-agrotoxicos>. Acesso em 13 fev. 2017.

56. Ministério da Agricultura. Disponível em: <http://www.agricultura.gov.br/vegetal/noticias/2015/03/emergencia-fitossanitaria-e-prorrogada-em-minas-gerais>. Acesso em 10 set. 2016.

57. Anvisa. "Parecer técnico de reavaliação nº 07, de 2015/GGTOX/Anvisa." *Anvisa*. Disponível em: <http://portal.anvisa.gov.br/documents/10181/2719308/Parecer+T%C3%A9cnico+de+Reavalia%C3%A7%C3%A3o+n%C2%BA+7-2015+-+GGTOX.pdf/055bdca1-a19d-4ee0-a50c-975e8ef43577>. Acesso em 13 fev. 2017.

58. L.C Ferreira Lima. "Evolução dos produtos fitossanitários e seu uso no Brasil." *Dados Dieese*, 2010, p. 23.

59. Ministério da Agricultura. Disponível em: <http://www.agricultura.gov.br/desenvolvimento-sustentavel/recuperacao-areas-degradadas>. Acesso em 10 set. 2016.

60. Andrea Côrtes. "Sob críticas, Álvaro Dias retira projeto que excluiria o termo 'agrotóxico' da lei." *Gazeta do Povo*, 12 abr. 2016. Disponível em: <http://www.gazetadopovo.com.br/agronegocio/agricultura/sob-criticas-alvaro-dias-retira-projeto-que-excluiria-o-termo-agrotoxico-da-lei-82vdv3kpq6ak52ipz0wryydxz?ref=aba-ultimas>. Acesso em 13 fev. 2017.

3. Desequilíbrio fatal

1. Luís Eduardo Pacifici Rangel. "O paradoxo do controle fitossanitário: conceito legal e prático." Ministério da Agricultura, Pecuária e Abastecimento. Disponível em: <http://www.cnpma.embrapa.br/down_site/forum/Luis_Eduardo_Rangel.pdf>. Acesso em 23 de mar. 2017.

2. Colin Humphreys. *The Miracles of Exodus: A Scientist's Discovery of the Extraordinary Natural Causes of the Biblical Stories*, HarperOne, 2004, pp. 144-145.

3. Leandro Narloch. *Guia politicamente incorreto da história do mundo*. Ed. Leya, 2013, p. 267.

AGRADEÇA AOS AGROTÓXICOS POR ESTAR VIVO

4. Bill Laws. *50 plantas que mudaram o rumo da história*. Sextante, 2013, p. 182.

5. Regina Lúcia Sugayama, Marcelo Lopes da Silva, Suely Xavier de Brito Silva, Luís Carlos Ribeiro e Luís Eduardo Pacifici Rangel (eds.). *Defesa vegetal — fundamentos, ferramentas, políticas e perspectivas*. Sociedade Brasileira de Defesa Agropecuária (SBDA), p.109.

6. "Agricultor é condenado pela Justiça da França por não usar agrotóxicos." *Globo Rural*, 18 mai. 2014. Disponível em: <http://g1.globo.com/economia/agronegocios/noticia/2014/05/agricultor-e-condenado-pela-justica-da-franca-por-nao--usar-agrotoxicos.html>. Acesso em 13 fev. 2017.

7. "Bactéria nativa das Américas causa morte de oliveiras na Itália." *Valor Econômico*, 13, 14 e 15 de dezembro de 2013, p. B14.

8. Lurdete Etel. "Preço de azeite de oliva dispara com epidemia misteriosa." *Forbes Brasil*, 22 out. 2015. Disponível em: <http://www.forbes.com.br/colunas/2015/10/preco-de-azeite-de-oliva-dispara-com-epidemia-misteriosa/>. Acesso em 13 fev. 2017.

9. "Consumidores tentam driblar preço alto do azeite no mercado." *R7 TV*, 28 jul. 2016. Disponível em: <http://noticias.r7.com/fala-brasil/videos/consumidores-tentam--driblar-preco-alto-do-azeite-no-mercado-28072016>. Acesso em 6 mar. 2017.

10. "Trade to remain subdued in 2013 after sluggish growth in 2012 as European economies continue to struggle." World Trade Organization, 2013. Disponível em: <https://www.wto.org/english/news_e/pres13_e/pr688_e.htm>. Acesso em 13 fev. 2017.

11. Regina Lúcia Sugayama, Marcelo Lopes da Silva, Suely Xavier de Brito Silva, Luís Carlos Ribeiro e Luís Eduardo Pacifici Rangel (eds.). *Defesa vegetal — fundamentos, ferramentas, políticas e perspectivas*. Sociedade Brasileira de Defesa Agropecuária (SBDA), p. 60.

12. Pascoal José Marion Filho, Henrique Reichert e Gabriela Schumacher. "A pecuária no Rio Grande do Sul: a origem, a evolução recente dos rebanhos e a produção de leite." Disponível em: <http://cdn.fee.tche.br/eeg/6/mesa13/A_Pecuaria_no_RS-A_origem_Evolucao_Recente_dos_Rebanhos_e_a_Producao_de_Leite.pdf>. Acesso em 13 fev. 2017.

13. Caderno Geral da edição de 20 jun. 1876, p. 1. *O Estado de S. Paulo*. Disponível em: <http://acervo.estadao.com.br/pagina/#!/18760620-421-nac-0001-999-1-not/tela/fullscreen>. Acesso em 13 fev. 2017.

REFERÊNCIAS BIBLIOGRÁFICAS

14. Caderno geral da edição de 11 jun. 1910, p. 6. *O Estado de S. Paulo*. Disponível em: <http://acervo.estadao.com.br/pagina/#!/19100611-11503-nac-0006-999-6-not/tela/fullscreen>. Acesso em 13 fev. 2017.

15. B.M. Obeidi, S. D'agostini e M.M. Rebouças. "Manoel Lopes de Oliveira Filho, jornalista científico do começo do século XX." *Páginas do Instituto Biológico*, São Paulo, v.10, n.2, pp. 6-13, jul./dez., 2014. Disponível em: <http://www.biologico. agricultura.sp.gov.br/docs/pag/v10_2/obeidi2.pdf>. Acesso em 13 fev. 2017.

16. Márcia Maria Rebouças, Simone Bacilieri, Silvana D'Agostini, Nayte Vitiello, Luana Santamaría Basso, Érika Barbosa e Juliana Sganzerla Pereira. "O Instituto Biológico e seu Acervo Documental." *Cadernos de História da Ciência — Instituto Butantan — vol. V (1)*, jan/jul. 2009. Disponível em: <http://periodicos.ses.sp.bvs. br/pdf/chci/v5n1/v5n1a06.pdf>. Acesso em 13 fev. 2017.

17. Caderno geral da edição de 14 ago. 1948, p. 3. *O Estado de S. Paulo*. Disponível em: <http://acervo.estadao.com.br/pagina/#!/19480814-22468-nac-0003-999-3-not/tela/fullscreen>. Acesso em 13 fev. 2017.

18. Caderno Agrícola da edição de 18 mai. 1983, p. 47. *O Estado de S. Paulo*. Disponível em: <http://acervo.estadao.com.br/pagina/#!/19830518-33188-nac-0047-agr-2-not/tela/fullscreen>. Acesso em 13 fev. 2017.

19. Caderno geral da edição de 12 mai. 1983, p. 31. *O Estado de S. Paulo*. Disponível em: <http://acervo.estadao.com.br/pagina/#!/19830512-33183-nac-0031-999-31-not/busca/bicudo+algod%C3%A3o> Acesso em 13 fev. 2017.

20. Caderno Agrícola da edição de 18 mai. 1983, p. 47. *O Estado de S. Paulo*. Disponível em: <http://acervo.estadao.com.br/pagina/#!/19830518-33188-nac-0046-agr-3-not>. Acesso em 13 fev. 2017.

21. Evaldo Ferreira Vilela e Roberto Antonio Zucchi. *Pragas introduzidas no Brasil — insetos e ácaros*. FEALQ, 2015, p. 607.

22. Caderno Agrícola da edição de 18 mai. 1983, p. 47. *O Estado de S. Paulo*. Disponível em: <http://acervo.estadao.com.br/pagina/#!/19830518-33188-nac-0047-agr-2-not>. Acesso em 13 fev. 2017.

23. Caderno Agrícola da edição de 18 mai. 1983, p. 47. *O Estado de S. Paulo*. Disponível em: <http://acervo.estadao.com.br/pagina/#!/19900218-35280-nac-0080-eco-10-not/busca/vassoura+bruxa>. Acesso em 13 fev. 2017.

24. Caderno Agrícola da edição de 11 mai. 1998, p. 47. *O Estado de S. Paulo*. Disponível em: http://acervo.estadao.com.br/pagina/#!/19830518-33188-nac-0047-agr-2-not> Acesso em 13 de fev. 2017.

AGRADEÇA AOS AGROTÓXICOS POR ESTAR VIVO

25. Caderno de Economia da edição de 11 mai. 1998, p. 43. *O Estado de S. Paulo.* Disponível em: <http://acervo.estadao.com.br/pagina/#!/19980511-38190-spo-0043-eco-b11-not/tela/fullscreen>. Acesso em 13 fev. 2017.

26. "Administrador confirma denúncias em depoimento à CPI do Cacau." Assembleia Legislativa do Estado da Bahia, 13 set. 2006. Disponível em: <http://www.al.ba.gov.br/noticias/Noticia.php?id=3017>. Acesso em 13 fev. 2017.

27. Estadão Conteúdo. "Associação estima processamento de cacau menor no Brasil e aumento da importação." *Globo Rural*, 24 ago. 2016. Disponível em: <http://revistagloborural.globo.com/Noticias/Agricultura/noticia/2016/08/globo-rural--associacao-estima-processamento-de-cacau-menor-no-brasil-e-aumento-da--importacao.html>. Acesso em 13 fev. 2017.

28. Regina Lúcia Sugayama, Marcelo Lopes da Silva, Suely Xavier de Brito Silva, Luís Carlos Ribeiro e Luís Eduardo Pacifici Rangel (eds.). *Defesa vegetal — fundamentos, ferramentas, políticas e perspectivas.* Sociedade Brasileira de Defesa Agropecuária (SBDA), p. 449.

29. Regina Sugayama/Agropec.

30. Luciana Franco. "Combate a pragas custou US$ 25 bilhões nos últimos dez anos." *Globo Rural*, 30 jun. 2015. Disponível em: <http://revistagloborural.globo.com/Noticias/Pesquisa-e-Tecnologia/noticia/2015/06/combate-pragas-custou-us-25--bilhoes-nos-ultimos-dez-anos.html>. Acesso em 13 fev. 2017.

31. "*Helicoverpa* come plástico e pesquisador amplia alerta a produtores." *Agrolink*, 14 jun. 2013. Disponível em: <http://www.agrolink.com.br/noticias/helicoverpa--come-plastico-e-pesquisador-amplia-alerta-a-produtores_174218.html>. Acesso em 13 fev. 2017.

32. "Anvisa comete equívoco ao proibir a utilização do benzoato de emamectina no controle de *Helicoverpa armígera*, diz pesquisador Unicamp." *Notícias Agrícolas*, 18 dez. 2015. Disponível em: <http://www.noticiasagricolas.com.br/videos/meio-ambiente/166409-anvisa-comete-equivoco-ao-proibir-a-utilizacao-do--benzoato-de-emamectina-produto-utilizado-no-controle.html#.V83JyJMrI_M>. Acesso em 13 fev. 2017.

33. "Governo vai priorizar registro de defensivos para combater oito pragas." *Successful Farming, UOL,* 16 ago. 2016. Disponível em: <http://sfagro.uol.com.br/pragas/>. Acesso em 13 fev. 2017.

REFERÊNCIAS BIBLIOGRÁFICAS

4. O inimigo mora ao lado

1. "Turismo no Brasil: 2011-2014." *Ministério do Turismo*. Disponível em: <http://www.turismo.gov.br/sites/default/turismo/o_ministerio/publicacoes/downloads_publicacoes/Turismo_no_Brasil_2011_-_2014_sem_margem_corte.pdf>. Acesso em 13 fev. 2017.

2. Lívia Nascimento. "Mais de 6 milhões de estrangeiros visitaram o Brasil em 2015." *Ministério do Turismo*, 25 abr. 2016. Disponível em: <http://www.turismo.gov.br/%C3%BAltimas-not%C3%ADcias/6131-mais-de-6-milh%C3%B5es-de-estrangeiros-visitaram-o-brasil-em-2015.html>. Acesso em 13 fev. 2017.

3. Loiva Maria Ribeiro de Mello. "Desempenho da vitivinicultura brasileira." *Embrapa*, 16 fev. 2016. Disponível em: <https://www.embrapa.br/busca-de-noticias/-/noticia/9952204/artigo-desempenho-da-vitivinicultura-brasileira-em-2015>. Acesso em 13 fev. 2017.

4. "Saiba quais foram os países que mais compraram ingressos para a Copa do Mundo." *Portal da Copa*, 16 jun. 2014. Disponível em: <http://www.copa2014.gov.br/pt-br/noticia/saiba-quais-foram-os-paises-que-mais-compraram-ingressos-para-a-copa-do-mundo>. Acesso em 13 fev. 2017.

5. Camila Matoso, Italo Nogueira e Alfredo Mergulhão. "Rio-2016 vendeu 95% de ingressos para Jogos; arrecadação ultrapassou R$ 1,2 bi." *UOL*, 24 ago. 2016. Disponível em: <http://www1.folha.uol.com.br/esporte/olimpiada-no-rio/2016/08/1806267-rio-2016-vendeu-95-de-ingressos-para-jogos-arrecadacao-ultrapassou-r-12-bi.shtml>. Acesso em 6 mar. 2017.

6. Mauro Zafalon. "Na Copa, EUA representam maior risco de pragas para agricultor brasileiro." *UOL*, 8 jun. 2016. Disponível em <http://www1.folha.uol.com.br/mercado/2014/06/1466829-na-copa-eua-representa-maior-risco-de-pragas-para-agricultor-brasileiro.shtml>. Acesso em 6 mar. 2017.

7. Andef. "Infográfico Copa das Pragas", 2014.

8. Regina Lúcia Sugayama, Marcelo Lopes da Silva, Suely Xavier de Brito Silva, Luís Carlos Ribeiro e Luís Eduardo Pacifici Rangel (eds.). *Defesa vegetal — fundamentos, ferramentas, políticas e perspectivas*. Sociedade Brasileira de Defesa Agropecuária (SBDA), pp. 456-457.

9. Lívia Nascimento. "Mais de 6 milhões de estrangeiros visitaram o Brasil em 2015." *Ministério do Turismo*, 25 abr. 2016. Disponível em: <http://www.turismo.

AGRADEÇA AOS AGROTÓXICOS POR ESTAR VIVO

gov.br/%C3%BAltimas-not%C3%ADcias/6131-mais-de-6-milh%C3%B5es--de-estrangeiros-visitaram-o-brasil-em-2015.html>. Acesso em 13 fev. 2017.

10. Regina Lúcia Sugayama, Marcelo Lopes da Silva, Suely Xavier de Brito Silva, Luís Carlos Ribeiro e Luís Eduardo Pacifici Rangel (eds.).*Defesa Vegetal — Fundamentos, Ferramentas, Políticas e Perspectivas*. Sociedade Brasileira de Defesa Agropecuária (SBDA).

11. Regina Lúcia Sugayama, Marcelo Lopes da Silva, Suely Xavier de Brito Silva, Luís Carlos Ribeiro e Luís Eduardo Pacifici Rangel (eds.). *Defesa vegetal — fundamentos, ferramentas, políticas e perspectivas*. Sociedade Brasileira de Defesa Agropecuária (SBDA), p. 14.

12. Ministério da Agricultura. Disponível em: <http://www.agricultura.gov.br/comunicacao/noticias/2011/10/vigiagro-fiscaliza-fronteiras-portos-e-aeroportos>. Acesso em 10 set. 2016.

13. Marcelo Lopes da Silva, pesquisador da Embrapa Recursos Genéticos e Biotecnologia (Cenargen).

14. Flickr *malailegal*. Disponível em: <http://www.flickr.com/malailegal>. Acesso em 13 fev. 2017.

15. Evaldo Ferreira Vilela e Roberto Antonio Zucchi. *Pragas introduzidas no Brasil — insetos e ácaros*. FEALQ, 2015, p. 127.

16. Governo da Austrália do Sul. "Bringing fruit and vegetables into South Australia." *Primary Industries and Regions SA*, 27 jan. 2015. Disponível em: <http://www.pir.sa.gov.au/biosecurity/fruit_fly/bringing_fruit_and_vegetables_into_south_australia>. Acesso em 13 fev. 2017.

17. Governo da Austrália do Sul. "Travelling from within South Australia do the Riverland region (SA Fruit Fly Exclusion Zone)." *Primary Industries and Regions SA*, 2014. Disponível em: <http://www.pir.sa.gov.au/__data/assets/pdf_file/0011/235784/Travel_into_the_Riverland_and_map_information_sheet.pdf>. Acesso em 13 fev. 2017.

18. Alina Eacott. "Fruit fly outbreak declared in Adelaide's inner southern suburb of Highgate." *ABC*, 6 abr. 2016. Disponível em: <http://www.abc.net.au/news/2016-04-06/fruit-fly-outbreak-declared-in-adelaide's-inner-south/7304988>. Acesso em 13 fev. 2017.

19. Laura Saieg. "Mendoza ya no tiene zonas libres de mosca." *Los Andes*, 15 de jul. 2016. Disponível em: <http://www.losandes.com.ar/article/mendoza-ya-no-tiene--zonas-libres-de-mosca>. Acesso em 13 fev. 2017.

REFERÊNCIAS BIBLIOGRÁFICAS

20. "Barrera zoofitosanitaria patagónica." *Servicio Nacional de Sanidad y Calidad Agroalimentaria.* Disponível em: <http://www.senasa.gov.ar/informacion/informacion-al-viajero/viajar-dentro-del-pais/puestos-de-control-interno/barrera>. Acesso em 13 fev. 2017.

21. Marcelo Toledo. "Crime organizado domina comércio da fronteira entre Paraguai e Brasil." *Folha de S.Paulo,* 26 set. 2016. Disponível em: <http://www1.folha. uol.com.br/cotidiano/2016/09/1816784-crime-organizado-domina-comercio--da-fronteira-entre-paraguai-e-brasil.shtml>. Acesso em 6 mar. 2017.

22. "Justiça condena 30 envolvidos em falsificação de agrotóxicos em Franca." *G1,* 15 jun. 2016. Disponível em: <http://g1.globo.com/sp/ribeirao-preto-franca/ noticia/2016/06/justica-condena-30-envolvidos-em-falsificacao-de-agrotoxicos--em-franca.html>. Acesso em 13 fev. 2017.

5. Ideologia, a pior praga

1. "Charge de Amarildo entra em questão do Enem sobre agrotóxicos." *Gazeta Online,* 24 out. 2015. Disponível em: <http://www.gazetaonline.com.br/_conteudo/2015/10/noticias/cidades/3912688-charge-de-amarildo-entra-em-questao-do--enem-sobre-agrotoxicos.html>. Acesso em 13 fev. 2017.

2. Portal Brasil. "Enem 2015 registra o menor número de faltas em sete anos." Portal Brasil, 25 out. 2015. Disponível em: <http://www.brasil.gov.br/educacao/2015/10/ enem-tem-25-5-de-abstencao-menor-taxa-desde-2009>. Acesso em 13 fev. 2017.

3. Caderno Geral da edição de 3 mar. 1948, p. 3. *O Estado de S. Paulo.* Disponível em: <http://acervo.estadao.com.br/pagina/#!/19480303-22329-nac-0003-999-3-not/>. Acesso em 13 fev. 2017.

4. Rafael Capanema. "As 8 reações mais sinceras dos famosos no programa da Bela Gil." *BuzzFeed,* 20 jan. 2015. Disponível em: <https://www.buzzfeed.com/rafaelcapanema/bela-gil?utm_term=.idndKPwRE#.vkJJkdRO2>. Acesso em 13 fev. 2017.

5. Mariana Lenharo. "Escovar os dentes com cúrcuma não tem base científica, alerta conselho." *G1,* 20 jul. 2015. Disponível em: <http://g1.globo.com/bemestar/noticia/2015/07/conselho-de-dentistas-condena-receita-de-escovacao-com-curcuma. html>. Acesso em 13 fev. 2017.

6. Giulia Vidale. "Bela Gil consome a placenta do filho com vitamina de banana." *Veja,* 12 set. 2016. Disponível em: <http://veja.abril.com.br/saude/bela-gil-consome-a-placenta-do-filho-com-vitamina-de-banana/>. Acesso em 13 fev. 2017.

AGRADEÇA AOS AGROTÓXICOS POR ESTAR VIVO

7. "Bela Gil pediu e agrotóxico pode ter venda proibida no país." *Exame*, 26 fev. 2016. Disponível em: <http://exame.abril.com.br/brasil/noticias/bela-gil-pediu--e-agrotoxico-pode-ter-venda-proibida-no-pais>. Acesso em 13 fev. 2017.

8. Post no Facebook de Bela Gil, 2 out. 2016. Disponível em: <https://www.facebook. com/belagiloficial/photos/a.245680392253266.1073741828.237892166365422/70 0640680090566/?type=3&theater>. Acesso em 13 fev. 2017.

9. Sítio A Boa Terra — Orgânicos. Em: <https://aboaterra.com.br/>. Acesso em 13 fev. 2017.

10. *Extra*. Pesquisa de preços. Em: <http://www.deliveryextra.com.br/>. Pesquisas feitas em 11 out. 2016.

11. Cardápio do restaurante Arturito. Disponível em: <http://arturito.com.br/upload/ cardapio/arquivo-1259631451.pdf>. Acesso em 10 set. 2016.

12. Secretaria Especial de Comunicação. "Lei que insere alimentos orgânicos nas escolas municipais é regulamentada." Prefeitura de São Paulo, 5 abr. 2016. Disponível em: <http://capital.sp.gov.br/noticia/lei-que-insere-alimentos-organicos--nas-escolas>. Acesso em 6 mar. 2017.

13. Idem.

14. "Ministério Público abre nova investigação criminal contra Gabriel Chalita, atual secretário da Educação em SP." *The Huffington Post*, 15 jun. 2015. Disponível em: <http://www.brasilpost.com.br/2015/06/15/chalita-corrupcao_n_7583892. html>. Acesso em 6 mar. 2017.

15. "Ministério Público abre nova investigação criminal contra Gabriel Chalita, atual secretário da Educação em SP." *The Huffington Post*, 15 jun. 2015. Disponível em: <http://www.brasilpost.com.br/2015/06/15/chalita-corrupcao_n_7583892. html>. Acesso em 13 fev. 2017.

16. "TRF4 condena Monsanto por propaganda enganosa e abusiva." *Justiça Federal: Tribunal Regional da 4ª região,* 21 ago. 2012. Disponível em: <http://www2.trf4. jus.br/trf4/controlador.php?acao=noticia_visualizar&id_noticia=8410>. Acesso em 13 fev. 2017.

17. Leonardo Sakamoto. "Os agrotóxicos fazem bem à saúde e são nossos amigos." *Blog do Sakamoto — UOL*, 25 ago. 2012. Disponível em: <http://blogdosakamoto. blogosfera.uol.com.br/2012/08/25/os-agrotoxicos-fazem-bem-a-saude-e-sao--nossos-amigos/>. Acesso em 13 fev. 2017.

REFERÊNCIAS BIBLIOGRÁFICAS

18. "TRF4 julga recurso e dá decisão favorável a Monsanto em relação à propaganda da empresa." Justiça Federal: Tribunal Regional da 4ª região, 15 abr. 2013. Disponível em: <http://www2.trf4.jus.br/trf4/controlador.php?acao=noticia_visualizar&id_noticia=9025>. Acesso em 13 fev. 2017.

19. Frederico Peres e Josino Costa Moreira (orgs.). *É veneno ou é remédio? — agrotóxicos, saúde e ambiente.* Editora Fiocruz, 2003, p. 11.

20. Ministério da Saúde. "O que causa o câncer?" Instituto Nacional de Câncer. Disponível em: <http://www.inca.gov.br/conteudo_view.asp?id=81>. Acesso em 13 fev. 2017.

21. Ministério da Saúde. "Posicionamento do Instituto Nacional do Câncer José Alencar Gomes da Silva acerca dos agrotóxicos." Instituto Nacional de Câncer, 6 abr. 2015. Disponível em: <http://www1.inca.gov.br/inca/Arquivos/comunicacao/posicionamento_do_inca_sobre_os_agrotoxicos_06_abr_15.pdf>. Acesso em 6 mar. 2017.

22. Clarissa Thomé. "Inca se posiciona pela 1ª vez pela redução do uso de agrotóxicos." *Estadão*, 8 abr. 2015. Disponível em: <http://saude.estadao.com.br/noticias/geral,inca-se-posiciona-pela-1-vez-pela-reducao-do-uso-de-agrotoxicos,1665873>. Acesso em 13 fev. 2017.

23. Warner Bento Filho. "Inca recomenda a redução de agrotóxicos para diminuir a incidência de câncer." *Correio Braziliense*, 9 abr. 2015. Disponível em: <http://www.correiobraziliense.com.br/app/noticia/brasil/2015/04/09/internas_polbraeco,478776/inca-recomenda-a-reducao-de-agrotoxicos-para-diminuir-incidencia--de-cancer.shtml>. Acesso em 13 fev. 2017.

24. Flávia Milhorance. "Brasil lidera o ranking de consumo de agrotóxicos." *O Globo*, 2015. Disponível em: <http://oglobo.globo.com/sociedade/saude/brasil--lidera-ranking-de-consumo-de-agrotoxicos-15811346>. Acesso em 13 fev. 2017.

25. "Instituto Nacional de Câncer alerta para excesso de uso de agrotóxicos no Brasil." *Zero Hora*, 8 abr. 2015. Disponível em: <http://zh.clicrbs.com.br/rs/vida-e-estilo/vida/bem-estar/noticia/2015/04/instituto-nacional-de-cancer--alerta-para-excesso-de-uso-de-agrotoxicos-no-brasil-4735897.html>. Acesso em 13 fev. 2017.

26. Fernando Ferreira Carneiro, Lia Giraldo da Silva Augusto, Raquel Maria Rigotto, Karen Friedrich e André Campos Búrigo (orgs.). *Dossiê ABRASCO: um alerta sobre os impactos dos agrotóxicos na saúde.* Rio de Janeiro: EPSJV; São

AGRADEÇA AOS AGROTÓXICOS POR ESTAR VIVO

Paulo: Expressão Popular, 2015. Disponível em: <http://www.abrasco.org.br/dossieagrotoxicos/wp-content/uploads/2013/10/DossieAbrasco_2015_web.pdf>. Acesso em 13 fev. 2017.

27. Camilla Costa. "Entidade diz ter sido mal interpretada e nega ligação entre microcefalia e larvicida." *BBC Brasil*, 15 fev. 2016. Disponível em: <http://www.bbc.com/portuguese/noticias/2016/02/160215_zika_larvicida_cc>. Acesso em 13 fev. 2017.

28. Bruna Scirea. "Médicos argentinos associam microcefalia a larvicida utilizado na água." *Zero Hora*, 12 fev. 2016. Disponível em: <http://zh.clicrbs.com.br/rs/vida-e-estilo/noticia/2016/02/medicos-argentinos-associam-microcefalia-a--larvicida-utilizado-na-agua-4974539.html>. Acesso em 13 fev. 2017.

29. Jéssica Rebeca Weber. "RS mantém suspensão ao uso de larvicida em água potável." *Zero Hora*, 15 fev. 2016. Disponível em: <http://zh.clicrbs.com.br/rs/noticias/noticia/2016/02/rs-mantem-suspensao-ao-uso-de-larvicida-em-agua--potavel-4975968.html>. Acesso em 13 fev. 2017.

30. "Por que o Brasil não consegue se livrar de novo do mosquito *Aedes aegypti*?" *UOL*, 2 fev. 2016. Disponível em: <http://noticias.uol.com.br/saude/ultimas--noticias/redacao/2016/02/02/por-que-o-brasil-nao-consegue-se-livrar-de-novo--do-mosquito-aedes-aegypti.htm>. Acesso em 13 fev. 2017.

31. Eduardo Geraque. "Conheça a guerra que acabou com o Aedes no Brasil em 1955." *Folha de S.Paulo*, 20 dez. 2015. Disponível em: <http://www1.folha.uol.com.br/cotidiano/2015/12/1721288-conheca-a-guerra-que-acabou-com-o-aedes-no-brasil-em-1955.shtml>. Acesso em 6 mar. 2017.

6. Estamos todos envenenados?

1. Adma Hamam de Figueiredo (org.). *Brasil: uma visão geográfica e ambiental do início do século XXI*. Instituto Brasileiro de Geografia e Estatística (IBGE), 2016, p. 45.

2. IBGE. "Esperança de vida ao nascer." Disponível em: <http://seriesestatisticas.ibge.gov.br/series.aspx?vcodigo=POP210>. Acesso em 13 fev. 2017.

3. Adma Hamam de Figueiredo (org.). *Brasil: uma visão geográfica e ambiental do início do século XXI*. Instituto Brasileiro de Geografia e Estatística (IBGE), 2016, p. 51.

REFERÊNCIAS BIBLIOGRÁFICAS

4. Anvisa. "Programa de análise de resíduos de agrotóxicos em alimentos (PARA) — Monitoramento de resíduos nos alimentos: trabalho desenvolvido pela Anvisa, com as Vigilâncias Sanitárias dos estados do AC, BA, DF, ES, GO, MG, MS, PA, PE, PR, RJ, RS, SC, SE, SP, TO e com os laboratórios IAL/SP, IOM/Funed e Lacen/PR. Relatório de atividades de 2001-2007." *Anvisa*, 2008, p. 9. Disponível em: <http://portal.anvisa.gov.br/documents/111215/117818/relatorio%2B2001%2B2007.pdf/460433e6-3d66-400b-8e93-48413ea8203f>. Acesso em 13 fev. 2017.

5. Idem, p 19.

6. Anvisa. "Programa de análise de resíduos em agrotóxicos em alimentos — PARA — Nota Técnica para divulgação dos resultados do PARA de 2008." *Anvisa*, 2009, p. 8. Disponível em: <http://portal.anvisa.gov.br/documents/111215/117818/nota%2Btecnica%2B-%2Bresultados%2Bpara%2B2008.pdf/78967b71-4df4-4b47-b5b3-6d71de54b392>. Acesso em 13 fev. 2017.

7. Idem, p. 9.

8. Angela Pinho. "Pimentão contém mais agrotóxico, afirma Anvisa." *Folha de S.Paulo*, 16 abr. 2009. Disponível em: <http://www1.folha.uol.com.br/fsp/saude/sd1604200901.htm>. Acesso em 13 fev. 2017.

9. Anvisa. "Programa de análise de resíduos em agrotóxicos em alimentos (PARA) — relatório de atividades 2010." *Anvisa*, 2011, p. 12. Disponível em: <http://portal.anvisa.gov.br/documents/111215/117818/Relat%25C3%25B3rio%2BPARA%2B2010%2B-%2BVers%25C3%25A3o%2BFinal.pdf/f568427b-c518-4a68-85b9-dd7680e55e07>. Acesso em 13 fev. 2017.

10. Evandro Éboli. "Anvisa alerta: pimentão é o campeão de agrotóxicos." *O Globo*, 6 dez. 2011. Disponível em: <http://oglobo.globo.com/brasil/anvisa-alerta--pimentao-o-campeao-de-agrotoxicos-3395673>. Acesso em 13 fev. 2017.

11. Tiago Mali. "Envenenados: agrotóxicos contaminam cidades, intoxicam pessoas e já chegam às mesas dos brasileiros." *Galileu*. Disponível em: <http://revistagalileu.globo.com/Revista/Common/0,,EMI341651-17773-1,00-ENVENENADOS+AGROTOXICOS+CONTAMINAM+CIDADES+INTOXICAM+PESSOAS+E+JA+CHEGAM+AS.html>. Acesso em 13 fev. 2017.

12. Evandro Éboli. "Anvisa alerta: pimentão é o campeão de agrotóxicos." *O Globo*, 6 dez. 2011. Disponível em: <http://oglobo.globo.com/brasil/anvisa-alerta--pimentao-o-campeao-de-agrotoxicos-3395673>. Acesso em 13 fev. 2017.

AGRADEÇA AOS AGROTÓXICOS POR ESTAR VIVO

13. Vanessa Barbosa. "Os 10 alimentos campeões em agrotóxicos." *Exame*, 8 dez. 2011. Disponível em: <http://exame.abril.com.br/mundo/os-10-alimentos-mais--contaminados-por-agrotoxicos/>. Acesso em 13 fev. 2017.

14. Anvisa. "Relatório da Anvisa indica resíduo de agrotóxico acima do permitido." *Anvisa*, 29 jan. 2013. Disponível em: <http://portal.anvisa.gov.br/noticias?p_p_id=101_INSTANCE_FXrpx9qY7FbU&_101_INSTANCE_FXrpx9qY7FbU_groupId=219201&_101_INSTANCE_FXrpx9qY7FbU_urlTitle=relatorio-da-anvisa--indica-residuo-de-agrotoxico-acima-do-permitido&_101_INSTANCE_FXr-px9qY7FbU_struts_action=%2Fasset_publisher%2Fview_content&_101_INS-TANCE_FXrpx9qY7FbU_assetEntryId=236886&_101_INSTANCE_FXr-px9qY7FbU_type=content>. Acesso em 13 fev. 2017.

15. "Anvisa: um terço dos alimentos está contaminado por agrotóxico." *The Huffington Post*, 18 ago. 2015. Disponível em: <http://www.brasilpost.com.br/2015/08/18/agrotoxicos-alimentos-brasil_n_8003306.html>. Acesso em 13 fev. 2017.

16. Marina Rossi. "O 'alarmante' uso de agrotóxicos no Brasil atinge 70% dos alimentos." *El País*, 30 abr. 2015. Disponível em: <http://brasil.elpais.com/brasil/2015/04/29/politica/1430321822_851653.html>. Acesso em 13 fev. 2017.

17. Anvisa. "Programa de análise de resíduos em agrotóxicos em alimentos (PARA) — relatório de atividades 2011 e 2012." *Anvisa*, 29 out. 2013. Disponível em: <http://portal.anvisa.gov.br/documents/111215/117818/Relat%25C3%25B3rio%252BPARA%252B2011-12%252B-%252B30_10_13_1.pdf/d5e91ef0-4235-4872-b180-99610507d8d5>. Acesso em 13 fev. 2017.

18. Anvisa. "Programa de análise de resíduos em agrotóxicos em alimentos (PARA) — relatório de atividades 2011 e 2012." Anvisa, 29 out. 2013. Disponível em: <http://portal.anvisa.gov.br/documents/111215/117818/Relat%25C3%25B3rio%252BPARA%252B2011-12%252B-%252B30_10_13_1.pdf/d5e91ef0-4235-4872-b180-99610507d8d5>. Acesso em 13 fev. 2017.

19. Anvisa. Disponível em: <http://portal.anvisa.gov.br/documents/111215/117782/C20%2B%2BClorpirif%25C3%25B3s.pdf/f8ddca3d-4e17-4cea-a3d2-d8c5babe-36ae>. Acesso em 6 mar. 2017.

20. Ministério da Saúde. "Resolução da diretoria colegiada — RDC nº 14, de 28 de março de 2014." Anvisa, 28 mar. 2014. Disponível em: <http://portal.anvisa.gov.br/documents/33880/2568070/rdc0014_28_03_2014.pdf/9a5267c3-848f-4c62-b305-e63f25d6118e>. Acesso em 13 fev. 2017.

REFERÊNCIAS BIBLIOGRÁFICAS

21. Anvisa. "Programa de análise de resíduos em agrotóxicos em alimentos (PARA) — Relatório complementar relativo à segunda etapa das análises de amostras coletadas em 2012." *Anvisa*, out. 2014. Disponível em: <http://portal.anvisa.gov.br/documents/111215/117818/Relat%25C3%25B3rio%2BPARA%2B2012%2B2%25C2%25AA%2BEtapa%2B-%2B17_10_14-Final.pdf/3bc220f9-8475-44ad-9d96--cbbc988e28fa>. Acesso em 13 fev. 2017.

22. Anvisa. "Programa de análise de resíduos em agrotóxicos em alimentos (PARA) — Relatório complementar relativo à segunda etapa das análises de amostras coletadas em 2012." Anvisa, out. 2014. Disponível em: <http://portal.anvisa.gov.br/documents/111215/117818/Relat%25C3%25B3rio%2BPARA%2B2012%2B2%25C2%25AA%2BEtapa%2B-%2B17_10_14-Final.pdf/3bc220f9-8475-44ad-9d96--cbbc988e28fa>. Acesso em 13 fev. 2017.

23. Ascom/Anvisa. "Divulgado relatório sobre resíduos de agrotóxicos em alimentos." *Anvisa*, 25 nov. 2016. Disponível em: <http://portal.anvisa.gov.br/noticias/-/asset_publisher/FXrpx9qY7FbU/content/divulgado-relatorio--sobre-residuos-de-agrotoxicos-em-alimentos/219201?p_p_auth=5DozM7zc&inheritRedirect=false&redirect=http%3A%2F%2Fportal.anvisa.gov.br%2Fnoticias%3Fp_p_auth%3D5DozM7zc%26p_p_id%3D101_INSTANCE_FXrpx9qY7FbU%26p_p_lifecycle%3D0%26p_p_state%3Dnormal%26p_p_mode%3Dview%26p_p_col_id%3D_118_INSTANCE_dKu0997DQuKh__column-1%26p_p_col_count%3D1>. Acesso em 13 fev. 2017.

24. Natália Cancian. "Laranja e abacaxi são os alimentos de maior risco por agrotóxico, diz Anvisa." *Folha de S.Paulo*, 25 nov. 2016. Disponível em: <http://www1.folha.uol.com.br/cotidiano/2016/11/1835565-laranja-e-abacaxi-sao-os-alimentos-de-maior-risco-por-agrotoxico-diz-anvisa.shtml>. Acesso em 6 mar. 2017.

25. Lígia Formenti. "Laranja e abacaxi são os alimentos que mais desencadeiam intoxicação por presença de agrotóxico." *Estadão*, 25 nov. 2016. Disponível em: <http://saude.estadao.com.br/noticias/geral,laranja-e-abacaxi-sao-os-alimentos-que--mais-desencadeiam-intoxicacao-por-presenca-de-agrotoxico,10000090585>. Acesso em 13 fev. 2017.

26. Ossir Gorenstein. "Resultados gerais do monitoramento de resíduos de agrotóxicos executado pela Ceagesp durante 1994 a 2005." *Informações Econômicas*, SP, v.36, n.12, dez. 2006.

AGRADEÇA AOS AGROTÓXICOS POR ESTAR VIVO

27. Ministério da Agricultura. Disponível em: <http://www.agricultura.gov.br/arq_editor/file/CRC/Portaria%20n%20%2044%20de%20Resultados%20PNCRC%20Vegetal%202013-2014.pdf>. Acesso em 10 set. 2016.

28. Pesticide Residues in Food (PRiF). "The expert committee on Pesticide Residues in Food (PRiF). Annual Report 2015." *Pesticide Residues in Food (PRiF)*, 2016, p. 12. Disponível em: <https://www.gov.uk/government/uploads/system/uploads/attachment_data/file/546947/expert-committee-pesticide-residues-food-annual--report-2015.pdf>. Acesso em 13 fev. 2017.

20. United States Department of Agriculture. "USDA Releases 2014 Annual Summary for Pesticide Data Program: Report confirms that pesticide residues do not pose a safety concern for U.S. food." *USDA*, 11 jan. 2016. Disponível em: <https://www.ams.usda.gov/press-release/usda-releases-2014-annual-summary-pesticide-data--program-report-confirms-pesticide>. Acesso em 13 fev. 2017.

30. Rama — Programa de Rastreamento e Monitoramento de Alimentos. Disponível em: <http://abras.com.br/rama/>. Acesso em 13 fev. 2017.

31. Lair Ribeiro. "Iodo tira agrotóxicos das frutas e legumes." Canal *O melhor para você* no YouTube, 26 ago. 2015. Disponível em: <https://www.youtube.com/watch?v=5rtBWHCsQ1s>. Acesso em 13 fev. 2017.

32. Ministério da Saúde. "Resíduos de agrotóxicos: evite iodo para remover." *Blog da Saúde*, 20 nov. 2015. Disponível em: <http://www.blog.saude.gov.br/index.php/promocao-da-saude/50367-residuos-de-agrotoxicos-evite-iodo-para-remover>. Acesso em 13 fev. 2017.

33. Simon Cotton. "The World's 5 deadliest poisons." *Business Insider*, 14 abr. 2016. Disponível em: <http://www.businessinsider.com/the-worlds-5-deadliest-poisons-2016-4?amp%3Butm_medium=referral>. Acesso em 13 fev. 2017.

34. John Tozzi & Jeremy Scott Diamond. "How Red Meat Joined the 478 Other Things That Might Give You Cancer." *Bloomberg*, 26 out. 2015. Disponível em: <http://www.bloomberg.com/graphics/2015-red-meat-cancer/>. Acesso em 13 fev. 2017.

7. O marketing da felicidade

1. Nathalia Watkins. "O orgânico nosso de cada dia." *Veja*, 26 ago. 2015.

2. Caderno Geral da edição de 30 de março de 1971, p. 5. *O Estado de S. Paulo*. Disponível em: <http://acervo.estadao.com.br/pagina/#!/19710330-39441-nac-0006-999-6-not>. Acesso em 13 fev. 2017.

REFERÊNCIAS BIBLIOGRÁFICAS

3. Caderno Geral da edição de 30 de março de 1971, p. 6. *O Estado de S. Paulo.* Disponível em: <http://acervo.estadao.com.br/pagina/#!/19980205-38095-spo-0015-ger-a15-not>. Acesso em 13 fev. 2017.

4. ONU-BR. "A ONU e a população mundial." Disponível em: <https://nacoesunidas.org/acao/populacao-mundial/>. Acesso em 13 fev. 2017.

5. Kenneth Chang. "Stanford Scientists Cast Doubt on Advantages of Organic Meat and Produce." *The New York Times*, 3 set. 2012. Disponível em: <http://www.nytimes.com/2012/09/04/science/earth/study-questions-advantages-of-organic--meat-and-produce.html>. Acesso em 13 fev. 2017.

6. Luke Garratt. "Eating organic foods does NOTHING to reduce the cancer risk among women, says new study." *The Daily Mail.* Disponível em: <http://www.dailymail.co.uk/health/article-2591435/Eating-organic-foods-does-reduce--cancer-risk-women-says-new-study.html>. Acesso em 13 fev. 2017.

7. Instituto de Tecnologia de Alimentos (Ital). "Estudo comparativo de propriedades nutricionais e sensoriais de alimentos provenientes de diferentes sistemas de produção agrícola." 2016.

8. Clara Becker e Guilherme Lobão. "Distrito natureba." Abril, 9 abr. 2014. Disponível em: <http://planetasustentavel.abril.com.br/noticia/saude/distrito-natureba--alimentacao-organica-agricultura-alternativa-780356.shtml>. Acesso em 13 fev. 2017.

9. Brasil Agroecológico. Disponível em: <http://www.mda.gov.br/planapo/>. Acesso em 13 fev. 2017.

10. Paulo Araújo. "Férias saudáveis e sustentáveis." Ministério do Meio Ambiente. Disponível em: <http://www.mma.gov.br/informma/item/9504-f%C3%A9rias--saud%C3%A1veis-e-sustent%C3%A1veis>. Acesso em 13 fev. 2017.

11. Associação Brasileira de Orgânicos. Disponível em: <www.brasilbio.com.br/pt>. Acesso em 13 fev. 2017.

12. Marion Nestle. "Food politics." Disponível em: <http://www.foodpolitics.com/tag/organic-standards/>. Acesso em 13 fev. 2017.

13. Lai S M, Lim KW,Cheng HK. "Margosa oil poising as a cause os toxic encephalopathy." *Singapure Med J.* 1990.

14. "2010-2011 Pilot Study: Pesticide residue testing or organic produce." *United States Department of Agriculture*, nov 2012. Disponível em: <https://www.ams.usda.gov/sites/default/files/media/Pesticide%20Residue%20Testing_Org%20Produce_2010-11PilotStudy.pdf>. Acesso em 13 fev. 2017.

AGRADEÇA AOS AGROTÓXICOS POR ESTAR VIVO

15. "Feirantes vendem produtos com agrotóxico como orgânicos." *G1*. Disponível em: <http://g1.globo.com/fantastico/videos/t/edicoes/v/feirantes-vendem-produtos--com-agrotoxico-como-organicos/4777342/>. Acesso em 13 fev. 2017.

16. "Food Fraud Initiative." Michigan State University. Disponível em: <http://foodfraud.msu.edu/>. Acesso em 13 fev. 2017.

17. "World Health Day 2015: From farm to plate, make food safe." *World Health Organization*, 2 abr. 2015. Disponível em: <http://www.who.int/mediacentre/news/releases/2015/food-safety/en/>. Acesso em 13 fev. 2017.

18. Dan Yates. "Canada has world-class food safety system." *The Western Producer*, 9 abr. 2015. Disponível em: <http://www.producer.com/daily/canada-has-world--class-food-safety-system/>. Acesso em 13 fev. 2017.

19. Caderno Geral da edição de 22 de novembro de 2006, p. 19. *O Estado de S. Paulo*. Disponível em: <http://acervo.estadao.com.br/pagina/#!/20061122-41308-nac-19-ger-a20-not>. Acesso em 13 fev. 2017.

20. "Whole Foods market reports fourth quarter and fiscal year 2016 results." *Whole Foods Market*, 20 nov. 2016. Disponível em: <http://investor.wholefoodsmarket.com/investors/press-releases/press-release-details/2016/Whole-Foods-Market--Reports-Fourth-Quarter-and-Fiscal-Year-2016-Results/default.aspx.> Acesso em 13 fev. 2017.

21. Craig Giammona. "Whole Foods lives up to Whole Paycheck nickname this Thanksgiving." *Bloomberg*, 22 nov. 2016. Disponível em: <http://www.bloomberg.com/news/articles/2016-11-22/whole-foods-price-problems-in-full-view-with--thanksgiving-surge>. Acesso em 13 fev. 2017.

22. "Your questions — answered!" *Honest Tea*. Disponível em: <https://www.honesttea.com/faqs/>. Acesso em 13 fev. 2017.

23. Sarah Nassauer. "Gigantes de alimentos e bebidas miram os orgânicos." *The Wall Street Journal*, 20 mar. 2015. Disponível em: <http://br.wsj.com/articles/SB12209092869933114318104580528793044200082>. Acesso em 13 fev. 2017.

24. Katia Savchuk. "Shazi Visram On Building A Multimillion-Dollar Business And Work-Family Balance (It Doesn't Exist)." *Forbes*, 16 jun. 2016. Disponível em: <http://www.forbes.com/sites/katiasavchuk/2016/06/15/happy-family-shazi--visram-women-entrepreneurs/#473a7ba63930>. Acesso em 13 fev. 2017.

25. Jennifer Kaplan. "Gatorade goes organic as PepsiCo joins natural-product push." *Bloomberg*, 30 ago. 2016. Disponível em: <http://www.bloomberg.com/news/

REFERÊNCIAS BIBLIOGRÁFICAS

articles/2016-08-30/gatorade-goes-organic-as-pepsico-joins-natural-ingredient--push>. Acesso em 13 fev. 2017.

26. "U.S. organic sales post new record of $43.3 billion in 2015." Organic Trade Association, 19 mai. 2016. Disponível em: <https://www.ota.com/news/press--releases/19031>. Acesso em 13 fev. 2017.

27. Jacob Bunge. "A corrida para desenvolver pesticidas orgânicos." *The Wall Street Journal*, 24 out. 2014. Disponível em: <http://br.wsj.com/articles/SB1248766821 26498141200045802329920379001 02>. Acesso em 13 fev. 2017.

28. "Monsanto já domina mercado mundial de sementes de hortaliças." *Valor Econômico*, 11 set. 2014. Disponível em: <http://www.valor.com.br/agro/3691102/monsanto-ja-domina-mercado-mundial-de-sementes-de-hortalicas>. Acesso em 13 fev. 2017.

29. Verena Seufert, Navin Ramankutty e Jonathan A. Foley. "Comparing the yields of organic and conventional agriculture." *Nature*, nº 485, pp. 229-232. 10 mai. 2012. Disponível em: <http://www.nature.com/nature/journal/v485/n7397/full/nature11069.html>. Acesso em 13 fev. 2017.

30. "Organic food production down as farmers blame supermakets for fading interest." *The Daily Mail*, 12 ago. 2011. Disponível em: <http://www.dailymail.co.uk/news/article-2025276/Organic-food-production-farmers-blame-supermarkets--fading-interest.html>. Acesso em 13 fev. 2017.

31. Scheherazade Daneshkhu. "UK organic food sales grow." *Financial Times*, 23 fev. 2016. Disponível em: <https://www.ft.com/content/ed0edb8e-d9ab-11e5--a72f-1e7744c66818>. Acesso em 6 mar. 2017.

32. Department for Enviroment Food & Rural Affairs. "Organic farming statistics 2015." Governo do Reino Unido. Disponível em: <https://www.gov.uk/government/uploads/system/uploads/attachment_data/file/524093/organics-statsnotice--19may16.pdf>. Acesso em 13 fev. 2017.

33. Willer, Helga e Julia Lernoud (eds.). The World of Organic Agriculture. Statistics and Emerging Trends 2016." Research Institute of Organic Agriculture (FiBL), Frick e IFOAM — Organics International, Bonn. 2016. Disponível em: <https://shop.fibl.org/fileadmin/documents/shop/1698-organic-world-2016.pdf>. Acesso em 23 mar. 2017.

34. IBGE. Disponível em: <http://www.sidra.ibge.gov.br/bda/prevsaf/default.asp?t=2&z>. Acesso em 10 set. 2016.

AGRADEÇA AOS AGROTÓXICOS POR ESTAR VIVO

35. Willer, Helga e Julia Lernoud (eds.). "The World of Organic Agriculture. Statistics and Emerging Trends 2016."*Research Institute of Organic Agriculture (FiBL), Frick e IFOAM — Organics International*, Bonn. 2016.Disponível em: <https://shop.fibl.org/fileadmin/documents/shop/1698-organic-world-2016.pdf>. Acesso em 23 mar. 2017.

36. Idem.

37. Aline Scherer e Ana Luiza Herzog. "Brasil é o quarto maior mercado para produtos saudáveis." *Revista Exame*, 23 fev. 2015. Disponível em: <http://exame.abril.com.br/revista-exame/brasil-e-o-quarto-maior-mercado-para-produtos-saudaveis/>. Acesso em 13 fev. 2017.

38. "Alimentos orgânicos crescem no mercado e no interesse dos consumidores." *UOL Mais*, 28 nov. 2016. Disponível em: <https://mais.uol.com.br/view/8tncj14f7l3t/alimentos-organicos-crescem-no-mercado-e-no-interesse-dos-consumidores--0402CD9B3664DC816326?types=V,P,T,F,S,B>. Acesso em 13 fev. 2017.

39. Fernando Cymbaluk. "Plantando há 100 anos em São Paulo, agricultores adotam cultivo orgânico." *UOL Notícias*, 21 jul. de 2014. Disponível em: <http://noticias.uol.com.br/meio-ambiente/ultimas-noticias/redacao/2014/07/21/plantando--ha-50-anos-em-sao-paulo-agricultores-adotam-cultivo-organico.htm>. Acesso em 13 fev. 2017.

40. Segundo Urquiaga e Eurípedes Malavolta. "Ureia: um adubo orgânico de potencial para a agricultura orgânica." *Cadernos de Ciência e Tecnologia*, vol. 19, nº2, mai./ago. 2002. Disponível em: <https://seer.sct.embrapa.br/index.php/cct/article/view/8809>. Acesso em 13 fev. 2017.

41. Redação Hypeness. "Butão vai ser o primeiro país do mundo a permitir somente agricultura orgânica." *Hypeness*, jan. 2015. Disponível em: <http://www.hypeness.com.br/2015/01/butao-vai-ser-o-primeiro-pais-do-mundo-a-somente-permitir--agricultura-organica/>. Acesso em 13 fev. 2017.

42. The World Bank. "Bhutan." Disponível em: <http://data.worldbank.org/country/bhutan>. Acesso em 13 fev. 2017.

43. Programa de Desenvolvimento das Nações Unidas. "Table 1: Human Development Index and its components." Disponível em: <http://hdr.undp.org/en/composite/HDI>. Acesso em 13 fev. 2017.

44. Butão. "Economy." Disponível em: <http://www.bhutan.com/economy>. Acesso em 13 fev. 2017.

REFERÊNCIAS BIBLIOGRÁFICAS

45. OEC. "Bhutan." Disponível em: <http://atlas.media.mit.edu/en/profile/country/btn/>. Acesso em 13 fev. 2017.

46. UNDP. "Work for human development — Briefing note for countries on the 2015 Human Development Report." Disponível em: <http://hdr.undp.org/sites/all/themes/hdr_theme/country-notes/BTN.pdf>. Acesso em 13 fev. 2017.

47. Willer, Helga e Julia Lernoud (eds.). The World of Organic Agriculture. Statistics and Emerging Trends 2016. Research Institute of Organic Agriculture (FiBL), Frick e IFOAM — Organics International, Bonn. 2016. Disponível em: <https://shop.fibl.org/fileadmin/documents/shop/1698-organic-world-2016.pdf>. Acesso em 23 mar. 2017.

48. Fazenda da Toca. Disponível em: <http://fazendadatoca.com/>. Acesso em 13 fev. 2017.

49. Danish Agriculture & Food Council. "Facts and figures — Danish agriculture and food." Disponível em: <http://www.agricultureandfood.dk/~/media/lf/tal--og-analyser/aarsstatistikker/fakta-om-erhvervet/2014/facts-and-figures/facts--and-figures-2015.pdf>. Acesso em 13 fev. 2017.

50. ONU. "World population prospects — Key findings & advance tables." Disponível em: <https://esa.un.org/unpd/wpp/Publications/Files/Key_Findings_WPP_2015.pdf>. Acesso em 13 fev. 2017.

8. Agrotóxico mata!

1. "*Conexão* denuncia o uso indiscriminado de agrotóxicos no Brasil." *SBT*, 17 jun. 2014. Disponível em: <http://www.sbt.com.br/jornalismo/conexaoreporter/noticias/14434/Conexao-denuncia-o-uso-indiscriminado-de-agrotoxicos-no-Brasil.html>. Acesso em 13 fev. 2017.

2. MS/FIOCRUZ/SINTINOX. "Tabela 11: óbitos registrados de intoxicação humana por agente tóxico e circunstância. Brasil, 2013." Disponível em: <http://sinitox.icict.fiocruz.br/sites/sinitox.icict.fiocruz.br/files//Tabela11_2013.pdf>. Acesso em 13 fev. 2017.

3. ONU. "Brasil é o país com maior número de mortes de trânsito por habitante da América do Sul." *ONU-BR*, 21 out. 2015. Disponível em: <https://nacoesunidas.org/oms-brasil-e-o-pais-com-maior-numero-de-mortes-de-transito-por--habitante-da-america-do-sul/>. Acesso em 13 fev. 2017.

4. Flávia Milhorance. "Brasil lidera ranking de consumo de agrotóxicos." *O Globo*, 8 abr. 2016. Disponível em: <http://oglobo.globo.com/sociedade/saude/brasil--lidera-ranking-de-consumo-de-agrotoxicos-15811346>. Acesso em 13 fev. 2017.

AGRADEÇA AOS AGROTÓXICOS POR ESTAR VIVO

5. Tarcilia Rego. "Os produtos orgânicos estão chegando à mesa do cearense." *O Estado do Ceará*, 1º set. 2015. Disponível em: <http://www.oestadoce.com.br/cadernos/oev/os-produtos-organicos-estao-chegando-a-mesa-do-cearense>. Acesso em 13 fev. 2017.

6. Fiocruz e ABRASCO. "Dossiê ABRASCO — um alerta sobre os impactos dos agrotóxicos na saúde." Disponível em: <https://www.icict.fiocruz.br/sites/www.icict.fiocruz.br/files/DossieAbrasco_2015_web.pdf>. P. 303. Acesso em 13 fev. 2017.

7. Edwirges Nogueira. "Ceará pode proibir pulverização aérea de agrotóxicos." *EBC Agência Brasil*, 16 jul. 2016. Disponível em: <http://agenciabrasil.ebc.com.br/geral/noticia/2016-07/ceara-pode-proibir-pulverizacao-aerea-de-agrotoxicos>. Acesso em 13 fev. 2017.

8. Edwirges Nogueira. "Pulverização aérea de agrotóxico provoca danos persistentes, dizem especialistas." *EBC Agência Brasil*, 16 jul. 2016. Disponível em: <http://agenciabrasil.ebc.com.br/geral/noticia/2016-07/pulverizacao-aerea-de--agrotoxico-provoca-danos-persistentes-dizem>. Acesso em 13 fev. 2017.

9. "MPF requer indenização de R$ 10 milhões." *Diário de Rio Verde*, 30 abr. 2016. Disponível em: <http://diarioderioverde.com.br/mpf-requer-indenizacao-de--r-10-milhoes/>. Acesso em 13 fev. 2017.

10. Sindag. "História da aviação agrícola no Brasil." Disponível em: <http://sindag.org.br/biblioteca-virtual/historia-da-aviacao-agricola-no-brasil/>. Acesso em 6 mar. 2017.

11. Márcia Maria Rebouças, Simone Bacilieri, Silvana D'Agostini, Nayte Vitiello, Luana Santamaría Basso, Érika Barbosa e Juliana Sganzerla Pereira. "O Instituto Biológico e seu acervo documental." *Cadernos de História da Ciência*. Disponível em: <http://periodicos.ses.sp.bvs.br/scielo.php?script=sci_arttext&pid=S1809--76342009000100006&lng=pt>. Acesso em 13 fev. 2017.

12. Caderno Agrícola da edição de 21 ago. 1968, p. 40. *O Estado de S. Paulo*. Disponível em: <http://acervo.estadao.com.br/pagina/#!/19680821-28639-nac-0040-agr-4-not/>. Acesso em 13 fev. 2017.

13. Fábia de Mello Pereira. "Desordem do Colapso das Colônias (DCC)." *Ministério da Agricultura, Pecuária e Abastecimento*. Disponível em: <http://www.cpamn.embrapa.br/apicultura/desordemColapso.php>. Acesso em 13 fev. 2017.

REFERÊNCIAS BIBLIOGRÁFICAS

14. Matthew Dalton. "União Europeia reabre debate sobre pesticidas suspeitos de prejudicar as abelhas." *The Wall Street Journal*, 27 mai. 2015. Disponível em: <http://br.wsj.com/articles/SB12013707085963353461804581010204250525980>. Acesso em 13 fev. 2017.

15. Whitney McFerron. "Bugs invade Europe as save-bees cry spurs pesticide ban." *Bloomberg*, 7 jan. 2015. Disponível em: <http://www.bloomberg.com/news/articles/2015-01-08/bugs-invade-europe-as-save-bees-cry-spurs-pesticide-ban>. Acesso em 13 fev. 2017.

16. IBGE. "Produção da pecuária municipal — 2015." Disponível em: <http://biblioteca.ibge.gov.br/visualizacao/periodicos/84/ppm_2015_v43_br.pdf>. Acesso em 13 fev. 2017.

17. Epagri e governo de Santa Catarina. "Monitoramento e controle do ácaro *Varroa destructor* em colmeias de abelhas *Apis melífera*." Disponível em: <http://www.epagri.sc.gov.br/wp-content/uploads/2013/10/cartilha_abelha_web.pdf>. Acesso em 13 fev. 2017.

18. Anvisa. "Nota sobre o uso de agrotóxicos em área urbana." Disponível em: <http://portal.anvisa.gov.br/documents/111215/451782/Informe+-+Uso+de+Agrot%C3%B3xicos+Em+%C3%81rea+Urbana/28034219-6d88-4277-b33a-5f1991f52c2f>. Acesso em 13 fev. 2017.

19. Cristina Moreno de Castro. "Mosca-branca é a causa das mortes de árvores em SP." *Instituto Biológico do Governo do Estado de São Paulo*. Disponível em: <http://www.biologico.sp.gov.br/noticias.php?id=325>. Acesso em 13 fev. 2017.

20. Junia Oliveira. "Fícus atacados por praga em BH continuam a se degradar e já apresentam ameaça." *Estado de Minas Digital*, 8 jun. 2016. Disponível em: <http://www.em.com.br/app/noticia/gerais/2016/06/08/interna_gerais,770430/ficus-atacados-por-praga-em-bh-continua-a-se-degradar.shtml>. Acesso em 13 fev. 2017.

Índice

AbbottLabs, 44

Abílio Diniz, 28

Academia Brasileira de Ciências, 171

Ada Rogatto, 199

Adama, 47, 52

Aerotex Aviação Agrícola, 198

Agência Brasil, 197, 198

Agência de Defesa Agropecuária do Estado do Ceará (Adagri), 194

Agência de Defesa e Fiscalização Agropecuária de Pernambuco, 170

Agência Europeia para a Segurança dos Alimentos, 71

Agência Nacional de Vigilância Sanitária (Anvisa), 58, 59, 67 – 71, 92, 123,131, 135, 143, 145 – 150, 152, 153, 155, 157, 158, 160, 161, 205, 208

Agenor Álvares, 146

AGFA, 44

Alan Bojanic, 39

Alan Dangour, 40

Alan Levinovitz, 163, 164

Aldemir Chaim, 197

Aldo Malavasi, 103

Amarildo (cartunista), 119

American Journal of Clinical Nutrition, 40

Ana Maria Braga, 122

Angelo Zanaga Trapé, 92, 194, 195, 197

Anizio Faria, 69

Anselmo Henrique Cordeiro Lopes, 68

Assembleia Legislativa do Ceará, 197

Associação Baiana dos Produtores de Algodão (Abapa), 86

Associação Brasileira de Orgânicos, 168

Associação Brasileira de Saúde Coletiva (Abrasco), 131, 135 – 137, 194, 208

Associação Brasileira de Supermercados (Abras), 160

Associação Brasileira dos Produtores e Exportadores de Frutas e Derivados (Abrafrutas), 101, 106, 129, 181

Associação dos Produtores de Soja do Mato Grosso (Aprosoja), 90

Associação Europeia de Proteção às Culturas, 203

Associação Gaúcha de Proteção ao Ambiente Natural (Agapan), 121

Associação Nacional de Defesa Vegetal (Andef), 16, 97, 194

Astra, 48

AstraZeneca, 48

AGRADEÇA AOS AGROTÓXICOS POR ESTAR VIVO

Banco Mercantil de São Paulo, 57
Basf, 16, 44, 47, 49, 51, 52, 121, 174
Bayer, 44, 45, 47, 49 – 52, 57, 174, 202
BBC Brasil, 23, 136, 137
Becker Underwood, 174
Bela Gil, 24, 72, 123, 124, 164
Big Brother (programa de televisão), 123
Blog do Sakamoto (site), 130
Bom Dia Brasil (programa de televisão), 14
BR Opportunities, 180
British Dyestuffs Coronation, 48
British Journal of Cancer, 165
Brown Cow, 173
BrunnerMond, 48

Caird Rexroad, 203
Câmara dos Deputados, 14, 22
Câmara Setorial do Mel do Ministério da Agricultura, 205
Campanha Permanente Contra os Agrotóxicos, 16, 132, 135, 189, 193, 197, 208
Cancer Journal for Clinicians, 32
Catherine Deneuve, 164
Catraca Livre (site), 24
Centrais de Abastecimento do Estado (Ceasa), 148, 169
Centro de Engenharia e Automação do Instituto Agronômico de Campinas, 193
Centro de Estudos da Saúde do Trabalhador e Ecologia Humana da Escola Nacional de Saúde Pública da Fundação Oswaldo Cruz (Cesteh/Ensp/Fiocruz), 132
Centro de Extensão e Educação da Ceplac, 88
Centro de Gestão e Estudos Estratégicos, 21
Centro de Referência em Saúde do Trabalhador (Cerest), 194, 195
ChemChina, 48 - 50
Christopher Portier, 68, 69
Ciba Corporation, 48, 121, 160

Cilag, 46
Claude Pompidou, 164
Clóvis Candiota, 199
Coca-Cola, 172 - 174
Codex Alimentarius, 63, 158
Colin Humphreys, 75
Comissão de Agricultura do Senado, 86
Comissão de Meio Ambiente e Desenvolvimento Sustentável, 14
Comitê de Especialistas FAO/OMS sobre Resíduos de Pesticidas, 63
Companhia de Entrepostos e Armazéns Gerais de São Paulo (Ceagesp), 148, 155, 156
Conexão Repórter (programa de televisão), 189, 190
Conselho de Desenvolvimento Industrial, 56
Conselho Nacional de Economia, 36
Consumer Reports (site), 168
Controle Biológico e Entomologia Econômica da Universidade Estadual de Campinas, 86
Convenção Internacional para Proteção de Vegetais, 95
Cooperativa Agrícola dos Produtores Rurais da Região Sul de Mato Grosso (Cooaleste), 91
Cooperativa Orgânica Agrícola Familiar (Coaf), 127
Coordenadoria de Assistência Técnica Integral (CATI), 155, 156
Correio Braziliense, 134
Cristiane de Jesus Barros, 104, 108
Cyanamid, 51

D. Manuel I, 82
Danielly Palma, 14, 16
Dario Vianna Barbosa, 34
Darrell Huff, 61
Dena Bravata, 165

ÍNDICE

Departamento de Agricultura dos Estados Unidos, 203

Departamento de Inovação Agrícola da Universidade de Saskatchewan, 170

Departamento de Inspeção de Produtos de Origem Vegetal (Dipov), 157

Departamento de Saúde Coletiva da Unicamp, 194

Departamento de Saúde Comunitária da Universidade Federal do Ceará, 193

Dilma Rousseff, 22, 167

Dirceu Barbano, 149

Dow AgroSciences, 52

Dow Chemical, 45, 46, 57, 70

DuPont, 44, 45, 47, 49, 51, 52, 174

Eataly, 28

EcoDebate, 24

Edmundo Macedo Soares e Silva, 57

Eduardo Cunha, 23

Eduardo Peixoto, 14, 17

El País, 24, 64, 150

Elanco, 49

Éleuthère Irénée du Pont de Nemours, 44

Eli Lilly, 44, 49

Elieser Corrêa, 88

Eloisa Dutra Caldas, 155

Embrapa Uva e Vinho, 107

Emmanuel Giboulot, 78

Empresa Brasileira de Assistência Técnica e Extensão Rural (Embrater), 191

Empresa Brasileira de Pesquisa Agropecuária (Embrapa), 36, 37, 85–87, 91, 104, 105, 108, 197, 202

Empresa de Assistência Técnica e Extensão Rural do Ceará (Ematerce), 194

Empresa de Pesquisa Agropecuária e Extensão Rural de Santa Catarina, 205

Environmental Defense Fund, 69

Ernesto Geisel, 57

Escola Superior de Agricultura Luiz de Queiroz (Esalq-USP), 16

Euclides de Oliveira Figueiredo, 57

Euromonitor, 128

Everaldo Anunciação, 88

Exame.com, 24

Fábio Florêncio Fernandes, 157

Faculdade de Ciências Agronômicas da Universidade Estadual Paulista (Unesp), 200

Faculdade de Saúde Pública da USP, 125

Fallacy Man, 20

Fantástico (programa de televisão), 169

Faraó Ramsés II, 75

Fazenda da Toca, 28, 184

Federação das Associações de Apicultores e Meliponicultores de Santa Catarina, 205

Felix Hoffman, 45

Fernando Collor, 191

Fernando Haddad, 126

Fernando Reinach, 171

First Juice, 173

FMC Corporation, 47, 52

Food Fraud Initiative, 170

Francisco José Zorzenon, 206

Fresh Made Dairy, 173

Fundação Oswaldo Cruz (Fiocruz), 14, 131, 132, 135, 137, 146, 208

Fundación Barrera Zoofitosanitaria Patagónica, 113

Fundo de Defesa da Citricultura (Fundecitrus), 105

G.D. Searle, 44

G1 (site), 23

Gabriel Chalita, 126

Gabriel Plösquellec, 54

AGRADEÇA AOS AGROTÓXICOS POR ESTAR VIVO

Geraldo Simões, 88

Gilberto Carvalho, 167

Gilberto Gil, 123

Globo Rural (programa de televisão), 69

GNT (canal de televisão), 19

Golbery do Couto e Silva, 56, 57

Google (site), 25, 64

Grupo Assis Chateaubriand, 57

Grupo de Atuação Especial de Combate ao Crime Organizado (Gaeco), 117

Grupo de Pesquisa em Políticas Públicas de Acesso à Informação da USP, 22

Grupo Pão de Açúcar, 28, 29, 160

Guilherme Schüch de Capanema, 54

Hamilton Ramos, 193

Hans Dobson, 30

Happy Family, 173

Henri Martin, 46

Herbert Henry Dow, 44

Hoechst, 44, 50

Honest Tea, 172, 173

HuffpostBrasil, 150

Hypeness (site), 24, 64, 183

Imperial Chemical Industries (ICI), 48

Instituto Biológico de São Paulo, 55, 84, 155, 156, 199, 206

Instituto Biológico de Defesa Agrícola e Animal de São Paulo, 83

Instituto Brasileiro de Geografia e Estatística (IBGE), 27, 141, 142, 149

Instituto Brasileiro do Meio Ambiente e dos Recursos Naturais Renováveis (Ibama), 59, 117, 118

Instituto Butantan, 138

Instituto de Economia Agrícola do Estado de São Paulo, 56

Instituto de Malariologia, 55

Instituto de Pesquisas Naturais da Universidade de Greenwich, 30

Instituto de Tecnologia de Alimentos (Ital), 165, 166

Instituto Federal de Avaliação de Risco da Alemanha (BfR), 67

Instituto Mato-grossense do Algodão (IMAmt), 86

Instituto Nacional de Controle de Qualidade em Saúde, 14

Instituto Nacional de Estudos e Pesquisas Educacionais Anísio Teixeira (Inep), 120

Instituto Nacional do Câncer José de Alencar (Inca), 131 – 135, 146, 163, 208

International Agency for Research on Câncer (IARC), 68, 69

International Federation of Organic Agriculture Movements (IFOAM), 177, 179, 184

J. R. Geigy, 25, 46, 48, 121

Jaime Oliveira, 131

Jarbas Barbosa, 131

Jasmine, 180

Jean-Charles Bocquet, 203

Jennifer Strange, 29

Jerry Cooper, 30

João Baptista Figueiredo, 57

João Gabbardo dos Reis, 137

João Paulo Rodrigues da Cunha, 201

John Franz, 46

Jonas Nascimento (Jonas Babão), 88

Jonathan Foley, 176

Jorge Kalil, 138

Jornal Nacional (programa de televisão), 122

José Gomes Temporão, 146

José Lutzenberger, 121

José Sarney, 41

ÍNDICE

Katia Abreu, 24, 105
Kemal Malik, 50

Laboratório de Mecanização Agrícola da Universidade Federal de Uberlândia, 201
Lair Ribeiro, 160
Landa Rodrigues, 192
Leonardo Sakamoto, 130
Leonardo Vicente da Silva, 148
Lia Giraldo, 137
Light, 57
Lionel Messi, 98
Luciano Nunes, 28
Luiz Barcelos, 101, 102, 129, 181
Luiz Carlos Ferreira Lima, 26
Luiz Cláudio Meirelles, 147
Luiz Henrique Franco Timoteo, 88
Luiz Inácio Lula da Silva, 58, 167

Mãe Terra, 180
Mambo, 28
Marcin Baransky, 166
Marcio Moretto, 22
Marcos Botton, 107, 108
Marcos Palmeira, 28, 29, 164, 187
Maria Julia Signoretti Godoy, 102
Maria Lucia Cavalli Neder, 16
Massue Shirazawa, 181
Matt Ridley, 68
Medardo Avila Vazquez, 136
Mercedes-Benz, 57
Merck, 45
Mesbla, 57
Michael Cox, 175
Ministério da Agricultura, 35, 36, 57, 59, 70, 83 - 86, 92, 97, 102, 105, 109, 115, 157, 158, 170, 191, 204, 205
Ministério da Agricultura da China, 106
Ministério da Agricultura, Pecuária e Abastecimento (MAPA), 70, 156-158

Ministério da Ciência, Tecnologia e Inovação, 21
Ministério da Saúde, 30, 132, 133, 136, 138, 143, 161, 190
Ministério do Desenvolvimento Agrário, 191
Ministério do Meio Ambiente, 167, 168
Ministério do Turismo, 96, 99
Ministério Público Federal, 67, 68, 92, 115, 117, 129, 194, 198
Mohamed Habib, 86
Monsanto, 45-52, 65-67, 72, 129, 130, 174, 175

National Cancer Institute, 32
Navin Ramankutty, 176
Nésio Fernandes de Medeiros, 205
Nestor Jost, 57
Nizan Guanaes, 180
Nobel Industries, 48
Novartis, 48
Nufarm, 48, 52
Nutrition et Santé, 180

O Estado de S. Paulo, 33, 34, 36, 37, 50, 84, 86, 120, 134, 155, 171
O Globo, 23, 135, 147, 148, 192
Observatório Pragas Sem Fronteiras, 89, 96
Organic Trade Association, 174, 178
Organics Brasil, 182
Organização das Nações Unidas, 18, 39, 158, 186
Organização das Nações Unidas para Alimentação e Agricultura (FAO), 38, 39, 63
Organização Mundial de Saúde (OMS), 15, 63, 68, 69, 171
Organização Mundial do Comércio (OMC), 81
Organização Mundial do Turismo (OMT), 81
Organização para a Cooperação e Desenvolvimento Econômico (OCDE), 38, 39

AGRADEÇA AOS AGROTÓXICOS POR ESTAR VIVO

Osana Terres, 14
Oswaldo Cruz, 138
Othmar Zeidler, 25
Otsuka, 180

Paola Carosella, 124, 125, 127, 164
Papa Francisco, 96
Paracelso, 29
Partido dos Trabalhadores, 58, 88, 126, 131
Partido Verde, 72
Paul Hermann Müller, 25, 26
Pedro Paulo Diniz, 28, 29, 176
Pema Gyamtsho, 183
PepsiCo, 173, 174
Pero Vaz de Caminha, 82
Phil Hamm, 46
Phillips McDougall, 47
Piper Jaffray, 175
Plano Nacional de Agroecologia e Produção Orgânica (Planapo), 58, 167
Plano Nacional de Controle de Resíduos e Contaminantes em Produtos de Origem Vegetal (PNCRC/Vegetal), 156-158
Polícia Federal, 99
Programa de Análise de Resíduos de Agrotóxicos (PARA), 131, 143, 149
Programa de Rastreabilidade e Monitoramento de Alimentos (Rama), 160
Programa Nacional de Alimentação Escolar, 126
Programa Nacional de Control y Erradicación de Mosca de los Frutos, 113
Programa Nacional de Defensivos Agrícolas (PNDA), 56
Programa Nacional de Erradicação da Mosca-da-Carambola, 102
Programa Nacional para Redução do uso de Agrotóxicos (Pronara), 134

Rachel Carson, 32, 121
Raquel Rigotto, 131, 193 - 198, 208
Red Universitaria de Ambiente y Salud – Médicos de los Pueblos Fumigados, 136
Rede Globo, 14, 128, 169
Research Institute of Organic Agriculture (FiBL), 177
Revista *Exame*, 148
Revista*Nature*, 176
Revista *Trip*, 64
Revista *Veja Brasília*, 167
Rhodia, 55
Roberto Cabrini, 189, 190
Rodolpho von Ihering, 83
Rodrigo Hilbert, 19
Ronaldo Tofanin, 148
Roundup, 46, 50, 51, 65 - 67
Roy Plunkett, 45

Sandra Saboia, 28
Sanofi-Aventis, 50
Schering, 50, 57
Sebastião Barbosa, 85
Secretaria de Agricultura e Abastecimento do Estado de São Paulo, 148, 157, 166
Sensacionalista (site), 23
Serviço de Pesquisas Agrícolas do Departamento de Agricultura dos Estados Unidos, 203
Seth Goldman, 173
Silvia Fagnani, 115
Sílvio Tendler, 132
Sindicato Nacional da Indústria de Produtos para Defesa Vegetal (Sindiveg), 59, 114, 115, 144
Sistema de Vigilância Agropecuária Internacional (Vigiagro), 109, 110
Sistema Nacional de Informações Tóxico-Farmacológicas (Sinitox), 30, 31

ÍNDICE

Sociedade Auxiliadora da Indústria Nacional (SAIN), 54

Sociedade Brasileira de Química, 14

Socorro Guimarães, 196

St. Marché, 28

Stacy's Pita Chip, 173

Stuart Smyth, 170

Sumitomo, 48, 52

Syngenta, 47 - 51, 160, 198, 202

Tempero de Família (programa de televisão), 19

Terraviva (canal de televisão), 181

The Logic of Science (site), 20

The New York Times, 165

The Wall Street Journal, 173, 203

Tom Prado, 106

Transparency Market Research, 66

Tribunal Regional Federal do Rio Grande do Sul, 129, 130

Ulisses Antuniassi, 200

Umberto Eco, 22

Union Carbide, 45, 49, 70

United Alkali, 48

Universidade de Brasília (UnB), 155

Universidade de Cambridge, 75

Universidade de Michigan, 170

Universidade de Newcastle, 166

Universidade de Oxford, 165

Universidade de São Paulo, 17, 22, 125

Universidade de Stanford, 165

Universidade Estadual de Campinas (Unicamp), 16, 86, 92, 194

Universidade Federal de Mato Grosso (UFMT), 14, 16, 131

Universidade Federal de Pernambuco, 137

Universidade Federal de Uberlândia, 69, 201

Universidade Federal do Ceará, 131, 193

Universidade James Madison, 163

UOL (site), 23, 39, 181

US Environmental Protection Agency (EPA), 67

Valor Econômico, 28

Verena Seufert, 176

Volkswagen, 57

Walmart, 28, 29, 160, 172

Wanderlei Pignati, 16, 17, 131, 197, 198, 208

Wellington Duarte, 88

Whole Foods, 164, 172

Wilhelm Hueper, 32

Wired, 21

Zaffari, 28

Zeneca, 48

Zero Hora, 135, 137

Este livro foi composto na tipografia Minion Pro,
em corpo 11/16, e impresso em papel
off-white no Sistema Digital Instant Duplex
da Divisão Gráfica da Distribuidora Record.